广州铁路职业技术学院资助出版
高等职业院校技能型人才培养优质教材
机械制造与自动化专业群城市轨道交通机电技术专业新形态一体化教材

单片机应用系统设计

主　编　王先彪　张茂贵
副主编　何继业　熊志金
主　审　朱会东

西南交通大学出版社
·成　都·

内容提要

本书以项目为导向，采用工程项目开发模式，通过灯光控制、抢答控制、计分控制、计时控制、远程控制 5 个项目共 20 个典型任务，由浅入深、循序渐进，逐步介绍开发软件 Proteus、Keil μVision 的使用、按键接口技术、LED 显示技术、LCD 显示技术、单片机结构、中断系统、定时/计数器、串行通信技术以及数模/模数转换技术。

本书可作为高职院校电子信息类专业的教材，亦可供单片机应用系统设计、开发人员以及其他院校电子类专业师生参考、学习使用。

图书在版编目（CIP）数据

单片机应用系统设计 / 王先彪，张茂贵主编. —成都：西南交通大学出版社，2020.11
ISBN 978-7-5643-7737-3

Ⅰ. ①单… Ⅱ. ①王… ②张… Ⅲ. ①单片微型计算机－高等职业教育－教材 Ⅳ. ①TP368.1

中国版本图书馆 CIP 数据核字（2020）第 196163 号

Danpianji Yingyong Xitong Sheji

单片机应用系统设计

主编　王先彪　张茂贵

责任编辑　穆　丰
封面设计　吴　兵

出版发行　西南交通大学出版社
（四川省成都市金牛区二环路北一段 111 号
西南交通大学创新大厦 21 楼）
邮政编码　610031
发行部电话　028-87600564　028-87600533
网址　http://www.xnjdcbs.com
印刷　成都蓉军广告印务有限责任公司

成品尺寸　185 mm × 260 mm
印张　15
字数　321 千
版次　2020 年 11 月第 1 版
印次　2020 年 11 月第 1 次
定价　39.00 元
书号　ISBN 978-7-5643-7737-3

前言
PREFACE

能够发现并解决问题是当今企业对高素质实用型技术人才的基本要求。打破传统的学科体系课程结构，建立基于项目导向、任务驱动、教学做一体化的教学方法，是当前高等职业院校教学改革的方向。培养善于发现问题、解决问题、动手能力强、能很快适应未来工作岗位的技术人才是编写本教材的目的所在。

与同类教材相比，本教材具有以下特点：

（1）以项目为导向，从需求分析、硬件电路设计、软件代码编写到产品调试与完善，完全符合企业工程项目开发流程。

（2）每个项目既相互独立，形成完整产品，又相互关联，由浅入深，逐步延伸拓展。

（3）以 Protues 作为应用系统设计与仿真平台，在做中学、学中做，实现了从产品的概念构思到设计完成的全过程训练，一气呵成，大大降低了产品的开发成本，提高了学生的学习积极性。

（4）所有项目的程序均已通过测试，可直接运行，也可在此基础上加以改进和创新。

（5）本书提供配套微视频、电子课件（部分 PPT 具备交互操作功能）、项目电路设计及程序源代码，读者可以扫描书中二维码来轻松获取。

本书由王先彪、张茂贵担任主编，何继业、熊志金担任副主编，朱会东担任主审。

参编者具体分工如下：王先彪负责项目一与项目二；张茂贵负责项目三；何继业负责项目四；熊志金负责项目五；朱会东（广东德生科技有限公司技术总监）负责全书策划并对如何培养行业实用型人才提供了宝贵的经验。

虽力求完美，但由于编者水平所限，书中难免存在疏漏与不足之处，恳请各位读者批评指正。

编者邮箱：wangxianbiao@gtxy.edu.cn。

编　者

2020 年 10 月

资源下载

（PPT 课件、实训项目电路设计与程序代码）

数字资源索引

目录
CONTENTS

灯光控制——五彩缤纷

导　学

知识目标

- 单片机基础知识：单片机入门、单片机 CPU、单片机 I/O 端口、单片机最小系统。
- 仿真工具 Proteus：新建项目、保存项目、选取元件、选取终端、绘制线条、复制元件、删除元件、调整元件朝向、查看仿真效果。
- 编程工具 Keil μVision：新建工程、新建文件、添加文件、配置选项、程序调试。

技能目标

- 完成指示灯、航标灯、流水灯的硬件电路设计、软件程序编写、调试。

职业能力

- 自我学习、信息处理、团队分工协作、解决问题、改进创新。

任务梯度

任务	
任务四：花样流水灯设计（选修） 程序设计方法的综合运用	难度增加
任务三：流水灯设计 在任务二基础上增加“流动”效果（C 语言程序设计）	知识点增加
任务二：航标灯设计 在任务一基础上增加软件控制（Keil μVision 的使用）	知识点增加
任务一：指示灯设计 仿真工具 Proteus 的初步应用	

知识导图

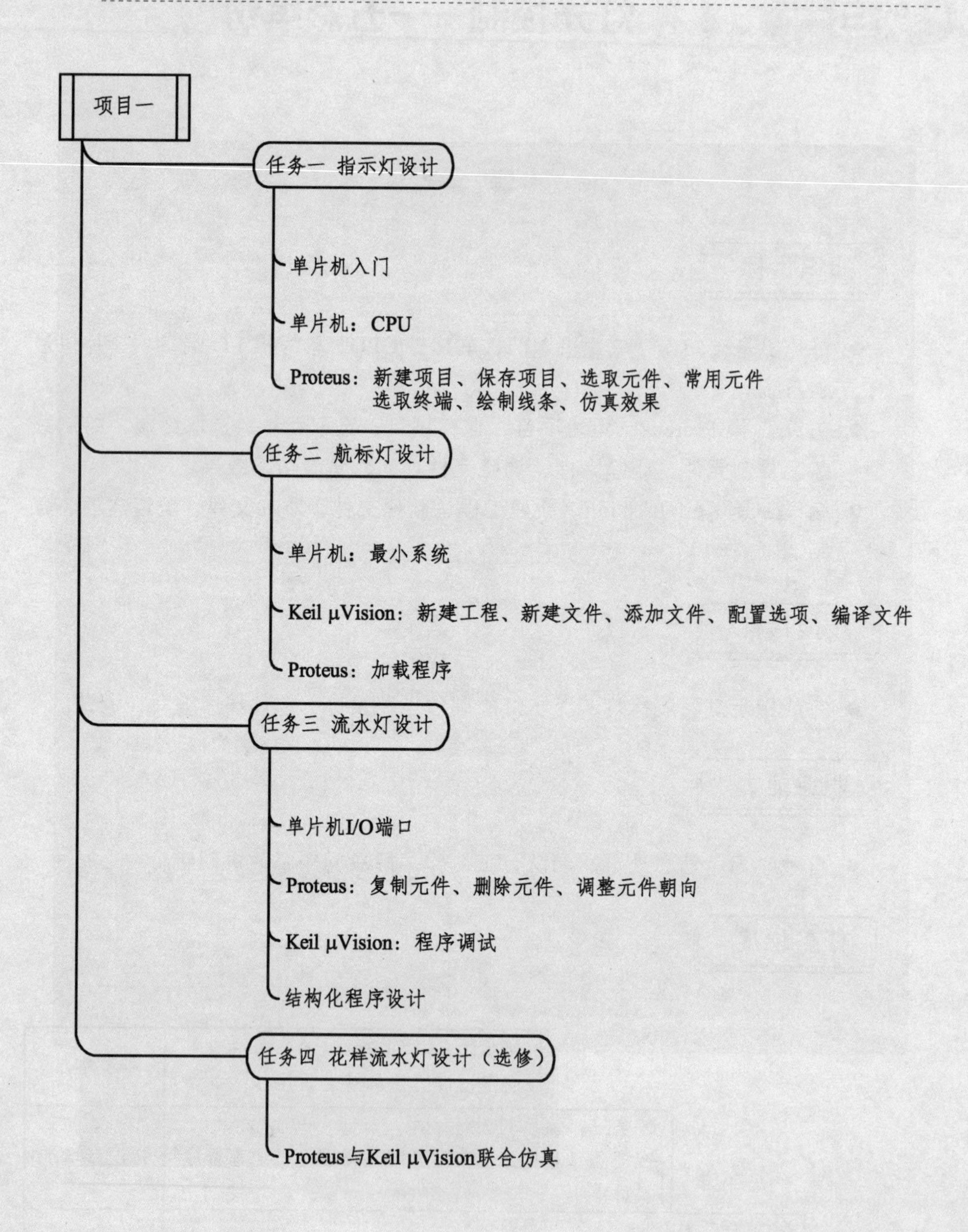

项目一
任务一 指示灯设计
单片机入门
单片机：CPU
Proteus：新建项目、保存项目、选取元件、常用元件
选取终端、绘制线条、仿真效果
任务二 航标灯设计
单片机：最小系统
Keil μVision：新建工程、新建文件、添加文件、配置选项、编译文件
Proteus：加载程序
任务三 流水灯设计
单片机I/O端口
Proteus：复制元件、删除元件、调整元件朝向
Keil μVision：程序调试
结构化程序设计
任务四 花样流水灯设计（选修）
Proteus与Keil μVision联合仿真

任务一　指示灯设计

【任务描述】

一、情景导入

指示灯通常用于反映电路的工作状态（有电或无电）、电气设备的工作状态（运行、停运或试验）和位置状态（闭合或断开）等，故而应用极为广泛。

二、任务目标

设计一个指示灯，符合以下要求：

（1）利用一个开关实现对指示灯的开与关控制，即接通开关灯亮，断开开关灯灭。

（2）利用 Proteus 查看仿真效果。

【关联知识】

一、单片机入门

单片机入门

（一）单片机简介

将构成计算机的主要功能部件，包括中央处理器 CPU、数据存储器 RAM、程序存储器 ROM、基本 I/O 接口电路、定时/计数器等集成在一块芯片上，构成一个完整的微型计算机系统，这块芯片就称为单片机。单片机即单片微型计算机（Single Chip Microcomputer），是计算机发展的一个分支，它的结构和指令功能都是按照工业控制要求设计的，面向控制领域，故又称为微控制器（Micro Controller Unit），简称 MCU。

由于单片机具有结构简单、控制功能强、可靠性高、体积小、价格低等优点，所以单片机技术作为计算机技术的一个重要分支，广泛地应用于工业控制、智能化仪器仪表、家用电器、电子玩具等各个领域。

目前市场上较有影响的单片机有 Intel 公司的 MCS-51、MCS-96 系列单片机；Atmel 公司的 AT89 系列（MCS-51 内核单片机）；Motorola 公司的 68HCXX 系列单片机；Microchip 公司的 PIC16C5X/6X/7X/8X 系列单片机；Zilog 公司的 Z86 系列单片机。

MCS-51 单片机是 Intel 公司在 1980 年推出的 8 位单片机，包括 8031、8051、8751 等。该系列的单片机也是国内各高校作为学习、实验的代表机型。Atmel 公司在随后也推出了基于 MCS-51 内核的 AT89 系列的单片机，由于其价格低廉，内部 Flash 存储器可进行反复擦写，故而成为目前市场最受欢迎的单片机。本书将以 Atmel 公司生产的 AT89C51 为例进行项目介绍。

单片机主要产品及其性能如表 1-1-1 所示。

表 1-1-1 单片机主要产品及性能参考表

型号	片内存储器		I/O 口	UIART	中断源	定时/计数器	工作频率/MHz
	ROM	RAM					
AT89C51	4 KB	128 B	32	1	5	2	33
AT89C52	8 KB	256 B	32	1	5	3	33
AT89C51RC	32 KB	512 B	32	1	6	3	40
AT89C1051	1 KB	64 B	15	1		2	24
AT89C2051	2 KB	128 B	15	1		2	25
AT89C4051	4 KB	128 B	15	1		2	26
AT89S51	4 KB	128 B	32	1	5	2	24
AT89S52	8 KB	256 B	32	1	5	3	25

（二）单片机内部结构

单片机内部包括 CPU、存储器（RAM 和 ROM）、中断系统与定时计数器等，我们将在不同项目分别加以介绍。

MCS-51 系列单片机的内部结构如图 1-1-1 所示。

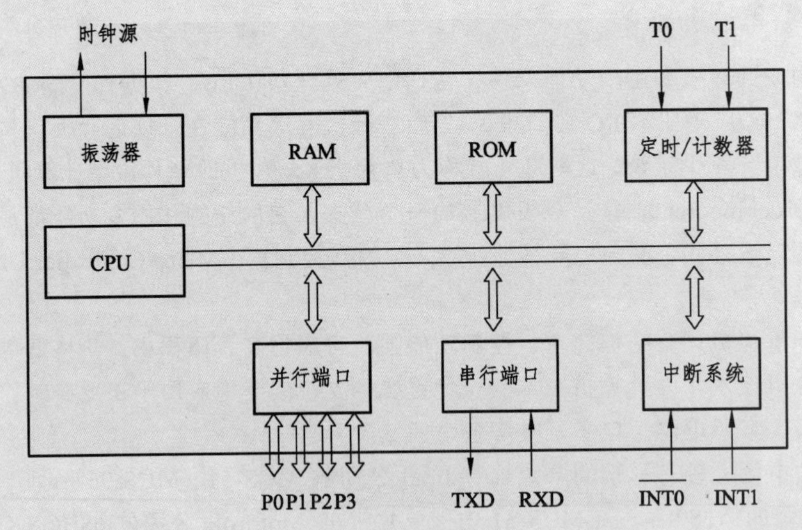

图 1-1-1 MCS-51 系列单片机内部结构图

（三）单片机外部引脚

AT89C51 单片机采用标准的 40 引脚双列直插式封装，其引脚排列如图 1-1-2 所示。

单片机外部引脚

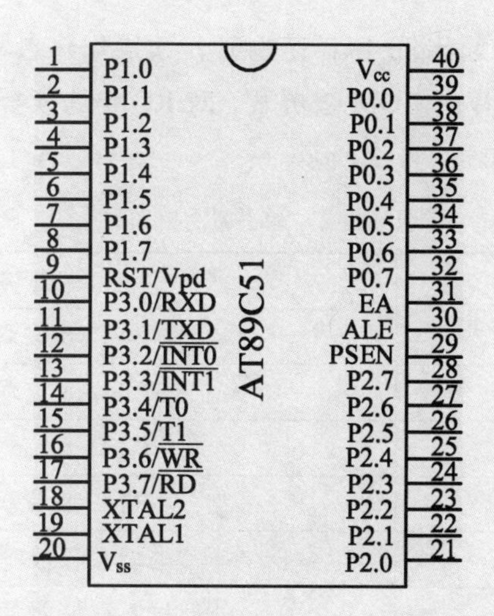

图 1-1-2　单片机引脚排列图

1．电源引脚

V_{cc}：单片机工作电源的输入端，+5 V。

V_{ss}：单片机电源的接地端。

2．时钟引脚

XTAL1、XTAL2：XTAL1、XTAL2 的内部是一个振荡电路，通常在这两个引脚之间外接一个石英晶振和微调电容，就可以同内部电路一起构成一个自激振荡器，产生振荡时钟。

3．控制信号引脚

RST：复位信号输入端。

单片机在通电时或在工作中因为干扰而使程序失控时，需要复位。复位的作用是使 CPU 及其他功能部件都恢复到一个确定的状态，并从这个状态开始工作。

ALE：地址锁存允许信号。

在访问外部存储器时，AT89C51 通过 P0 口输出片外存储器的低 8 位地址，ALE 用于将片外存储器的低 8 位地址锁存到外部地址锁存器中。在不访问外部存储器时，ALE 以时钟振荡频率 1/6 的固定频率输出，因而它又可用作外部时钟信号以及外部定时信号。

PSEN：外部程序存储器 ROM 的读选通信号。

在访问外部 ROM 时，PSEN 引脚产生负脉冲，用于选通片外程序存储器 ROM。在访问外部 RAM 或者内部存储器时，不会产生有效的 PSEN 信号。

EA：为访问片内/片外程序存储器的选择信号。

当 EA 为高电平时，对于 0000H ~ 0FFFH 低 4 KB 程序存储器的读操作，将针对片内 ROM 进行，当地址超出低 4KB 范围时，读操作将自动转向到片外 ROM 中进行；当 EA 为低电平时，片内 ROM 被屏蔽，对 ROM 的读操作限定在片外 ROM 中。

单片机引脚的功能如表 1-1-2 所示。

表 1-1-2　单片机引脚功能

引脚名称	引脚功能
P0.0 ~ P0.7	P0 口 8 位双向端口
P1.0 ~ P1.7	P1 口 8 位双向端口
P2.0 ~ P2.7	P2 口 8 位双向端口
P3.0 ~ P3.7	P3 口 8 位双向端口
ALE	地址锁存控制信号输出
PSEN	外部程序存储器读选通信号输出
EA	访问程序存储器控制信号输入
RST	复位信号输入端
XTAL1、XTAL2	外接晶振输入端
V_{cc}	接+5V 电源
V_{ss}	接地

二、单片机：CPU

单片机的 CPU

中央处理器（Central Processing Unit，CPU），是整个单片机的核心部件，由运算器和控制器两部分组成。AT89C51 的 CPU 是 8 位数据宽度的处理器，能处理 8 位二进制数据或代码。CPU 负责控制、指挥和调度整个单元系统的工作，完成运算和控制输入输出等操作。

三、Proteus 介绍

Proteus 软件是英国 Labcenter Electronics 公司开发的电路分析与仿真软件。除了具有电路图编辑、印刷电路板自动或人工布线及电路仿真功能外，其最大的特色是电路仿真是交互的、可视化的。

Proteus 由 ISIS 和 ARES 两个子软件构成，其中 ISIS 是电子系统仿真平台，ARES 是布线编辑软件。在不需要硬件设备投入的情况下，Proteus 可以建立完整的模拟电子、数字电子及单片机应用的学习设计开发环境。这里主要介绍 Proteus ISIS 关于仿真单片机应用系统的功能，包括电路图的编辑和整个单片机应用系统的仿真调试，这里使用的版本是 Proteus 8 Professional。其他与模拟电子、数字电子设计有关的功能可以通过查阅相关资料获取。

四、Proteus：新建项目

双击计算机桌面上的 Proteus 8 Professional 快捷方式或者单击屏幕左下方【开始】→【Proteus 8 Professional】→【Proteus 8 Professional】，然后在出现的界面中选择左上角的第 6 个图标（Schematic Capture），出现如图 1-1-3 所示界面，表明 Proteus 启动成功,可以开始进行电路设计了。

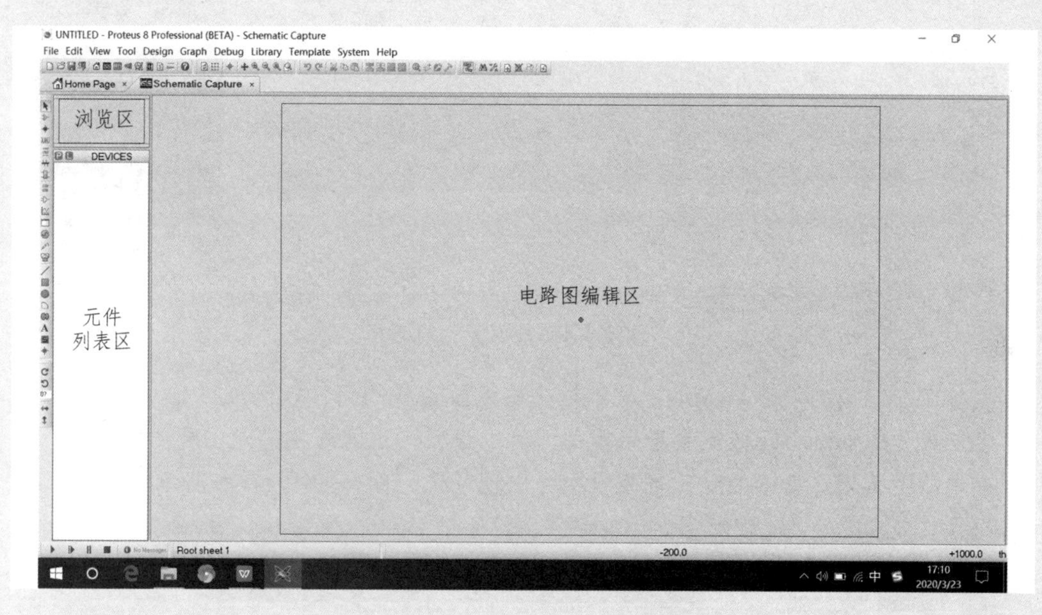

图 1-1-3　仿真软件 Proteus 人机界面

Proteus 编辑电路图的界面可以分为 3 个区域（见图 1-1-3），分别为浏览区、电路图编辑区和元件列表区。浏览区用于元件形状展示或整体电路图展示，电路图编辑区用于编辑电路图，元件列表区则用于显示电路图中需要用到的元件。在画电路图前，需要通过搜索查找并选取所需要的元件，被选取到的元件将在元件列表区显示出来。

五、Proteus：保存项目

保存项目通过选择【File】→【Save Project As】命令或直接点击快捷按钮，再选择合适的文件夹和文件名来实现，也可以先画电路图，然后再进行保存。保存后的项目文件名将显示在 Proteus 窗口的标题栏。注意：项目文件的后缀不需要用户填写，系统会自动默认为.pdsprj。

六、Proteus：选取元件

Proteus 提供了强大的元件搜索功能。选择【Library】→【Pick parts from libraries】命令或直接点击左边工具图标中的图标后再点击，出现如图 1-1-4 所示的搜索元件对话框。

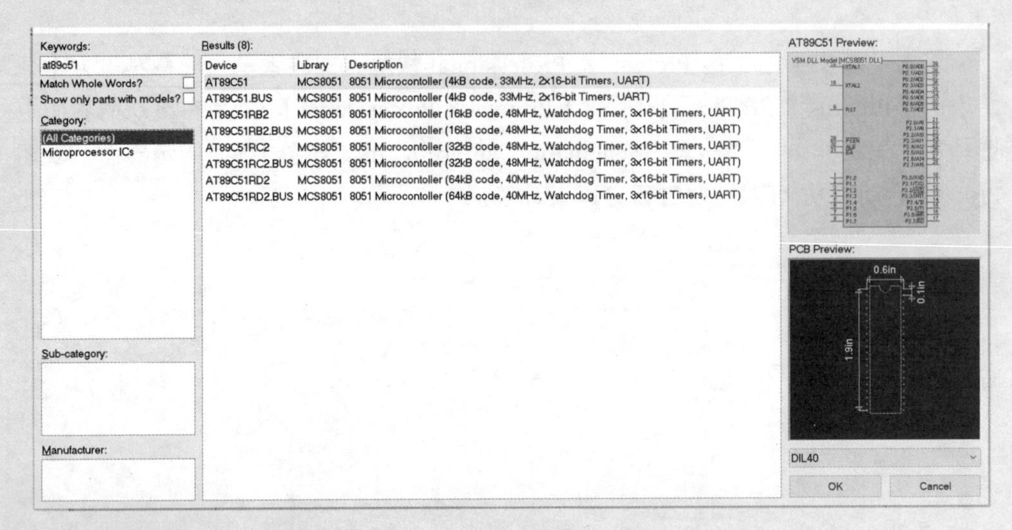

图 1-1-4　搜索元件对话框

在左上角的“Keywords”文本框中输入要查找的元件，例如“at89c51”，在搜索结果（Results）区域就会显示相关元件的资料，用鼠标左键双击需要的元件，则在电路图编辑环境中的元件列表区中会出现所选元件，如图 1-1-5 所示。

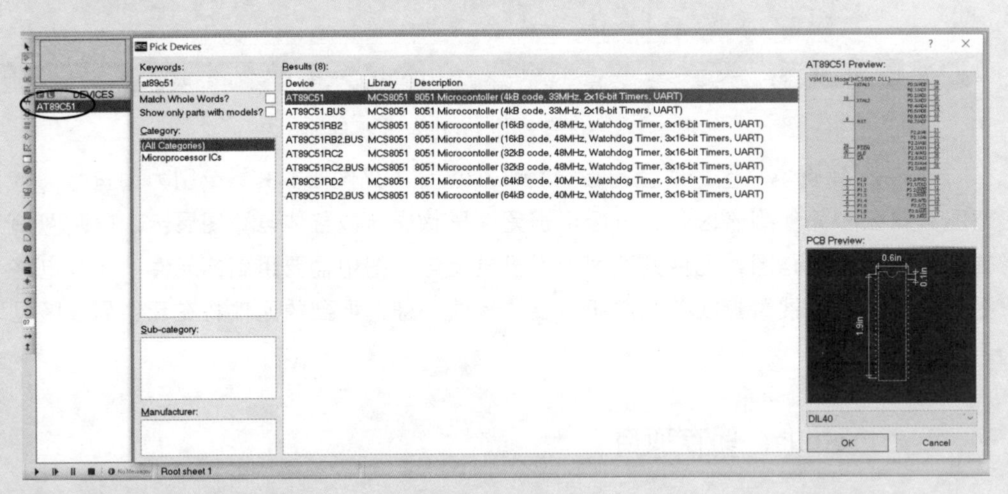

图 1-1-5　选取元件

接下来用同样的方法找出需要的所有元件。

提示：也可以单击需要的元件，然后再单击右下角的“OK”按钮选取元件。如果采用这种办法，则会关闭搜索元件对话框图，若要选择下一个元件，则需要重新打开此对话框。

选中元件列表区中的元件，再将鼠标移至电路图编辑区，单击鼠标即可完成元件的放置。

七、Proteus：常用元件

表 1-1-3　Proteus 常用元件

所属类型	元件名	关键词	图示
芯片类	单片机	AT89C51	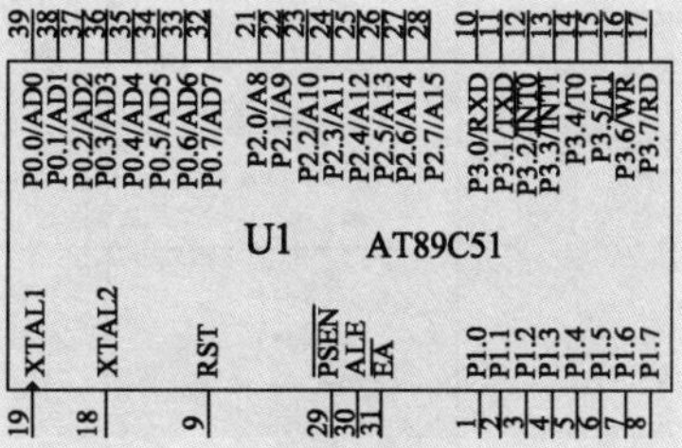
	存储芯片	24C02C	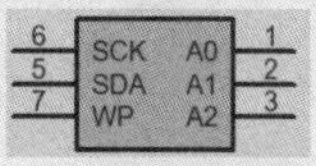
	时钟芯片	DS1302	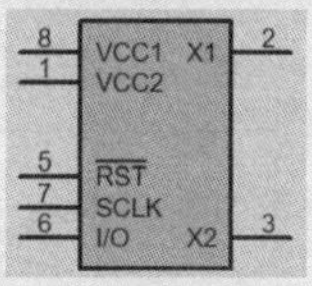
晶振类	晶振	CRYSTAL	
电阻类	电阻	RES	
	可变电阻	POT-HG	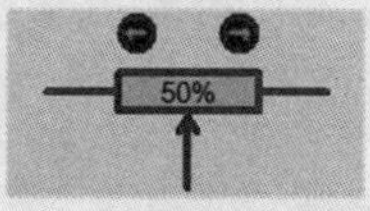
	排阻	RESPACK	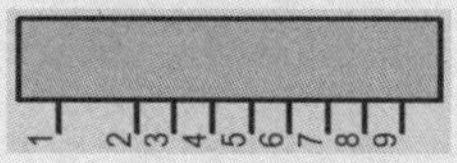
电容类	瓷片电容	CAP	
	电解电容	PCELECT	
输入类	按键	BUTTON	
	开关	SWITCH	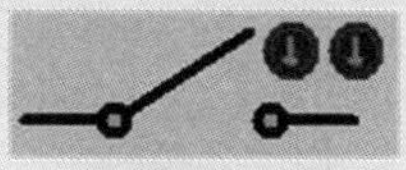
	温度传感器	DS18B20	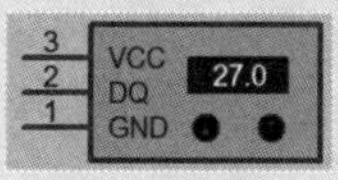

续表

所属类型	元件名	关键词	图示
输出类	LED 灯	LED	
	数码管	7SEG	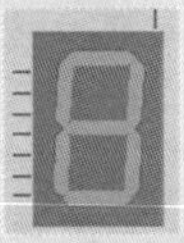
	液晶显示屏	LM016	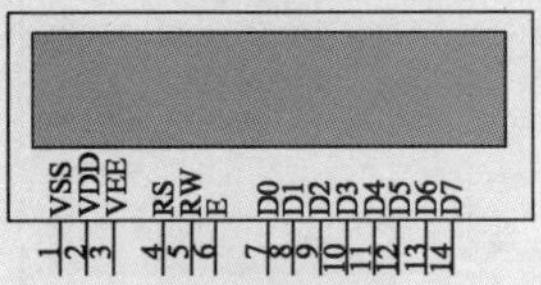
	点阵	MATRIX	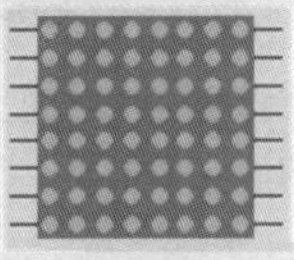
	蜂鸣器	BUZZER	
	扬声器	SPEAKER	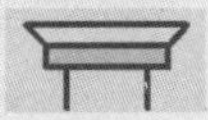
其他类	三极管	2N4402	
	锁存器	74HC573	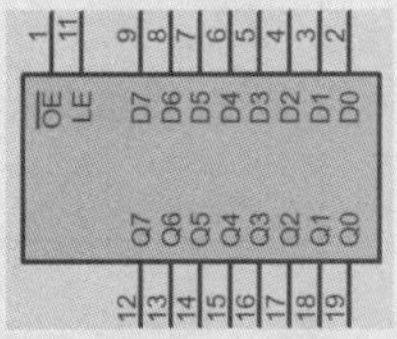
	移位寄存器	74HC164	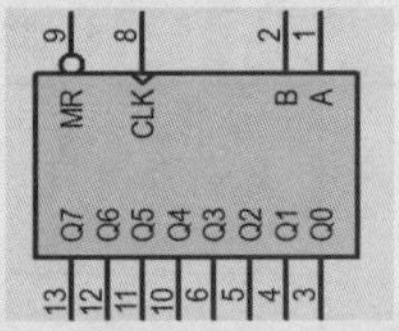
	超声波模块	SRF04	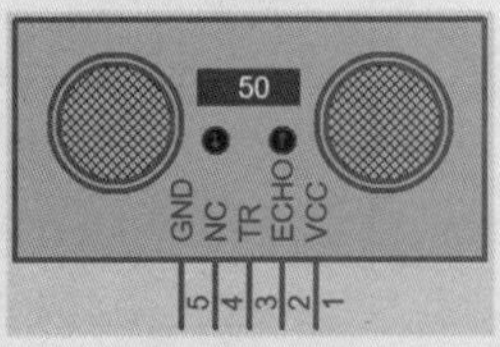
	2 输入逻辑门	74LS08	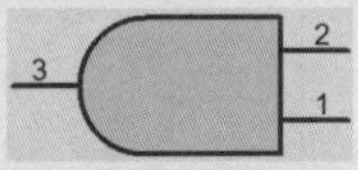
	4 输入逻辑门	74LS20	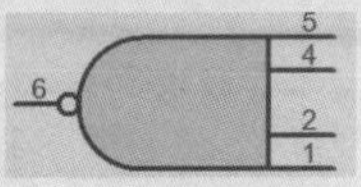

八、Proteus：选取终端

点击左边工具图标栏中的 图标（Terminals Mode），选择需要的终端（如电源 POWER、地 GROUND 等），单击鼠标并拖放到电路图编辑区。

九、Proteus：绘制线条

要在两个元件间连线，单击第一个元件连接点，再单击另一个连接点，ISIS 就会自动将两个点连上。如果用户想自己决定走线路径，只需在想要的拐点处单击即可。线路路径器用来设置走线方法，单击【Tools】→【Wire Auto-Router】命令，实现对 WAR 的设置。该功能默认是打开的，打开 WAR 是折线连线，关闭 WAR 是两点直接连线。对具有相同特性的画线，可采用重复布线的方法，先画一条，然后再在元件引脚双击即可。

提示：在“直线模式”下，按住【Ctrl】键，也可以放置斜线。

十、Proteus：仿真效果

点击左下角快捷键 中的 ，可以查看仿真效果。余下按键分别为：步进（逐帧）仿真、暂停/运行、停止。

【任务实施】

一、电路设计

（一）元件清单

表 1-1-4　指示灯元件清单

功能块	元件标号	元件名称	Keywords	参数值	数量
发光	D1	发光二极管	LED	LED-YELLOW	1
		开关	SWITCH		1

提示：Keywords（关键词）用于构建电路图时从 Proteus 快速查找所需元件。

（二）电路图

指示灯电路图如图 1-1-6 所示。

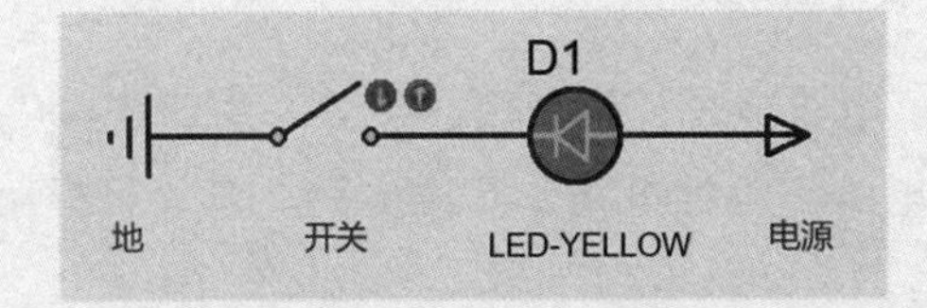

图 1-1-6　指示灯电路图

二、仿真效果

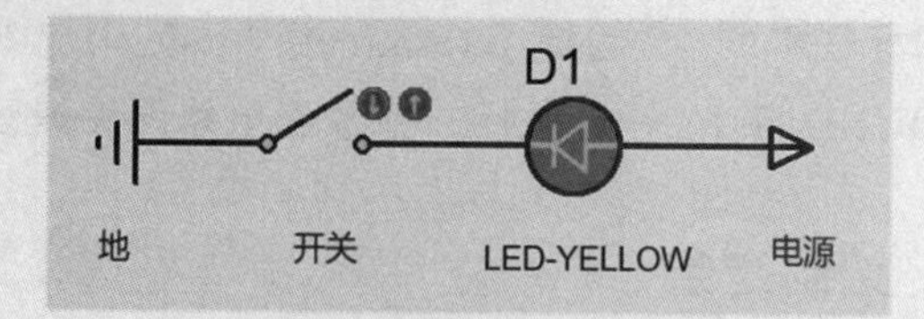

（a）断开状态

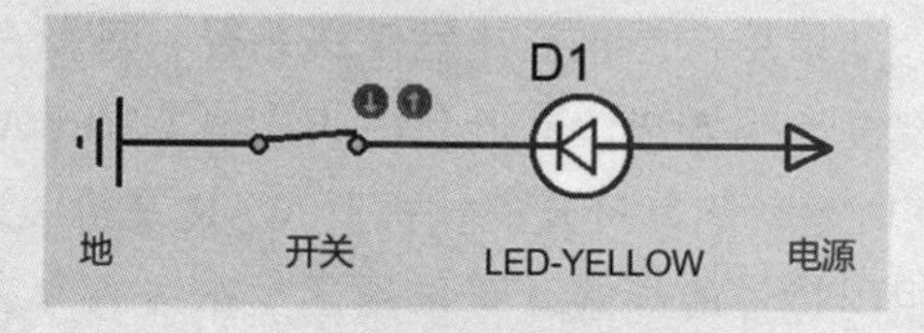

（b）接通状态

图 1-1-7　指示灯仿真效果图

指示灯仿真效果

任务二　航标灯设计

【任务描述】

一、情景导入

为保证船舶在夜间的安全航行，常常需要在某些航标上安装一类交通灯，即航标灯。它在夜间以规定的灯光颜色和闪光频率（频率可以为 0）进行闪烁，满足规定的照射角度和能见距离，对夜行的船舶进行指引。

二、任务目标

设计一个航标灯控制系统，符合以下要求：

（1）采用单片机 AT89C51 进行控制。

（2）LED 灯不断交替闪烁，警示来往船只注意安全。

【关联知识】

单片机最小系统

一、单片机：最小系统

单片机最小系统是由组成单片机系统必需的一些元件构成的，除了单片机之外，还需要包括电源供电电路、时钟电路、复位电路。单片机最小系统电路如图 1-2-1 所示。

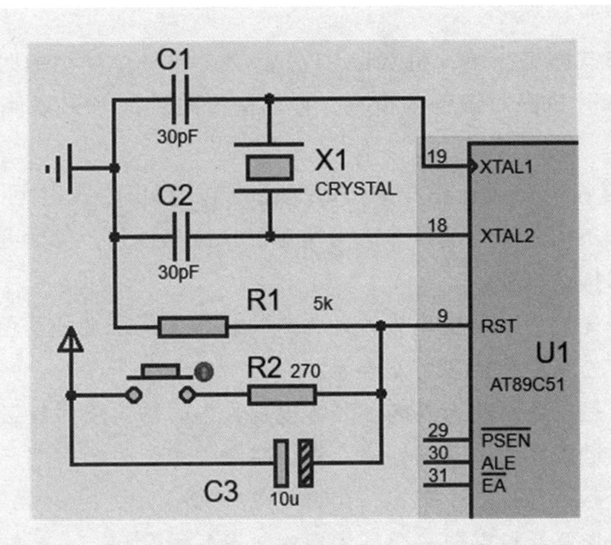

图 1-2-1　单片机最小系统

下面介绍时钟电路和复位电路。

（一）时钟电路

单片机工作时，从取指令到译码，再到微操作，都必须在时钟信号控制下才能有序地进行，时钟电路就是为保证单片机正常工作而提供基本时钟。单片机的时钟信号通常有两种产生方式：内部时钟方式和外部时钟方式。

内部时钟方式的原理电路如图 1-2-2 所示。在单片机 XTAL1 和 XTAL2 引脚上关联了一个晶振和两个稳频电容，可以与单片机片内的电路构成一个稳定的自激振荡器。晶振的取值范围一般为 0 ~ 24 MHz，常用的晶振频率有 6 MHz、12 MHz、11.059 2 MHz、24 MHz 等。一些新型的单片机还可以选择更高的频率。外接电容的作用是对振荡器进行频率微调，使振荡信号频率与晶振频率一致，起到稳定频率的作用，一般选用 20 ~ 30 pF 的瓷片电容。

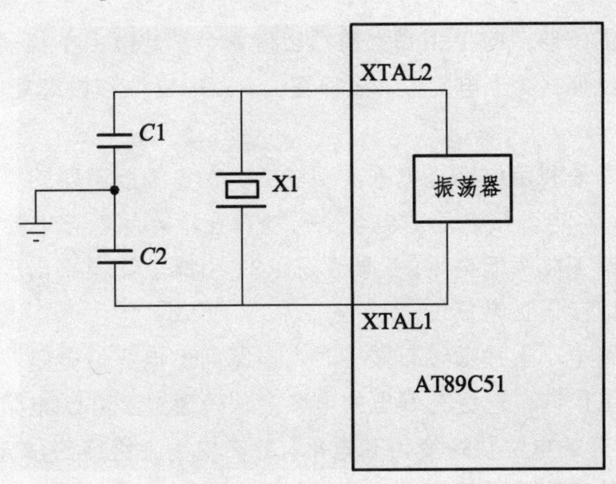

图 1-2-2　单片机时钟电路

外部时钟方式则是在单片机 XTAL1 引脚上外接一个稳定的时钟信号源，它一般适用于多片单片机同时工作的情况，使用同一时钟信号可以保证单片机的工作同步。

时序是指单片机在执行指令时 CPU 发出的控制信号在时间上的先后顺序。AT89C51 单片机的时序概念有 4 个，可用定时单位来说明，包括振荡周期、时钟周期、机器周期和指令周期。

振荡周期：是片内振荡电路或片外为单片机提供的脉冲信号的周期。时序中 1 个振荡周期定义为 1 个节拍，用 P 表示。

时钟周期：是振荡脉冲送入内部时钟电路，由时钟电路对其二分频后输出的时钟脉冲周期。时钟周期为振荡周期的 2 倍。时序中 1 个时钟周期定义为 1 个状态，用 S 表示。每个状态包括 2 个节拍，用 P1、P2 表示。

机器周期：指单片机完成一个基本操作所需要的时间。一条指令的执行需要一个或几个机器周期。一个机器周期固定的由 6 个状态 S1 ~ S6 组成。

指令周期：指执行一条指令所需要的时间。一般用指令执行所需机器周期数表示。AT89C51 单片机多数指令的执行需要 1 个或 2 个机器周期，只有乘除两条指令的执行需要 4 个机器周期。

了解以上几个时序的概念后，我们就可以很快地计算出执行一条指令所需要的时间。例如，若单片机使用 12 MHz 的晶振频率，则振荡周期=1/(12 MHz)=1/12 μs，时钟周期=1/6 μs，机器周期=1 μs，执行一条单周期指令只需要 1 μs，执行一条双周期指令则需要 2 μs。

（二）复位电路

无论是刚开始接上电源，还是运行过程中，单片机发生故障都需要复位。复位电路用于将单片机内部各电路的状态恢复到一个确定的初始值，并从这个状态开始工作。

单片机的复位条件：RST 引脚上持续出现两个（或以上）机器周期的高电平。

单片机的复位形式：上电复位、按键复位。上电复位和按键复位电路如图 1-2-3 所示。

上电复位电路是利用电容充电来实现复位。在电源接通瞬间，RST 引脚上的电位是高电平（V_{cc}），电源接通后对电容进行快速充电，随着充电的进行，RST 引脚上的电位也会逐渐下降为低电平。只要保证 RST 引脚上高电平出现的时间大于两个机器周期，便可以实现正常复位。

按键复位电路中，当按键没有按下时，电路同上电复位电路；如在单片机运行过程中按下 RESET 键，已经充好电的电容会快速通过 200 Ω 电阻的回路放电，从而使得 RST 引脚上的电位快速变为高电平，此高电平会维持到按键释放，从而满足单片机复位的条件实现按键复位。

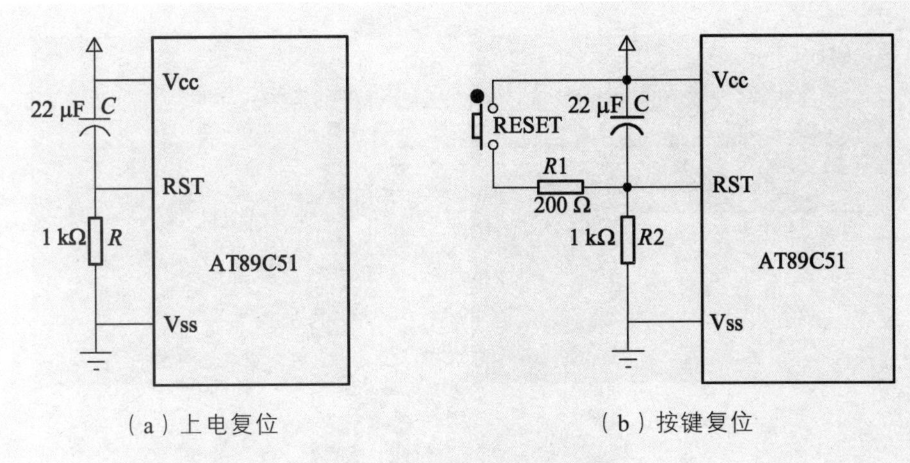

（a）上电复位　　（b）按键复位

图 1-2-3　单片机复位电路

单片机复位后各特殊功能寄存器的复位值如表 1-2-1 所示。

表 1-2-1　单片机特殊功能寄存器复位值

寄存器	复位值	寄存器	复位值	寄存器	复位值
PC	0000H	SBUF	不确定	TMOD	00H
B	00H	SCON	00H	TCON	00H
ACC	00H	TH1	00H	PCON	0***0000B
PSW	00H	TH0	00H	DPTR	0000H
IP	***00000B	TL1	00H	SP	07H
IE	0**00000B	TL0	00H	P0 ~ P3	FFH

提示：*表示无关位。

二、Keil μVision 介绍

Keil μVision 软件是美国 Keil Software 公司出品的 51 系列单片机开发系统，它集成了文件编辑处理、编译连接、项目管理、窗口、工具引用和软件仿真调试等多种功能，是非常强大的 C51 开发工具。在 Keil 的仿真功能中，提供了两种仿真模式：软件模拟仿真和目标板调试。其中软件模拟仿真不需要任何 51 系统单片机硬件即可完成用户程序的仿真调试，极大地提高了用户程序开发效率。国内外有很多的仿真器都支持 Keil μVision 软件。

三、Keil μVision：新建工程

（一）启动 Keil μVision

Keil μVision 是一个标准的 Windows 应用程序，双击 Keil μVision 图标即可启动，也可以选择【开始】→【Keil μVision】命令来启动运行。其主界面如图 1-2-4 所示。

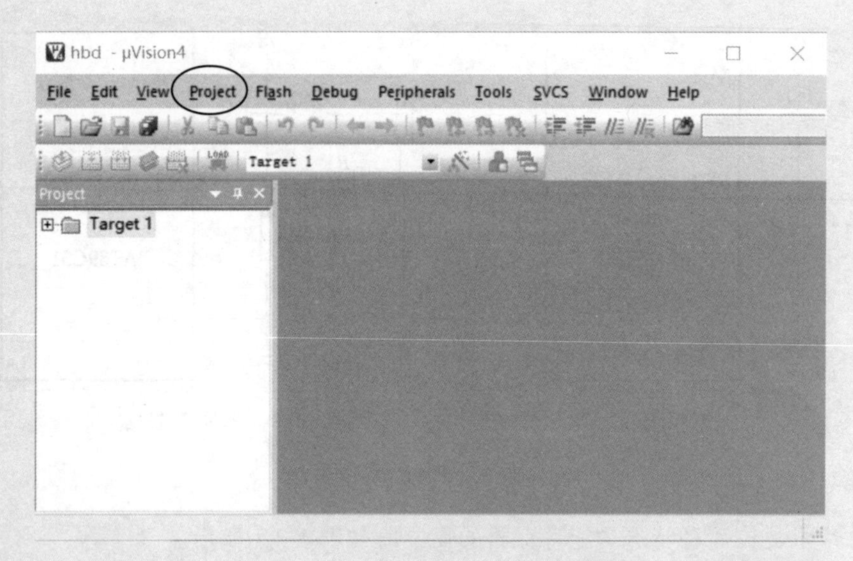

图 1-2-4　µVision 初次启动后的界面

提示：如果上次退出 µVision 时没有关闭项目文件，那么将会恢复显示上次文件的编辑窗口状态，否则要重新打开文件。

（二）创建工程并选择单片机

选择【Project】→【New µVision Project】命令，弹出“Create New Project”对话框，并要求填入新工程文件的名称，如图 1-2-5 所示。在“文件名”文本框中输入工程名称，如“hbd”。需要注意的是，最好为不同的工程创建不同的文件目录。选定自己创建的工程目录后，单击“保存”按钮，µVision 就会以文件名 hbd.uvproj 创建一个新的工程文件，即保存后的文件扩展名为.uvproj，这是 µVision 工程文件的扩展名，以后可以通过直接点击此文件打开已创建的项目。

图 1-2-5　新建项目文件对话框

随后会弹出一个对话框，要求选择单片机的型号，如图 1-2-6 所示。在该对话框中显示了 μVision 的元件数据库，从中可以根据需要使用的单片机来选择。μVision 几乎支持所有的 51 系列单片机。在这里选择 Atmel 的 AT89C51，选择后将为 AT89C51 元件设置必要的工具选项参数，简化了工具参数的设置。在选择了 AT89C51 之后，右侧的“Description”（说明）列表框中将显示对该型号单片机的基本说明。最后单击“OK”按钮。

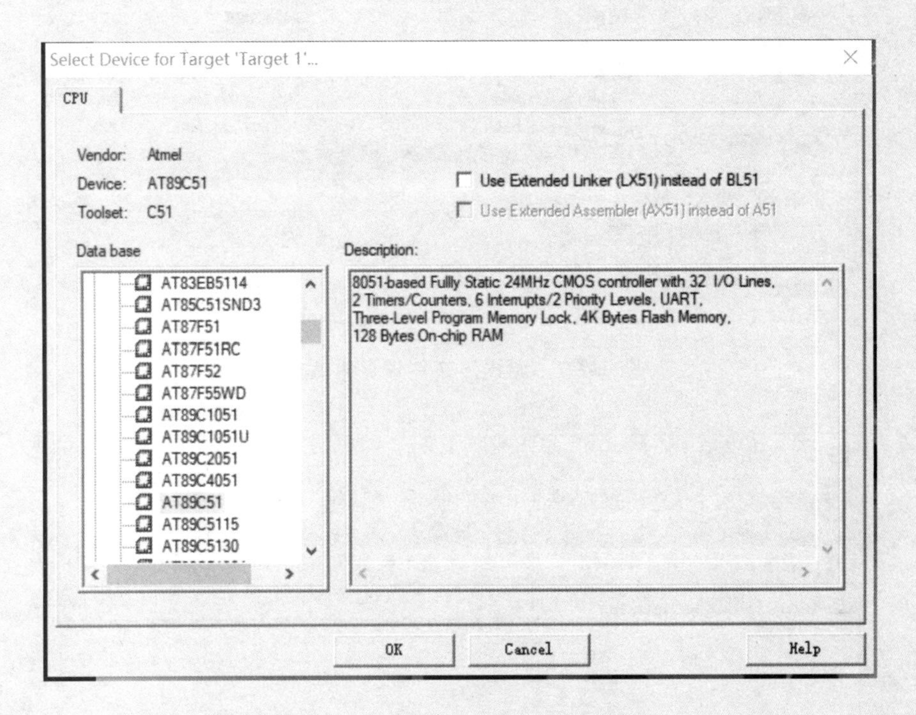

图 1-2-6　单片机芯片选择对话框

四、Keil μVision：新建文件

单击工具栏中的新建文件图标（或选择【File】→【New】），文件操作窗口即可出现新建文件。保存该空白文件，单击工具栏中的保存图标（或选择【File】→【Save】），弹出如图 1-2-7 所示的“Save As”对话框，在“文件名”文本框中输入要保存的文件名（保存时注意加上正确的后缀名“.c”），然后单击“保存”按钮。这样提前将文件保存可以让 μVision 软件编辑区的程序关键字呈高亮显示，方便程序的编写。

文件保存后，界面如图 1-2-8 所示。至此用户可以在程序编辑区录入程序代码了。

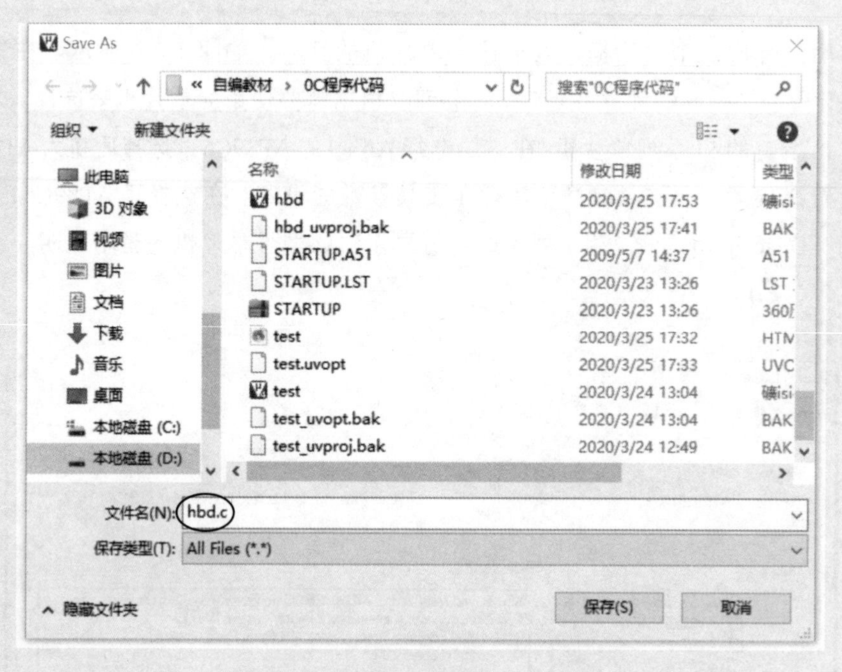

图 1-2-7　源程序文件保存对话框

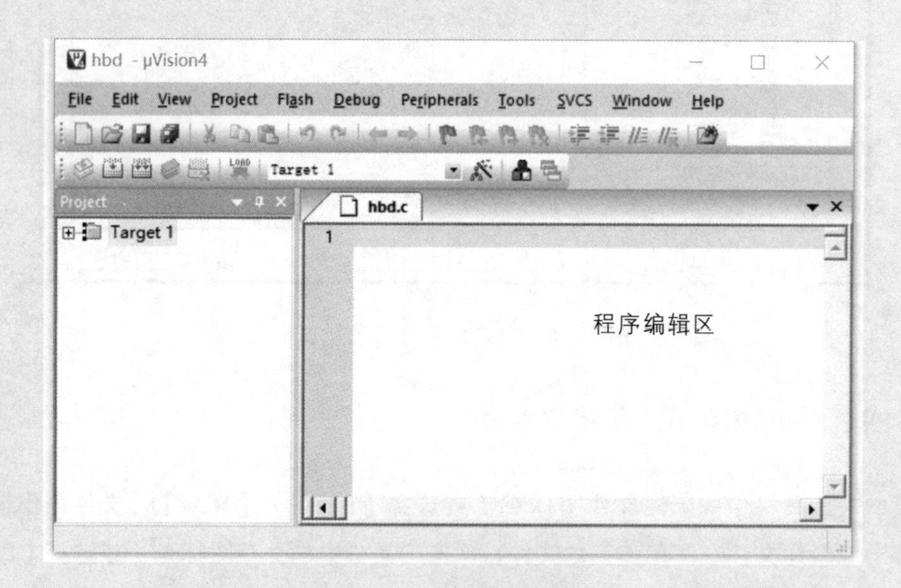

图 1-2-8　源程序文件编辑

五、Keil µVision：添加文件

创建了 C 源程序文件之后，就可以把这个文件添加到项目中了。回到编辑界面后，单击 Target 1 前面的“+”号，然后在 Source Group 1 上单击鼠标右键，弹出快捷菜单，选择“Add Files to Group‘Source Group 1’”命令，弹出如图 1-2-9 所示的对话框。

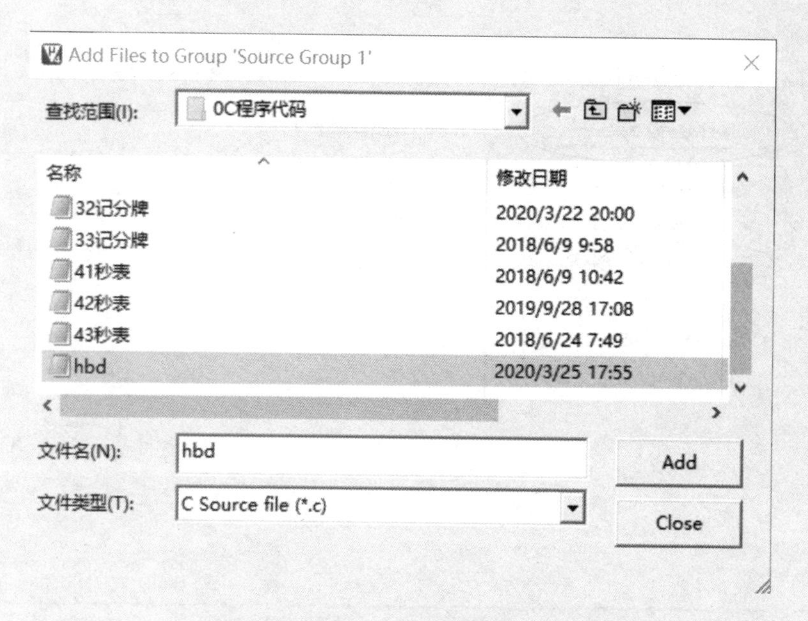

图 1-2-9　源程序文件选择对话框

选中“hbd”（注意文件类型），然后单击“Add”按钮，即可添加源程序文件到项目中。

提示：在文件加入项目后，该对话框并不消失，等待继续加入其他文件，初学者往往会误认为操作没有成功而再次添加同一文件，此时会出现提示框提醒该文件已经在项目中了，单击“确定”按钮返回即可。

单击图 1-2-9 所示对话框中的“Close”按钮，即可返回到主界面。返回后在窗口中单击 Source Group 1 前的加号，会发现 hbd.c 文件已在其中。

提示：下次打开该工程文件时，不需要再次添加源程序文件了。

六、Keil μVision：配置选项

程序编写完成后，还要对项目进行进一步的设置，以满足要求。

选择【Project】→【Option for Target‘Target 1’】命令或直接点击 Keil μVision 主界面工具栏图标，即出现对工程设置的对话框，如图 1-2-10 所示。该对话框共有 11 个选项卡，大部分设置项取默认值即可。下面对 Output 选项进行设置。

（1）勾选“Create HEX File”复选框，用于生成可执行代码文件。该文件供编程器写入（烧录）到单片机芯片，文件的扩展名为.HEX，默认情况下该项未被选中，如果要写芯片做仿真或硬件实验，就必须选中该项。

（2）点击按钮“Select Folder for Objects...”可以更改或查看执行代码 HEX 文件的存放位置。

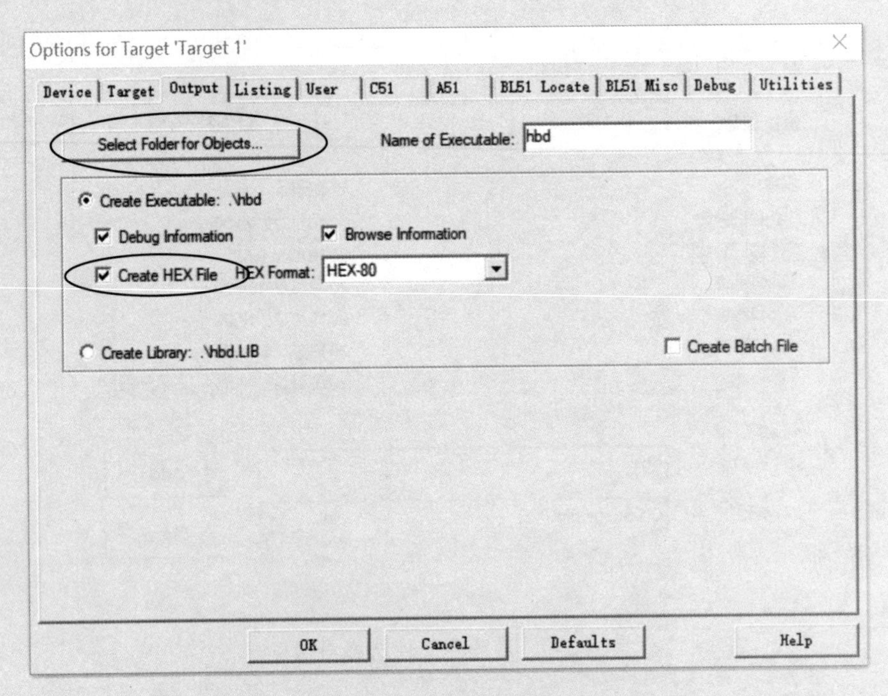

图 1-2-10　工程设置对话框

七、Keil μVision：编译文件

设置好项目参数后，即可进行编译、链接。选择【Project】→【Build target】命令，对当前工程进行链接。如果当前文件已修改，将先对该文件进行编译，然后再链接以产生目标代码；如果选择【Rebuild all target files】命令，则会对当前工程中的所有文件重新进行编译后再链接，确保最终生产的目标代码是最新的；而选择【Translate…】命令则仅对当前文件进行编译，不进行链接。以上操作也可以通过工具栏中的图标直接进行，如图 1-2-11 所示。

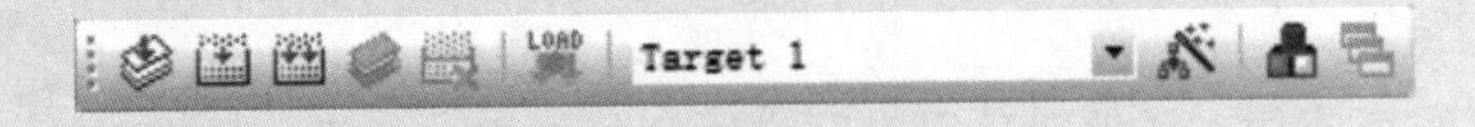

图 1-2-11　工具栏中的编译工具

编译过程中的信息将出现在输出窗口中的“Build Output”对话框中。如果源程序中有语法错误，会有错误报告出现，双击该行，可以定位到出错的位置。对源程序修改之后再次编译，需要满足图 1-2-12 所示的结果（提示 0 个错误，0 个警告），该文件方可被编程器写入到 AT89C51 芯片中，用于仿真与调试。

提示：为简单起见，我们一般选择 完成编译，即每次修改源程序后都需要重新编译。

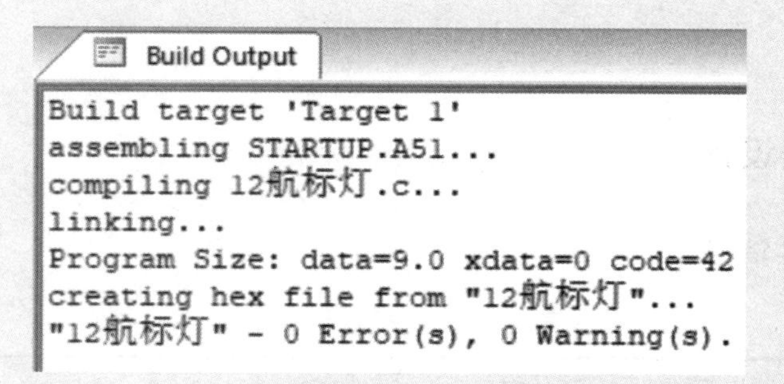

图 1-2-12　编译成功后的输出信息

八、Proteus：加载程序

双击电路图中的单片机芯片，出现如图 1-2-13 所示对话框。

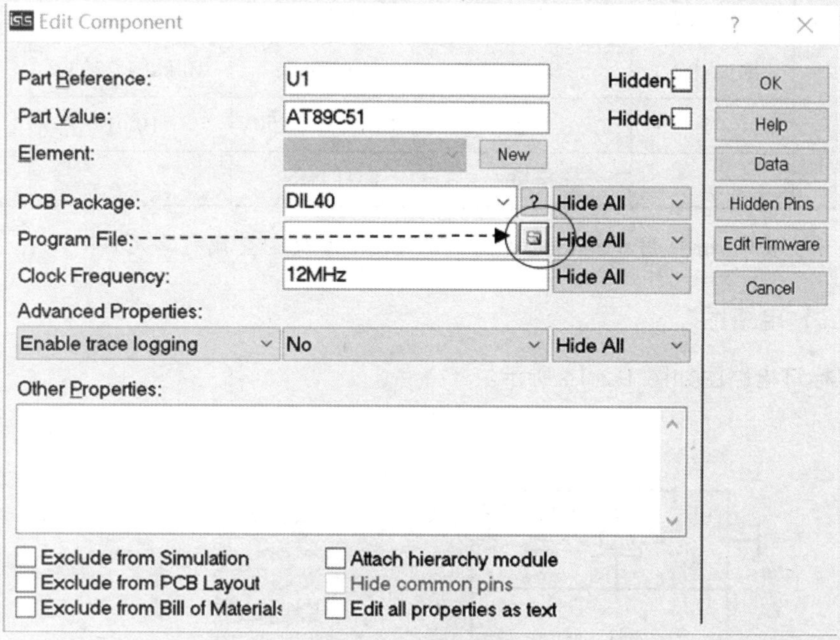

图 1-2-13　加载程序

在“Program File”文本框右侧，点击图标打开文件夹，找到用 Keil μVision 编译生成的 hex 目标文件，例如本项目编译好的 12 航标灯.hex，单击“OK”按钮即可完成程序的加载。

提示：成功加载后，以后每次修改源程序不再需要重新加载。

【任务实施】

一、电路设计

（一）元件清单

表 1-2-2　航标灯元件清单

功能块	元件标号	元件名称	Keywords	参数值	数量
主控	U1	微处理器	AT89C51		1
发光	D1	发光二极管	LED	LED-YELLOW	1
	R3	电阻	RES	270 Ω	1
时钟	X1	晶振	CRYSTAL	12 MHz	1
	C1 ~ C2	电容	CAP	30 pF	2
复位	R1、R2	电阻	RES	10 kΩ、270 Ω	2
	C3	电容	PCELECT10U50V	10 μF	1
		按键	BUTTON		1

提示：Keywords 用于构建电路图时从 Proteus 快速查找所需元件。

（二）电路图

航标灯电路图如图 1-2-14 所示。

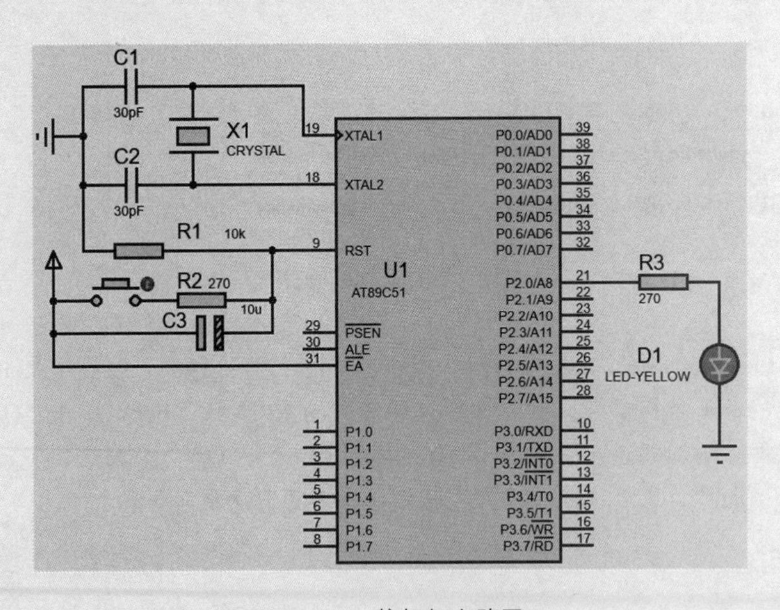

图 1-2-14　航标灯电路图

二、程序设计

（一）程序流程

程序流程图如图 1-2-15 所示。

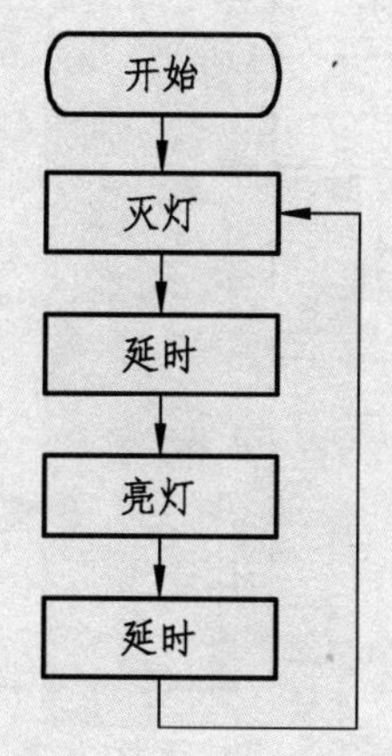

图 1-2-15　航标灯程序流程图

（二）程序代码

```
#include "reg51.h"
//函数功能：延时
void delay()
{
        unsigned char i,j;//定义无符号字符型变量
        for(i=0;i<200;i++)
                for(j=0;j<100;j++)
                        ;//什么也不做，等待一个机器周期
}

//函数功能：主函数
void main()
{
        while(1)//无限循环
        {
                P2=0x00;//二进制 0000 0000 灭灯
                delay();
                P2=0x01;//二进制 0000 0001 亮灯
                delay();
        }
}
```

三、仿真效果

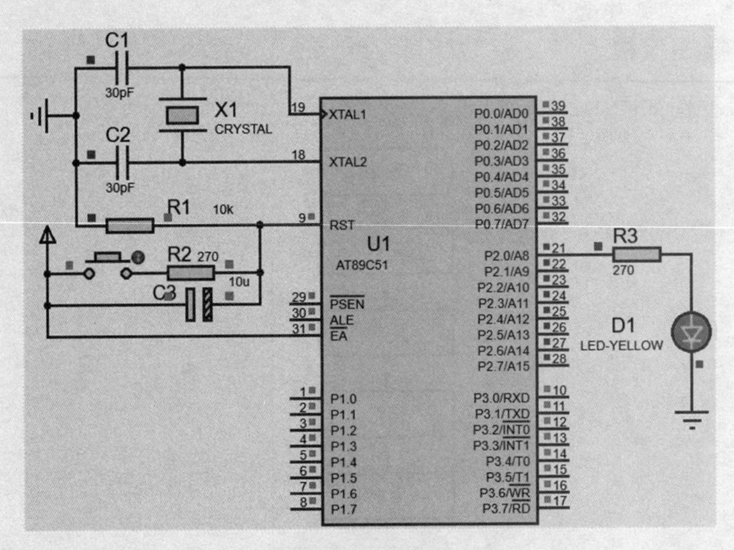

（a）熄灭状态

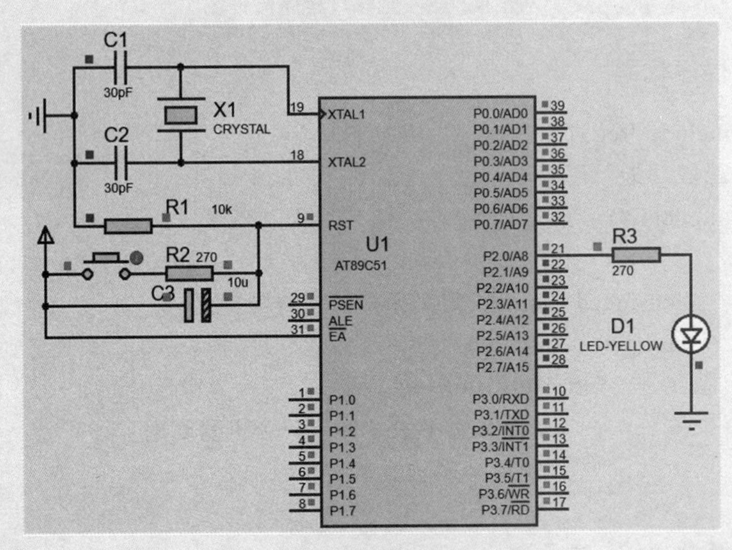

（b）点亮状态

图 1-2-16　航标灯仿真效果图

航标灯仿真效果

任务三　流水灯设计

【任务描述】

一、情景导入

广告牌和节日彩灯广泛应用于人们的日常生活中，它是人们利用 LED 技术，找出灯光的“流动”规律，进而通过程序控制来实现的。

二、任务目标

设计一个流水灯控制系统，符合以下要求：

（1）采用单片机 AT89C51 进行控制。

（2）利用 8 个发光二极管完成显示。

（3）能够控制二极管按顺序实现亮和灭，产生“流水”移动效果。

【关联知识】

一、单片机 I/O 端口

AT89C51 单片机内部有 4 个 8 位并行 I/O 端口，分别是 P0、P1、P2、P3。每个并行端口由 8 个引脚组成，外部设备与这些端口可以直接相连，无须另外的接口芯片。P0 ~ P3 既可以按字节输入/输出，也可以按位输入/输出，都可以用作普通 I/O 操作。除了 P1 外，其他并行口还具有第二功能，分别介绍如下。

P0 口：用作地址/数据总线。当向外部存储器读/写数据时，P0 口是复用口，P0 口和 P2 口配合完成低 8 位地址的传送后，P0 口再传送 8 位数据。

P2 口：用作地址总线。当向外部存储器读/写数据时，P2 口用于传送高 8 位地址。

P3 口：P3 口的第二功能非常丰富，也非常重要，具体功能如表 1-3-1 所示。

表 1-3-1　单片机 P3 口引脚的第二功能

端口位	第二功能	注　释	端口位	第二功能	注　释
P3.0	RXD	串行口输入	P3.4	T0	计数器 0 计数输入
P3.1	TXD	串行口输出	P3.5	T1	计数器 1 计数输入
P3.2	INT0	外部中断 0	P3.6	WR	外部 RAM 写入选通
P3.3	INT1	外部中断 1	P3.7	RD	外部 RAM 读出选通

提示：在 4 个并行 I/O 口中，P1、P2、P3 口都能驱动 4 个 TTL 门，且不需要上拉电阻就能驱动 MOS 电路。P0 口内部没有上拉电阻，驱动 TTL 电路时能带 8 个 TTL 门，但当驱动 MOS 电路时，作为地址/数据总线可以直接驱动，而作为普通 I/O 口时则须外接上拉电阻。

二、Proteus：复制元件

复制元件的方法如下：

（1）在要复制的元件左上角点击鼠标，按住不松手拖动鼠标，直到框选中需要复制的元件。

（2）单击顶部工具栏图标，或者点击鼠标右键，选择“Block Copy”命令。

（3）将鼠标移至目标位置。

（4）单击鼠标结束。

三、Proteus：删除元件

选定要删除的元件，双击鼠标右键，可以快速删除元件，同时删除该元件的所有连线。如果错删了元件，可以使用 Undo 命令来恢复。

四、Proteus：调整元件朝向

许多类型的元件可以调整朝向，为 0、90°、270°、360°，或通过 *x* 轴、*y* 轴实现镜像调整。调整元件朝向的步骤如下：

（1）选中元件。

（2）单击 图标，元件逆时针旋转；单击 图标，元件顺时针旋转。

（3）单击 图标，元件按 *x* 轴镜像；单击 图标，元件按 y 轴镜像。

五、Keil μVision：程序调试

在对工程成功地进行编译、链接以后，按【Ctrl+F5】键或者选择【Debug】→【Start/Stop Debug Session】命令即可进入调试状态。Keil μVision 内部建了一个仿真 CPU 来模拟程序执行，该仿真 CPU 功能强大，可以在没有硬件和仿真机的情况下进行程序的调试。

进入调试状态后，【Debug】菜单中原来不能使用的命令现在已可以使用了，窗口中还多出一个用于运行和调试的工具栏，如图 1-3-1 所示。【Debug】菜单中的大部分命令可以在此找到对应的快捷按钮。

图 1-3-1　Debug 工具栏

启动 μVision 的调试模式后，按照 Options for Target-Debug 的配置，μVision 会载入应用程序并运行启动代码。μVision 保存编辑器窗口的布局，并恢复最后一次调试时窗口的布局。如果程序停止执行，则 μVision 会打开源文件的编辑窗口，或在反汇编窗口显示 CPU 指令，下一条可执行的语句用黄色箭头标出。调试时，编辑器的很多功能仍然可以使用。

在程序调试时一定要明确调试的目的，并采用合理的方法。下面介绍调试时的一些常用方法。

（一）合理使用全速执行和单步执行

全速执行是指一行接一行的执行程序，中间没有间断，此方法程序执行速度很

快，主要用于检测该段程序的总体效果，即最终结果是否正确，所以如果程序不正确则很难确认错误出现的位置。单步执行是每次只执行一行程序，执行完该行程序后即停止，等待单步执行命令来执行下一行程序。此方式可以看到每一行程序运行的结果和程序的流向，借此可以判断程序是否与预期结果相同，找到程序中的问题所在。在程序的调试中，这两种运行方式要结合运用。下面对其进行具体介绍。

选择【Debug】→【Step】命令，或直接单击工具栏中的图标，或使用快捷键F11，都可以单步执行程序；选择【Debug】→【Step over】命令，或直接单击工具栏的图标，或使用快捷键F10都可以过程单步执行程序。所谓过程单步执行程序是指将程序中的子程序作为一个语句来执行。

按下F11键，在源程序窗口的左边会出现一个黄色的调试箭头，指向程序的第一行，以后每按一次F11键，程序就会执行到下一行。通过单步执行程序，可以准确找出一些问题，但查错效率很低，必须辅助以其他的调试方法。例如程序中有延时循环类子程序时，就会发现利用单步执行已经不适合调试，这时可以采用以下方法。

第一种方法：将鼠标指针直接指向子程序的最后一行并单击，把光标定位于该行，然后运行执行到光标所在行指令（选择【Debug】→【Run to cursor line】命令，或直接单击工具栏中的图标，或使用快捷键【Ctrl+F10】)，即可全速执行到光标所在程序行。

第二种方法：在进入该子程序后，使用执行完当前子程序指令（选择【Debug】→【Step Out of current Function】命令，或直接单击工具栏中的图标，或使用快捷键【Ctrl+F11】)，即全速执行完调试光标所在子程序并指向主程序中紧邻的下一行程序。

第三种方法：在进入子程序前，使用过程单步执行指令（选择【Debug】→【Step over】命令或直接单击工具栏中的图标或使用快捷键F10），即调试并不进入子程序内部，而是全速执行完子程序并指向主程序中紧邻的下一行程序。

以上方法在调试中要相互结合使用，才可以提高调试的效率。

（二）合理使用断点

程序调试时，有些程序段必须满足一定的条件才能被执行到（如程序中某变量达到一定的值、按键被按下、有中断产生），这些条件往往难以预先设定，使用单步执行很难调试，这时必须使用程序调试的另一种非常重要的方法——断点设置。

断点设置通常在某一行程序设置好断点后，全速运行程序，一旦执行到已经设置的断点处立即停止下来，然后单步执行以观察有关变量，分析与调试程序。

断点设置的方法：将光标定位于需要设置断点的程序行，用鼠标双击该程序行即可。也可单击工具栏中的图标或选择【Debug】→【Insert/Remove Breakpoint】命令来设置断点或移除断点（第二次执行该功能即为移除断点）。

另外，在Keil μVision中还提供了以下设置断点功能：

开启或暂停光标所在行的断点功能：选择【Debug】→【Enable/Disable Breakpoint】命令。

暂停所有断点功能：选择【Debug】→【Disable All Breakpoint】命令。

清除所有断点设置：选择【Debug】→【Kill All Breakpoint】命令。

（三）合理利用观察窗口分析程序

进入调试模式后，μVision 在调试时提供了多个窗口，用于检查程序功能，主要包括反汇编窗口、存储器窗口、CPU 寄存器窗口、观察窗口、串行窗口等。可以通过 View 菜单中的相关命令或工具栏中的相关图标打开和关闭这些窗口。

1．存储器窗口

存储器窗口能显示各种存储区的内容，如图 1-3-2 所示。

存储器窗口最多可以通过 4 个不同的页来观察 4 个不同的存储区内容。通过在“Address”文本框中输入“存储空间：存储地址”即可显示相应存储空间的值。存储空间用字母 C，D，I，X 来表示，其中 C 代表程序代码存储空间，D 代表直接寻址的片内存储空间，I 代表间接寻址的片内存储空间，X 代表扩展的外部 RAM 存储空间，存储地址用数字来表示。例如，输入“C：0x10”即可显示从 0x10 地址开始的 ROM 存储空间中的程序代码值；输入“D：0x20”即可显示从 0x20 地址开始的片内 RAM 单元的数据。

```
Address:
C:0x0000: 00 00 00 00 00 00 00 00 00 00 00 00 00 00 00 00
C:0x0010: 00 00 00 00 00 00 00 00 00 00 00 00 00 00 00 00
C:0x0020: 00 00 00 00 00 00 00 00 00 00 00 00 00 00 00 00
C:0x0030: 00 00 00 00 00 00 00 00 00 00 00 00 00 00 00 00
C:0x0040: 00 00 00 00 00 00 00 00 00 00 00 00 00 00 00 00
C:0x0050: 00 00 00 00 00 00 00 00 00 00 00 00 00 00 00 00
C:0x0060: 00 00 00 00 00 00 00 00 00 00 00 00 00 00 00 00
C:0x0070: 00 00 00 00 00 00 00 00 00 00 00 00 00 00 00 00
C:0x0080: FF 07 00 00 00 00 00 00 00 00 00 00 00 00 00 00
Memory #1  Memory #2  Memory #3  Memory #4
```

图 1-3-2　存储器窗口

2．CPU 寄存器窗口

CPU 寄存器在“Project Workspace-Regs”页中显示。CPU 寄存器窗口包括当前的工作寄存器组和系统寄存器，系统寄存器有 A、B、SP、DPTR、PSW、PC、R0-R7 等。每当程序执行到对某一寄存器进行操作时，该寄存器就会以蓝底白字显示，用鼠标单击其中任意寄存器，然后按下 F2 键，即可修改该值。

六、结构化程序设计

结构化程序设计方法是按照模块划分原则以提高程序可读性和易维护性、可调性和可扩充性为目标的一种程序设计方法。结构化程序设计主要强调的是程序易读性。

在结构化的程序设计中，只允许三种基本的程序结构形式，它们分别是顺序结构、分支结构（包括多分支结构）和循环结构。这三种基本结构的共同特点是只允许有一个入口和一个出口，仅由这三种基本结构组成的程序称为结构化程序。结构化程序设计适用于程序规模较大的情况，对于规模较小程序可采用非结构化程序设计方法。

（一）顺序结构

顺序结构表示程序中的各操作是按照它们出现的先后顺序执行的，这种结构的特点是：程序从上至下，按顺序执行所有操作，直到结束。顺序结构如图 1-3-3（a）所示。

（二）分支结构（又称选择结构）

分支结构表示程序的处理步骤出现了分支，需要根据某一特定的条件选择其中的一个分支执行。选择结构有单选择、双选择和多选择三种形式，其结构如图 1-3-3（b）所示。

常用选择语句：if 语句、switch 语句。

（三）循环结构

循环结构表示程序反复执行某个或某些操作，直到条件为假（或为真）时才可终止循环。循环结构的基本形式有两种：当型循环和直到型循环，而什么情况下执行循环则要根据条件判断。循环结构如图 1-3-3（c）所示。

常用循环语句：for 语句、while 语句、do…while 语句。

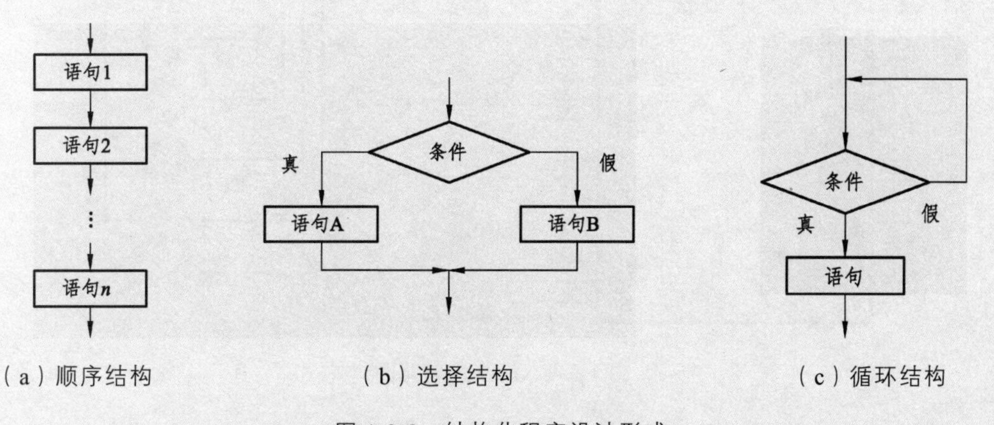

（a）顺序结构　（b）选择结构　（c）循环结构

图 1-3-3　结构化程序设计形式

【任务实施】

一、电路设计

（一）元件清单

表 1-3-2　流水灯元件清单

功能块	元件标号	元件名称	Keywords	参数值	数量
主控	U1	微处理器	AT89C51		1
发光	D1 ~ D8	发光二极管	LED	LED-YELLOW	8
	RP1	排阻	RESPACK	5 kΩ	1
时钟	X1	晶振	CRYSTAL	12 MHz	1
	C1 ~ C2	电容	CAP	30 pF	2
复位	R1、R2	电阻	RES	10 kΩ、270 Ω	2
	C3	电容	PCELECT10U50V	10 μF	1
		按键	BUTTON		1

（二）电路图

流水灯电路如图 1-3-4 所示。

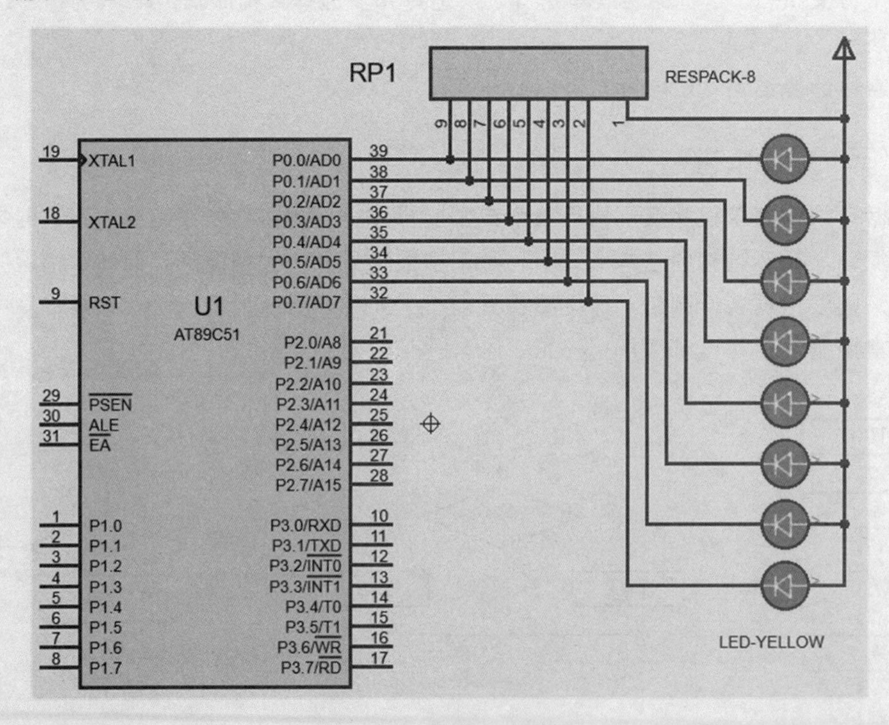

图 1-3-4　流水灯电路图

提示：① 为方便起见，本图没有绘制时钟电路与复位电路，但实际制作产品时，时钟电路不可或缺；② 若采用片内程序存储器 ROM，虽然仿真时对 $\overline{EA}$ 没有要求，但实际制作产品时，必须接+5 V 电源（参考航标灯）。

二、程序设计

（一）程序流程

流水灯程序流程如图 1-3-5 所示。

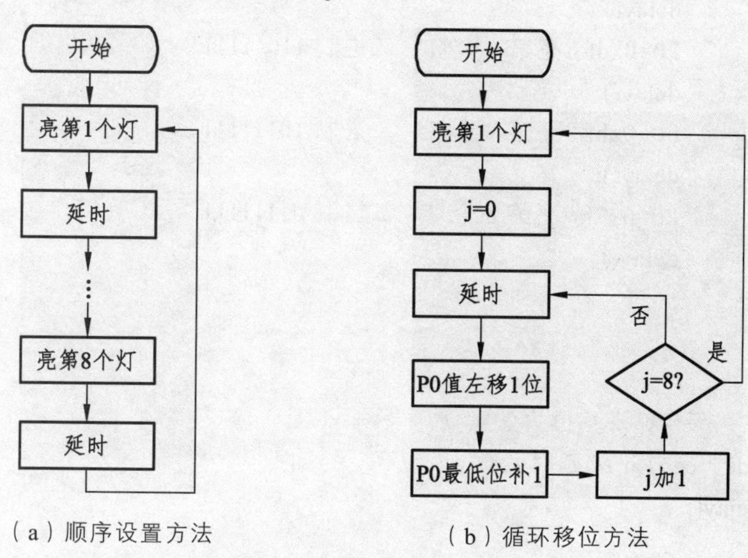

（a）顺序设置方法　　（b）循环移位方法

图 1-3-5　流水灯程序流程图

（二）程序代码

方法一：采用顺序设置方法实现。

```
#include "reg51.h"
void delay() // 延时函数
{
        unsigned char i,k;
        for(i=0;i<200;i++)
                for(k=0;k<100;k++);   //思考：将 100 改成 200 会怎么样?
}

void main()
{
        while(1)   //循环执行
        {
                P0=0xfe;//亮第 1 个灯，二进制 11111110
                delay();
```

```
            P0=0xfd;//亮第 2 个灯，二进制 11111101
            delay();
            P0=0xfb;//亮第 3 个灯，二进制 11111011
            delay();
            P0=0xf7;//亮第 4 个灯，二进制 11110111
            delay();
            P0=0xef;//亮第 5 个灯，二进制 11101111
            delay();
            P0=0xdf;//亮第 6 个灯，二进制 11011111
            delay();
            P0=0xbf;//亮第 7 个灯，二进制 10111111
            delay();
            P0=0x7f;//亮第 8 个灯，二进制 01111111
            delay();
        }
}
```

方法二：采用循环移位方法实现。

```
#include "reg51.h"// 延时函数
void delay()
{
        unsigned char i,k;
        for(i=0;i<200;i++)
            for(k=0;k<100;k++);
}

void main()
{
        unsigned char j;
        while(1)
        {
            P0=0xfe;//亮第 1 个灯
            for(j=0;j<8;j++)
            {
                delay();
                P0 =(P0<<1)|0x01;//左移且最低位补 1
            }
        }
}
```

三、仿真效果

流水灯仿真效果

流水灯仿真效果如图 1-3-6 所示。

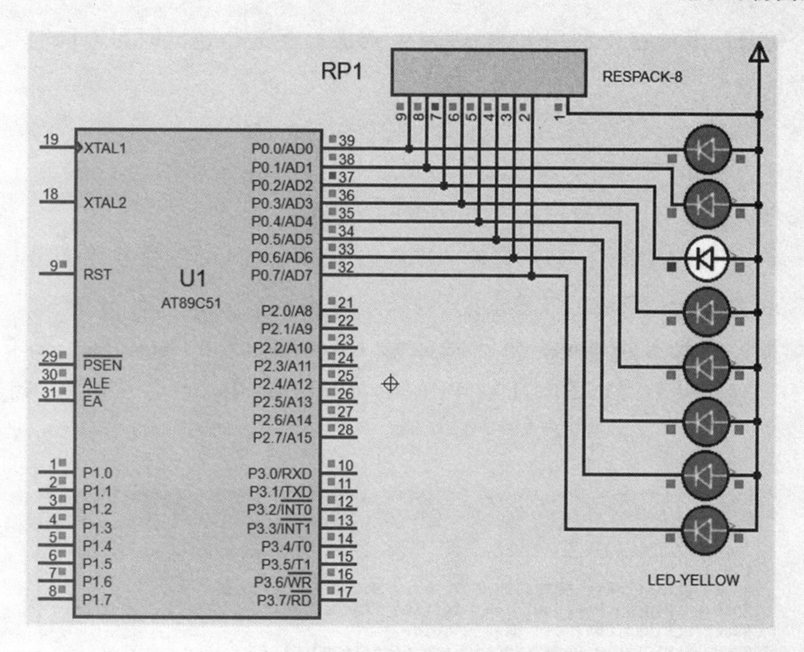

图 1-3-6　流水灯仿真效果图

任务四　花样流水灯设计（选修）

【任务描述】

一、情景导入

任务三的流水灯实现了各个灯依次发光，规律比较简单，但实际上很多广告灯的显示要复杂得多。本任务利用单片机实现对这类花样流水灯的控制设计。

二、任务目标

设计一个花样流水灯，符合以下要求：

（1）采用单片机 AT89C51 进行控制。

（2）利用 8 个发光二极管完成显示。

（3）流动效果：从上至下，然后相向流动，再背向至两端，再从下至上，循环往复。

【关联知识】

一、Proteus 与 Keil μVision 联合仿真

联合仿真的好处在于利用 Keil μVision 对源程序进行调试时可以同时在 Proteus 中观察设计效果。

(一) 联合仿真的配置

在联合仿真之前，需要进行一些必要的配置。

第一步：下载 VDM51.DLL 文件，复制到 Keil μVision 安装目录的“\C51\BIN”目录中。

第二步：修改 Keil μVision 安装目录下的 TOOLS. INI 文件，在 C51 字段加入“TDRV4 = BIN\VDM51.DLL("Proteus VSM Simulator")”并保存，如图 1-4-1 所示。

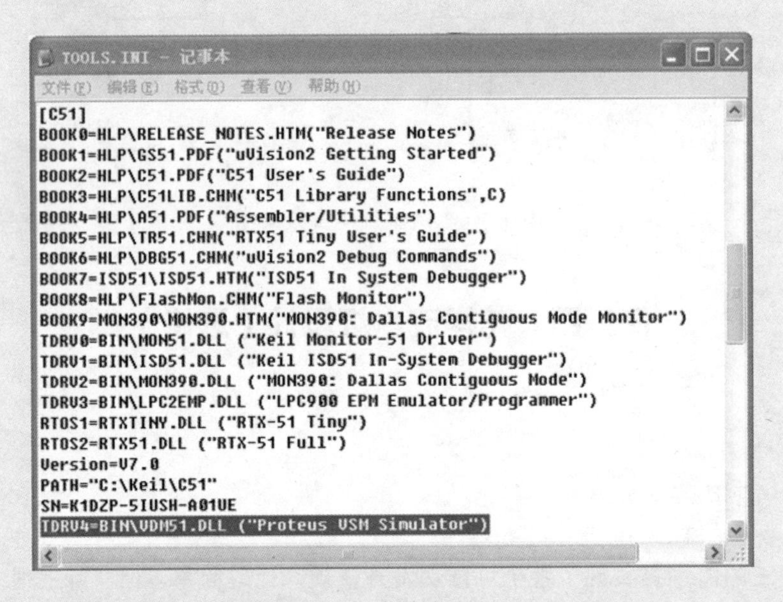

图 1-4-1　修改 Keil μVision 安装目录下的 TOOLS.INI 文件

提示：① 不一定要添加 TDRV4，根据原来的字段选用一个不重复的数值即可，引号内的字符随意；② 也可以下载 vdmagdi.exe 文件并直接安装来代替第一、二步。

第三步：启动 Proteus，选择【Debug】→【Enable Remote Debug Monitor】，如图 1-4-2 所示。

第四步：启动 Keil μVision，选择【Project】→【Options for Target ‘Targetl’】命令，选择“Debug”选项卡，选择“Use”单选按钮，在其后的下拉列表框中选择“Proteus VSM Simulator”，如图 1-4-3 所示。

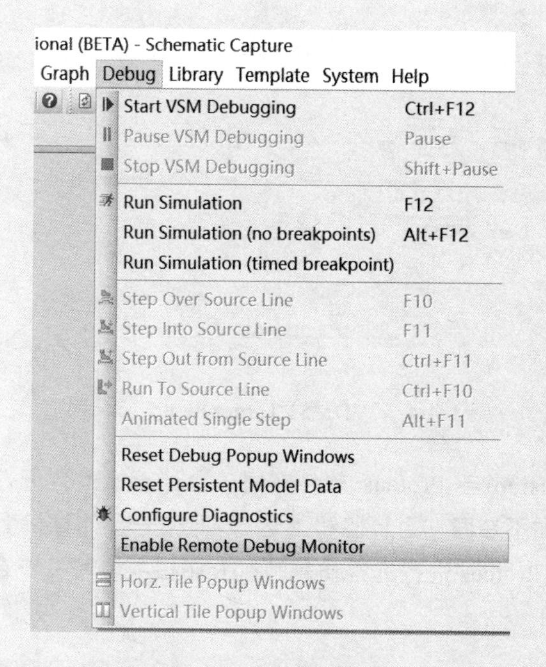

图 1-4-2　选择“Enable Remote Debug Monitor”

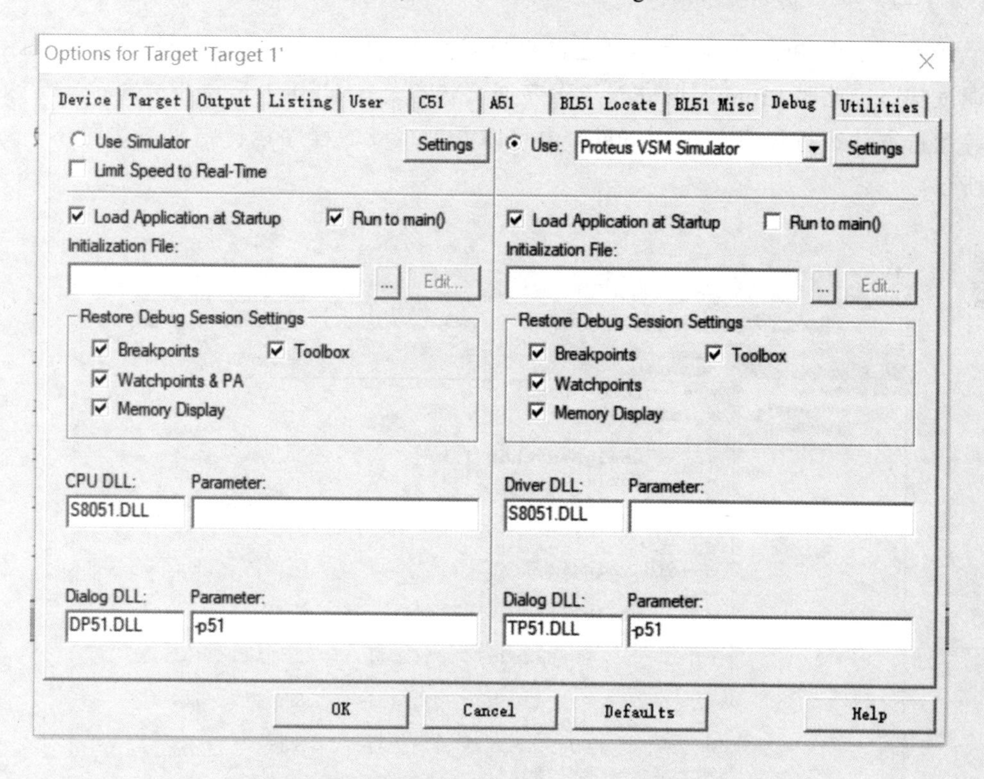

图 1-4-3　选择“Proteus VSM Simulator”

第五步：单击下拉列表框右边的“Settings”按钮，弹出“VDM51 Target Setup”对话框，如图 1-4-4 所示。

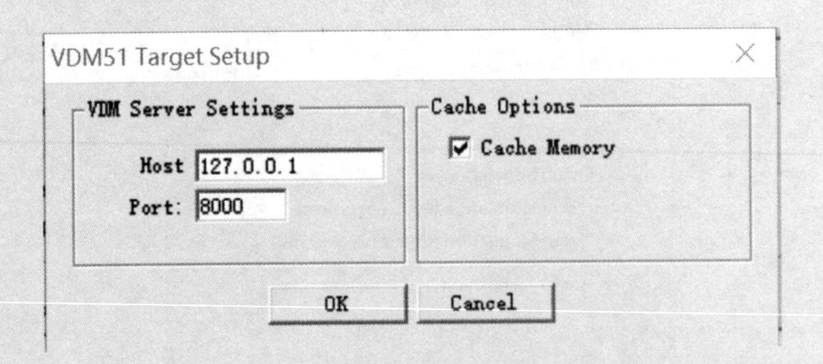

图 1-4-4 “VDM51 Target Setup”对话框

如果 Keil μVision 与 Proteus 软件在同一台计算机上运行，则 Host 栏填写 IP 地址为 127.0.0.1；如不在同一台计算机上运行，即在一台计算机上运行 Keil μVision，而在另一台上运行 Proteus 进行远程仿真，则 Host 栏中填写另一台计算机的 IP 地址。端口号必须为 8000。

（二）联合仿真

将 Keil 和 Proteus 窗口平铺在计算机桌面上，单击 Keil 中的图标，进入程序调试状态，此时 Proteus 也进入了程序调试状态。在 Keil 中用单步、跟踪、全速等运行方法运行程序，在 Proteus 中可以看到相应的程序运行结果，如图 1-4-5 所示。

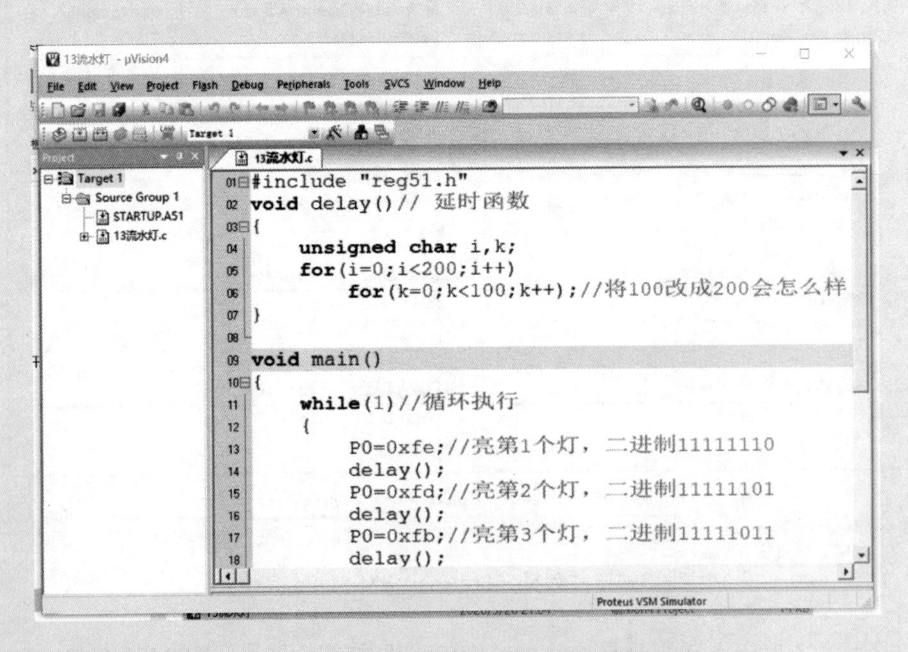

图 1-4-5 流水灯的 Keil 与 Proteus 联合仿真运行

【任务实施】

一、电路设计

（一）元件清单

表 1-4-1 花样流水灯元件清单

功能块	元件标号	元件名称	Keywords	参数值	数量
主控	U1	微处理器	AT89C51		1
发光	D1 ~ D8	发光二极管	LED	LED-YELLOW	8
	RP1	排阻	RESPACK	5 kΩ	1
时钟	X1	晶振	CRYSTAL	12 MHz	1
	C1 ~ C2	电容	CAP	30 pF	2
复位	R1、R2	电阻	RES	10 kΩ、270 Ω	2
	C3	电容	PCELECT10U50V	10 μF	1
		按键	BUTTON		1

（二）电路图

花样流水灯电路如图 1-4-6 所示。

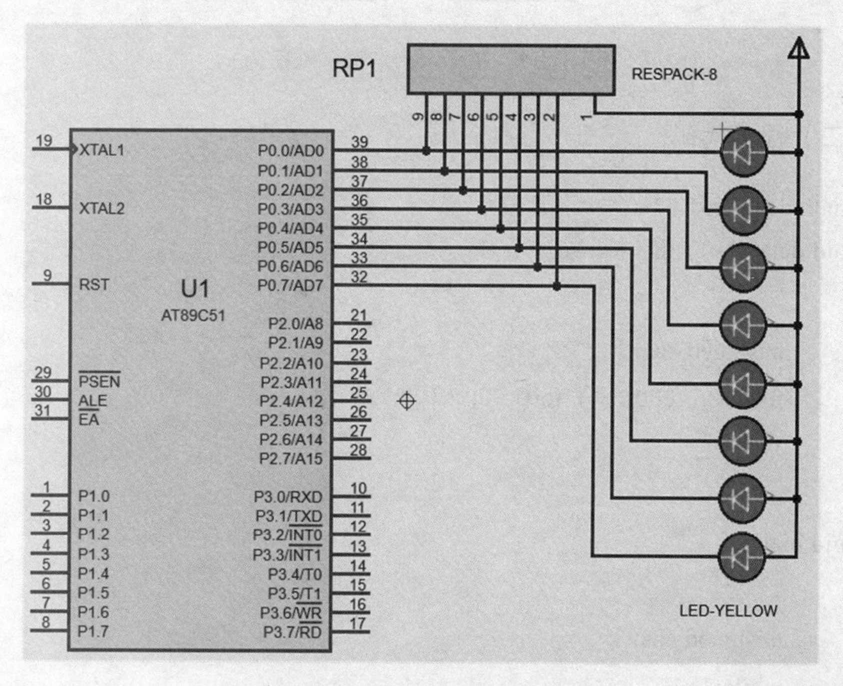

图 1-4-6 花样流水灯电路图

提示：① 为方便起见，本图没有绘制时钟电路与复位电路，但实际制作产品时，时钟电路不可或缺；② 若采用片内程序存储器 ROM，虽然仿真时对 $\overline{EA}$ 没有要求，但实际制作产品时，必须接+5 V 电源（参考航标灯）。

二、程序设计

（一）程序流程

花样流水灯程序流程如图 1-4-7 所示。

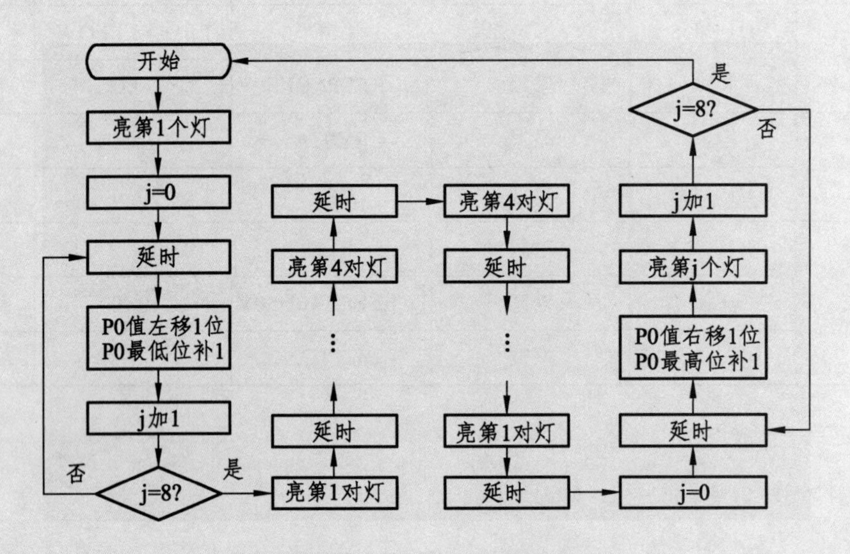

图 1-4-7 花样流水灯程序流程图

（二）程序代码

```
#include "reg51.h"
void delay()   // 延时函数
{
        unsigned char i,k;
        for(i=0;i<200;i++)  for(k=0;k<100;k++);
}

void main()
{
        unsigned char j;
        while(1)
        {
```

```
        //流水灯实现从上至下流动
        P0=0xfe;//亮第 1 个灯
        for(j=0;j<8;j++)
        {
            delay();
            P0 =(P0<<1)|0x01;//左移且最低位补 1
        }
        //流水灯实现相向流动
        P0=0x7e;//亮第 1 对灯，二进制 01111110
        delay();
        P0=0xbd;//亮第 2 对灯，二进制 10111101
        delay();
        P0=0xdb;//亮第 3 对灯，二进制 11011011
        delay();
        P0=0xe7;//亮第 4 对灯，二进制 11100111
        delay();
        //流水灯实现背向流动
        P0=0xe7;//亮第 4 对灯，二进制 11100111
        delay();
        P0=0xdb;//亮第 3 对灯，二进制 11011011
        delay();
        P0=0xbd;//亮第 2 对灯，二进制 10111101
        delay();
        P0=0x7e;//亮第 1 对灯，二进制 01111110
        delay();
        //流水灯实现从下至上流动，先亮倒数第 1 个灯
        P0=0x7f;
        for(j=0;j<8;j++)
        {
            delay();
            P0 =(P0>>1)|0x80;//右移且最高位补 1
        }
    }
}
```

三、仿真效果

花样流水灯仿真效果如图 1-4-8 所示。

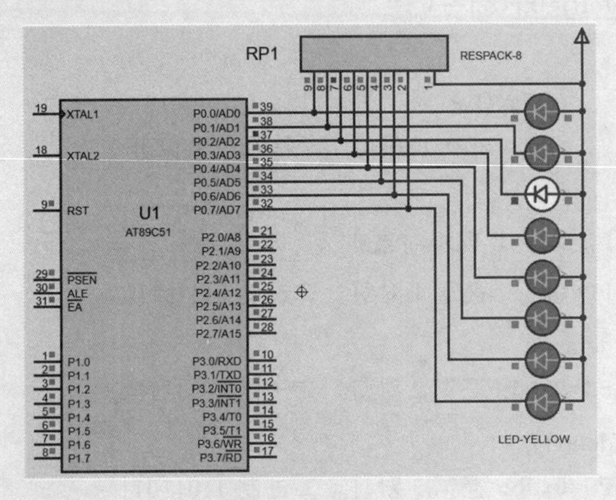

（a）从上至下流动

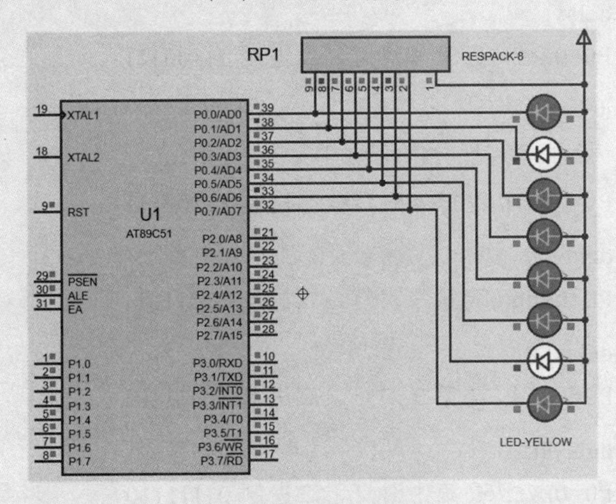

（b）相向流动与背向流动

图 1-4-8　花样流水灯仿真效果图

花样流水灯仿真效果

授业解惑

一、程序编译问题——未添加源程序文件

（一）问　题

在进行程序编译时，双击 Build Output 窗口中的 Warning 行或者 Error 行，光标会自动指向程序中的问题行，据此能定位到问题所在。但有时候，即便双击 Warning 行，光标也没有任何反应，如图 1-5-1 所示。

```
Build Output
*** WARNING L1: UNRESOLVED EXTERNAL SYMBOL
    SYMBOL:   ?C_START
    MODULE:   STARTUP.obj (?C_STARTUP)
*** WARNING L2: REFERENCE MADE TO UNRESOLVED EXTERNAL
    SYMBOL:   ?C_START
    MODULE:   STARTUP.obj (?C_STARTUP)
    ADDRESS:  000DH
Program Size: data=9.0 xdata=0 code=15
creating hex file from "12航标灯"...
"12航标灯" - 0 Error(s), 2 Warning(s).
```

图 1-5-1　Build Output 窗口

（二）原　因

未将源程序文件添加到工程中。

（三）解决方法

选择 Source Group 1，点鼠标右键，选择“Add Files to Group ‘Source Group 1’...”，加入源程序文件（C 文件），如图 1-5-2 所示。

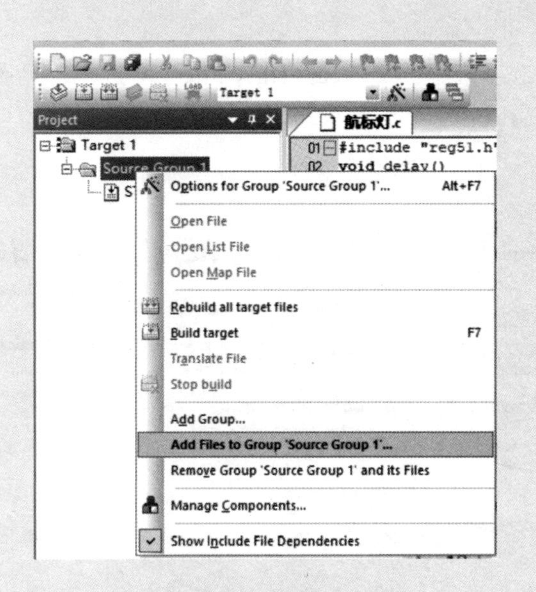

图 1-5-2　添加源程序文件到工程

二、HEX 文件问题——输出项配置有误

（一）问　题

在查看仿真效果时，需要加载 HEX 文件。但有时候需要的 HEX 文件无法找到，或者即便找到了，文件也不是最新的，如图 1-5-3 所示。

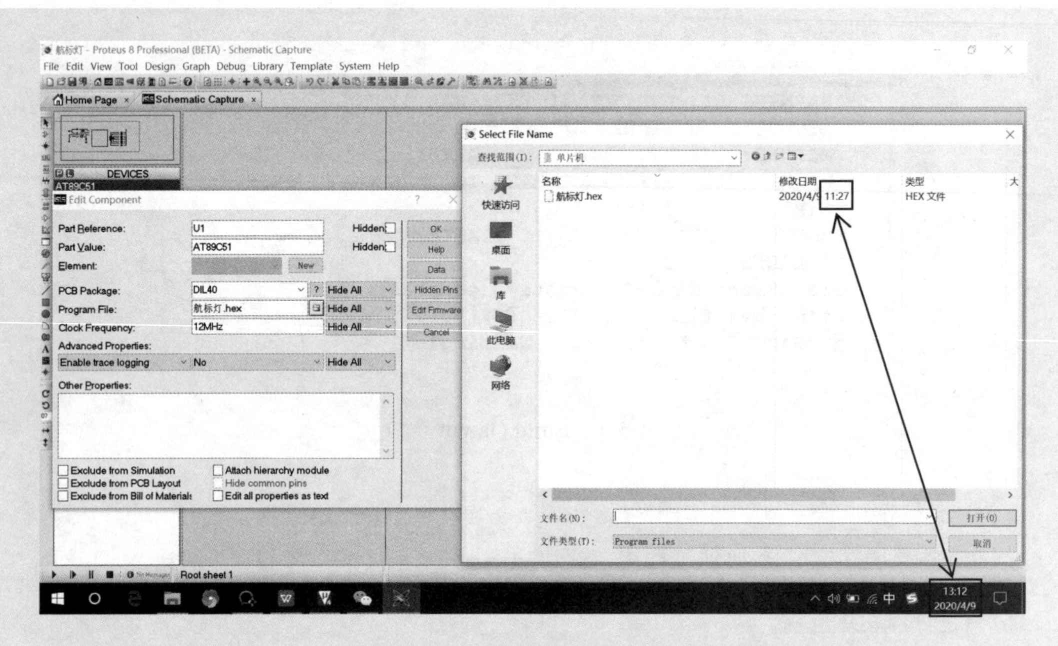

图 1-5-3　HEX 文件不匹配

(二)原　因

未勾选 Output 选项卡中的“Create HEX File”单选框(见图 1-5-4),或者存放 HEX 文件的文件夹已经改变。

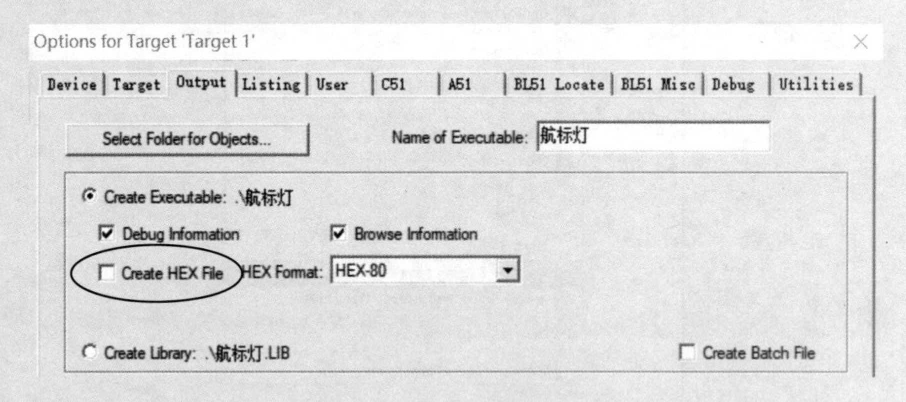

图 1-5-4　Output 选项卡

(三)解决方法

点击顶部工具图标进入选项配置,选择“Output”选项卡,勾选“Create HEX File”单选框。若已勾选,但仍找不到 HEX 文件,则可点击“Select Folder for Objects...”按键查看 HEX 文件的存放目录。

三、接口负载问题——P0 没有上拉电阻

（一）问　题

查看下面的流水灯设计，当 LED 灯连接 P2 口时，运行正常，如图 1-5-5 所示。一旦改接 P0 口，则看不到流水灯效果了，如图 1-5-6 所示。

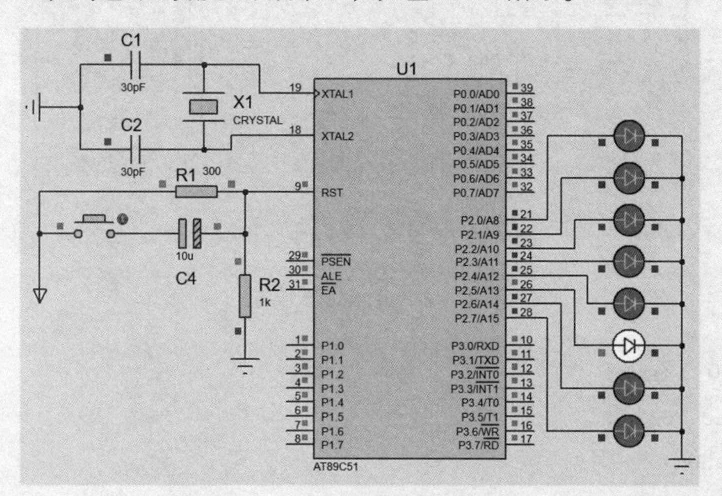

图 1-5-5　流水灯连接 P2 口

连接 P2 口程序：

```
#include "reg51.h"
void delay()
{
    int i;
    for(i=0;i<30000;i++);
}
void main()
{
    char j;
    P2=0x01;//0000 0001 灯亮
    for(j=0;j<8;j++)
    {
        delay();
        P2=(P2<<1);
    }
}
```

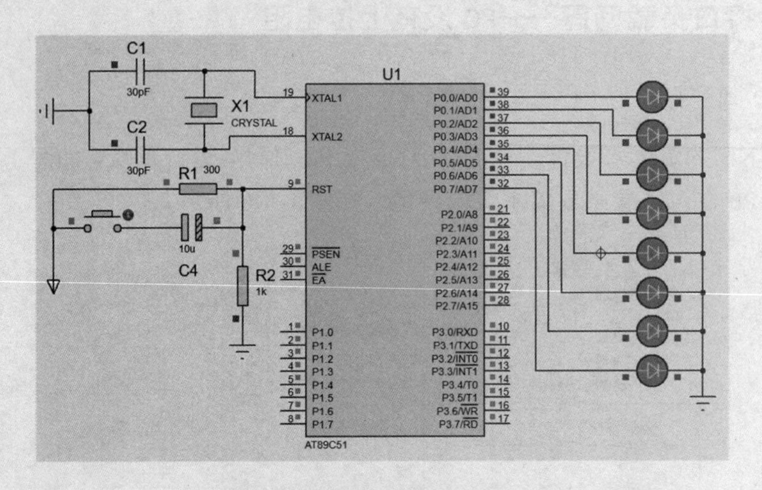

图 1-5-6　流水灯连接 P0 口

连接 P0 口程序：

```
#include "reg51.h"
void delay()
{
    int i;
    for(i=0;i<30000;i++);
}
void main()
{
    char j;
    P0=0x01;//0000 0001 灯亮
    for(j=0;j<8;j++)
    {
        delay();
        P0=(P0<<1);
    }
}
```

（二）原　因

单片机 P0 接口内部没有上拉电阻，负载能力弱。

（三）解决方法

为 P0 口外接上拉电阻，如图 1-5-7 所示。

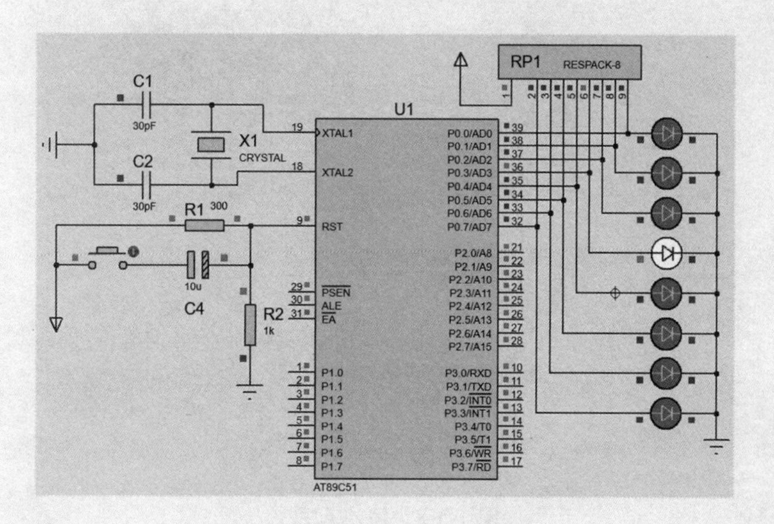

图 1-5-7　P0 口外接上拉电阻

四、软件延时问题——变量值超出范围

（一）问　题

对于流水灯系统而言（见图 1-5-8），下面的程序能够正常运行，可一旦将延时函数中的“**30000**”改为“**40000**”，则仿真时流水灯就不能正常“流动”了。

```
#include "reg51.h"
void delay()
{
    int i;
    for(i=0;i<30000;i++);
}
void main()
{
    char j;
    P0=0x01;//0000 0001 灯亮
    for(j=0;j<8;j++)
    {
        delay();
        P0=(P0<<1);
    }
}
```

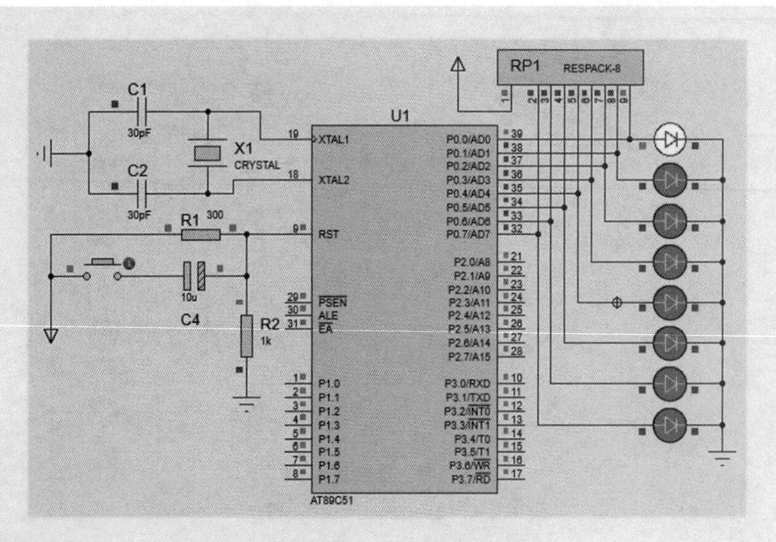

图 1-5-8　流水灯系统

（二）原　因

整型变量 int 类型为 2 字节，能存储最大为 2^{16}=65 536 的。但由于符号的原因，实际存储范围是－32 768～＋32 767，因此程序的延时函数中的“40000”超出范围了。

（三）方　法

将延时函数改为：

```
void delay()
{
    unsigned int i; //定义无符号整型，范围为 0～+65 535
    for(i=0;i<40000;i++);
}
```

或者

```
void delay()
{
    unsigned char i，j; //定义无符号字符型，范围为 0～+255
    for(i=0;i<200;i++)
        for(j=0;j<200;j++);
}
```

五、进制转换技巧

（一）进制的构成

十进制：**10** 个元素，分别为 0、1、2、3、4、5、6、7、8、9，逢 **10** 进 1；

二进制：**2** 个元素，分别为 0、1，逢 **2** 进 1；

十六进制：**16** 个元素，分别为 0、1、2、3、4、5、6、7、8、9、A、B、C、D、E、F，逢 **16** 进 1。

（二）进制的特点

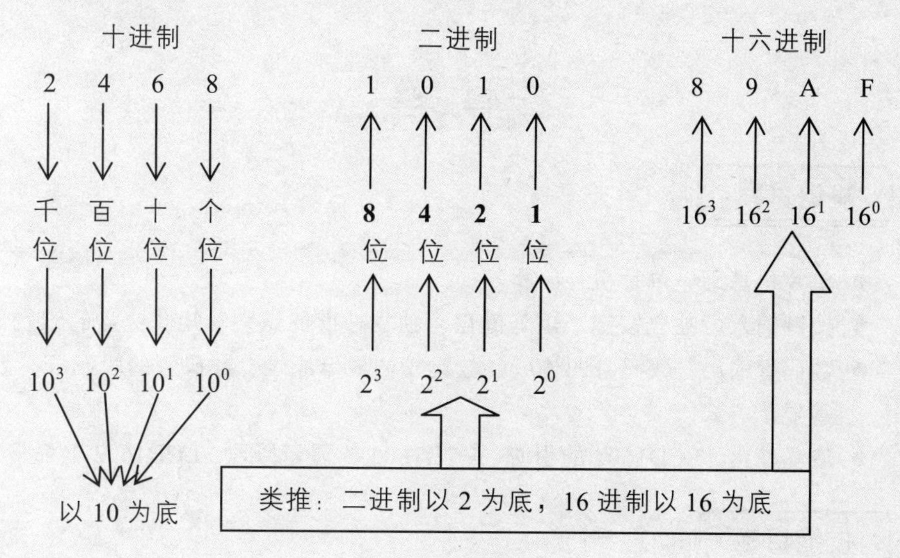

图 1-5-9　进制的特点

（三）进制的转换：8421 法

十进制	0	1	2	3	4	5	6	7	8	9	10	11	12	13	14	15
十六进制	0	1	2	3	4	5	6	7	8	9	A	B	C	D	E	F

注：十进制数与十六进制数对照。

例 1：　1010（二进制）

=1 × **8**+0 × **4**+1 × **2**+0 × **1**

=10（十进制）

=AH（H 表示十六进制）

例 2：　1111（二进制）

1 × **8**+1 × **4**+1 × **2**+1 × **1**

=15（十进制）

=FH（H 表示十六进制）

例 3：　1010　1111（二进制）

=1×**8**+0×**4**+1×**2**+0×**1**　1×**8**+1×**4**+1×**2**+1×**1**

=AFH（H 表示十六进制）

抢答控制——争先恐后

导 学

知识目标

- 单片机基础：单片机存储器。
- 按键输入：独立按键、矩阵键盘、独立按键的识别、矩阵键盘的识别。
- 数码管输出：数码管的构成、数码管的显示原理、数码管的段码表、数码管显示方式。
- 液晶输出：LCD1602 的引脚、LCD1602 的显示原理、LCD1602 的命令字。

技能目标

- 完成抢答器（独立按键 LED 显示）、抢答器（矩阵键盘 LED 显示）、抢答器（矩阵键盘 LCD 显示）的硬件电路设计、软件程序编写、调试。

职业能力

- 自我学习、信息处理、团队分工协作、解决问题、改进创新。

任务梯度

任务四：灯光亮度调节设计（选修） 数模转换技术的应用	知识点增加
任务三：抢答器（矩阵键盘 LCD 显示）设计 在任务二基础上换 LCD 液晶显示	知识点增加
任务二：抢答器（矩阵键盘 LED 显示）设计 在任务一基础上换矩阵键盘、数码管动态显示	难度增加 知识点增加
任务一：抢答器（独立按键 LED 显示）设计 独立按键与 LED 数码管静态显示的应用	

知识导图

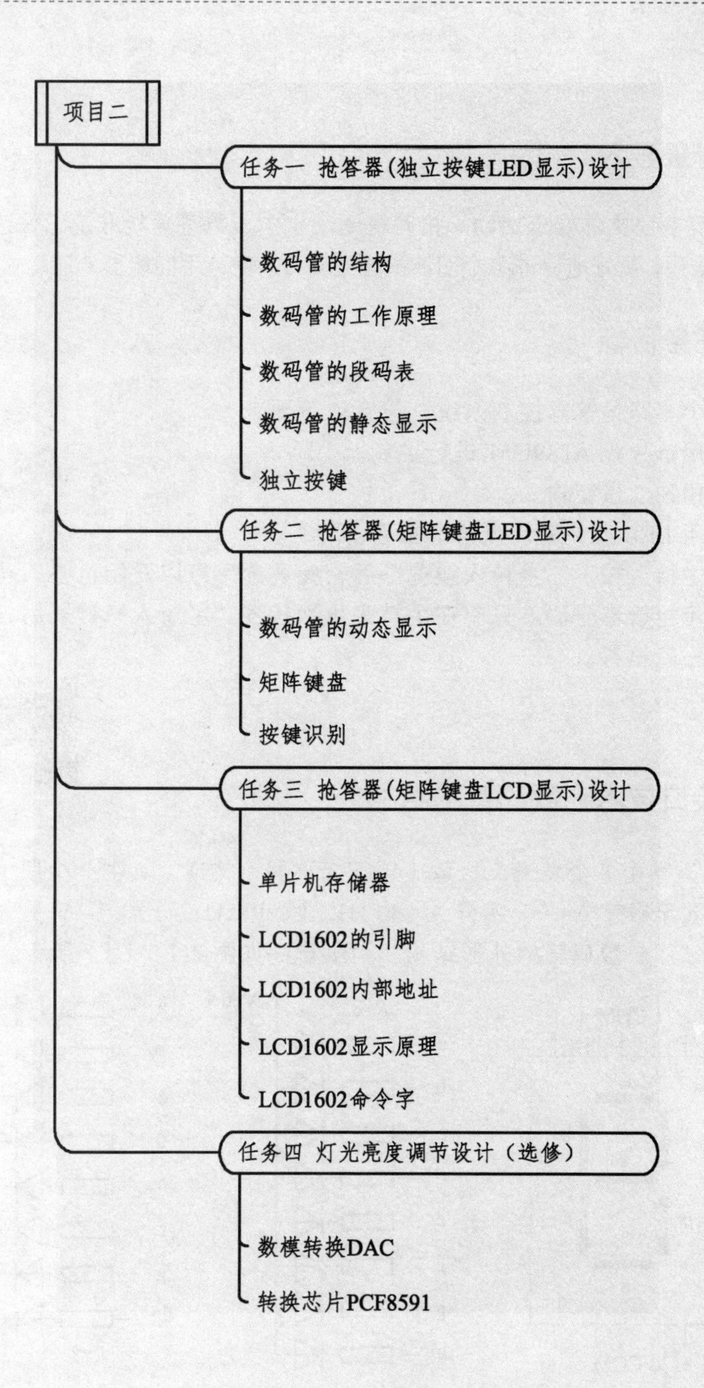
项目二
任务一 抢答器(独立按键LED显示)设计
数码管的结构
数码管的工作原理
数码管的段码表
数码管的静态显示
独立按键
任务二 抢答器(矩阵键盘LED显示)设计
数码管的动态显示
矩阵键盘
按键识别
任务三 抢答器(矩阵键盘LCD显示)设计
单片机存储器
LCD1602的引脚
LCD1602内部地址
LCD1602显示原理
LCD1602命令字
任务四 灯光亮度调节设计（选修）
数模转换DAC
转换芯片PCF8591

任务一　抢答器（独立按键 LED 显示）设计

【任务描述】

一、情景导入

在知识竞赛、文体娱乐活动（抢答赛活动）中，抢答器能准确、快速地判断出抢答者的选手号码，更好地促进各个团体的相互竞争，使选手们能更专注地投入到比赛中。

二、任务目标

设计一个 8 路抢答器控制系统，符合以下要求：

（1）采用单片机 AT89C51 进行控制。

（2）采用独立按键输入。

（3）利用 LED 数码管完成静态显示。

（4）当主持人按下“主持人按键”后，参赛选手可以开始抢答，若抢答成功，则数码管显示抢答者号码。只有在主持人再次按下“主持人按键”后，参赛选手才能够开始下一轮抢答。

【关联知识】

数码管的结构

一、接口技术：数码管的结构

LED 数码管由 8 个发光二极管（以下简称段）构成，其中 7 个段（又称七段数码管）用来显示数字 0 ~ 9、字符 A ~ F、H、L、P、U、符号“-”，另外 1 个段用于显示小数点“.”。数码管的外形结构及引脚排序如图 2-1-1（a）所示。

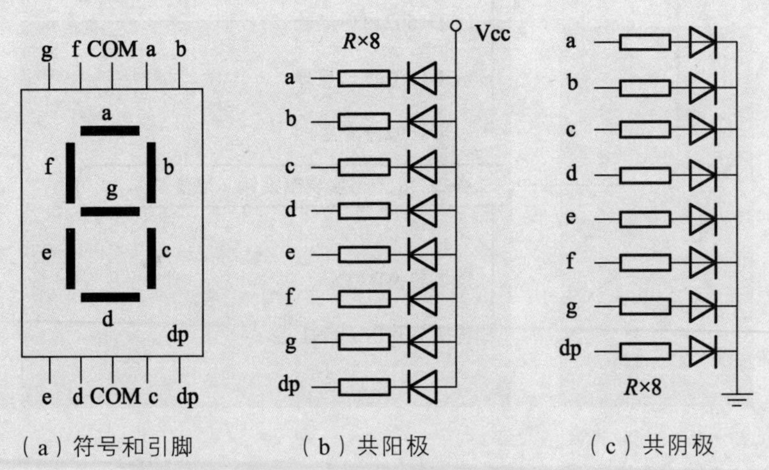

（a）符号和引脚　（b）共阳极　（c）共阴极

图 2-1-1　数码管结构图

数码管分共阳极和共阴极两种。每一段发光二极管的阳极连接在一起，形成一个公共端，接正电源 V_{cc}，即所谓的共阳极数码管。反之，每一段发光二极管的阴极连接在一起，形成一个公共端并接地，即所谓的共阴极数码管，分别如图 2-1-1（b）、2-1-1（c）所示。

二、接口技术：数码管的工作原理

数码管的工作原理

要使数码管显示相应的数字或字符，对应的段需要接相应的电平。例如显示数字“2”，从图 2-1-1（a）可以看出，就需要 a、b、g、e、d 亮，而 f、c 不亮。对于共阳极数码管，就是 a、b、g、e、d 接低电平，即 a=b=g=e=d=0，f=c=1；而对于共阴极数码管，则需要 a=b=g=e=d=1，f=c=0。

三、接口技术：数码管的段码表

以单片机 P2 口控制数码管为例，各数字对应段的电平值及 P2 口对应的段码如表 2-1-1、表 2-1-2 所示。

表 2-1-1　共阳极数码管段码表

I/O 引脚	P2.7	P2.6	P2.5	P2.4	P2.3	P2.2	P2.1	P2.0	P2 口对应的十六进制数（段码）
数码段	dp	g	f	e	d	c	b	a	
显示“0”	1	1	0	0	0	0	0	0	0xC0
显示“1”	1	1	1	1	1	0	0	1	0x F9
显示“2”	1	0	1	0	0	1	0	0	0x A4
显示“3”	1	0	1	1	0	0	0	0	0x B0
显示“4”	1	0	0	1	1	0	0	1	0x 99
显示“5”	1	0	0	1	0	0	1	0	0x 92
显示“6”	1	0	0	0	0	0	1	0	0x 82
显示“7”	1	1	1	1	1	0	0	0	0x F8
显示“8”	1	0	0	0	0	0	0	0	0x 80
显示“9”	1	0	0	1	0	0	0	0	0x 90

提示：若 LED 数码管需要显示小数点，则只需将段位 dp（decimal point）置零，即 dp=0。

表 2-1-2　共阴极数码管段码表

I/O 引脚	P2.7	P2.6	P2.5	P2.4	P2.3	P2.2	P2.1	P2.0	P2 口对应的十六进制数（段码）
数码段	dp	g	f	e	d	c	b	a	
显示“0”	0	0	1	1	1	1	1	1	0x 3F
显示“1”	0	0	0	0	0	1	1	0	0x 06
显示“2”	0	1	0	1	1	0	1	1	0x 5B
显示“3”	0	1	0	0	1	1	1	1	0x 4F
显示“4”	0	1	1	0	0	1	1	0	0x 66
显示“5”	0	1	1	0	1	1	0	1	0x 6D
显示“6”	0	1	1	1	1	1	0	1	0x 7D
显示“7”	0	0	0	0	0	1	1	1	0x 07
显示“8”	0	1	1	1	1	1	1	1	0x 7F
显示“9”	0	1	1	0	1	1	1	1	0x 6F

提示：数码管的段码不是唯一的，原因有 3 点：① 与最高位 P2.7 取值有关，可取值 0 也可取值 1(小数点需要使用时除外)；② 与单片机 I/O 口连接有关，如 a～g 段分别连接 P2.1～P2.7 而不是表中的 P2.0～P2.6；③ 与对数字的显示有关，如“1”可以在数码管的右边也可以在左边，“6”可以有上面一横也可以没有，9 可以有下面一横也可以没有。

四、接口技术：数码管的静态显示

数码管的静态显示

静态显示是指每个数码管的每一个段码都由一个单片机的 I/O 端口进行驱动，或者使用如 BCD 码二—十进制译码器译码进行驱动。静态驱动的优点是编程简单，显示亮度高，缺点是占用 I/O 端口多，如驱动 5 个数码管静态显示则需要 5×8=40 根 I/O 端口来驱动，而一个 51 单片机可用的 I/O 端口才 32 个，实际应用时必须增加译码驱动器进行驱动，增加了硬件电路的复杂性。一般适用于显示位数较少的场合。

由于静态显示使用一个 I/O 口驱动一个发光二极管（或数码管的其中一段），每一个发光管连续发光并保持不变，直到 CPU 刷新输出新数据，因而显示稳定、美观。

LED 数码管工作在静态方式时，其公共端应接到一个固定的电平（共阴极接低电平，共阳极接高电平）。图 2-1-2 所示为 LED 数码管静态显示方式接线图。

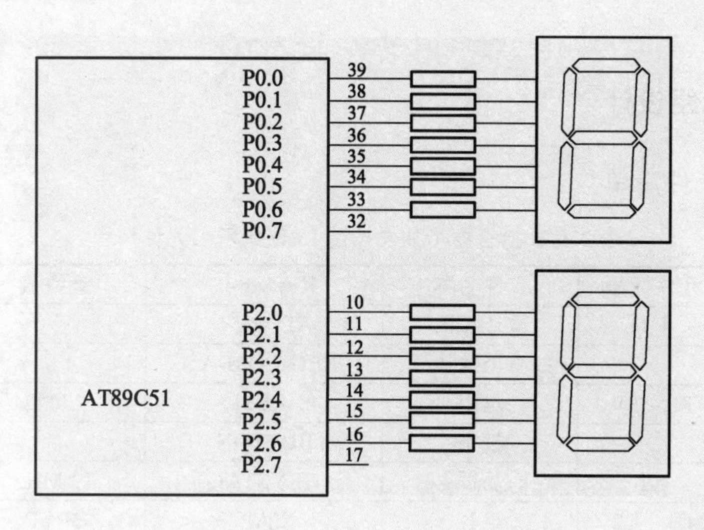

图 2-1-2　数码管静态显示方式接线图

五、接口技术：独立按键

独立按键

在由单片机组成的测控系统及智能化仪器中，用得最多的是独立按键，如图 2-1-3 所示。这种键盘的按键一端接地，另一端接单片机的 I/O 口和一上拉电阻。这种结构具有硬件与软件相对简单的特点，其缺点是按键数量较多时，有占用大量 I/O 口。

当按键没按下时，单片机对应的 I/O 接口由于外部有上拉电阻，其输入为高电平；当某键被按下后，对应的 I/O 接口变为低电平，只要在程序中判断 I/O 接口的状态即可知道哪个键处于闭合状态。

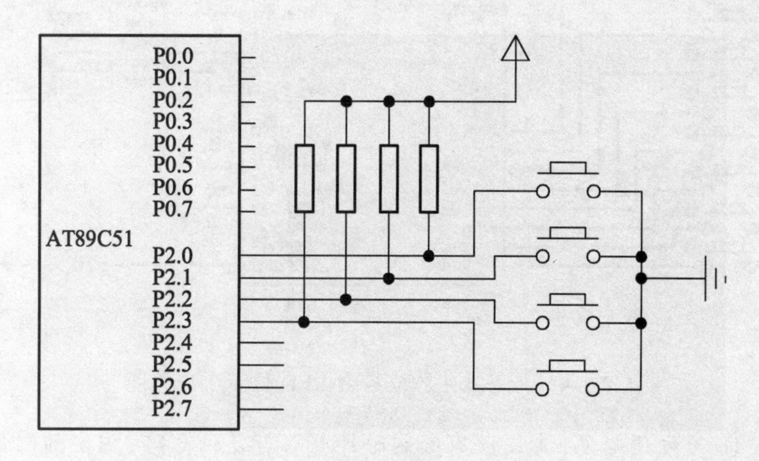

图 2-1-3　独立按键接线图

【任务实施】

一、电路设计

（一）元件清单

表 2-1-3 抢答器（独立按键 LED 显示）元件清单

功能块	元件标号	元件名称	Keywords	参数值	数量
主控	U1	微处理器	AT89C51		1
输出		共阳极数码管	7SEG-COM-AN		1
	R3 ~ R9	电阻	RES	270 Ω	7
输入		按键	BUTTON		9
时钟	X1	晶振	CRYSTAL	12 MHz	1
	C1 ~ C2	电容	CAP	30 pF	2
复位	R1、R2	电阻	RES	10 kΩ、270 Ω	2
	C3	电容	PCELECT10U50V	10 μF	1
		按键	BUTTON		1

（二）电路图

抢答器（独立按键 LED 显示）电路如图 2-1-4 所示。

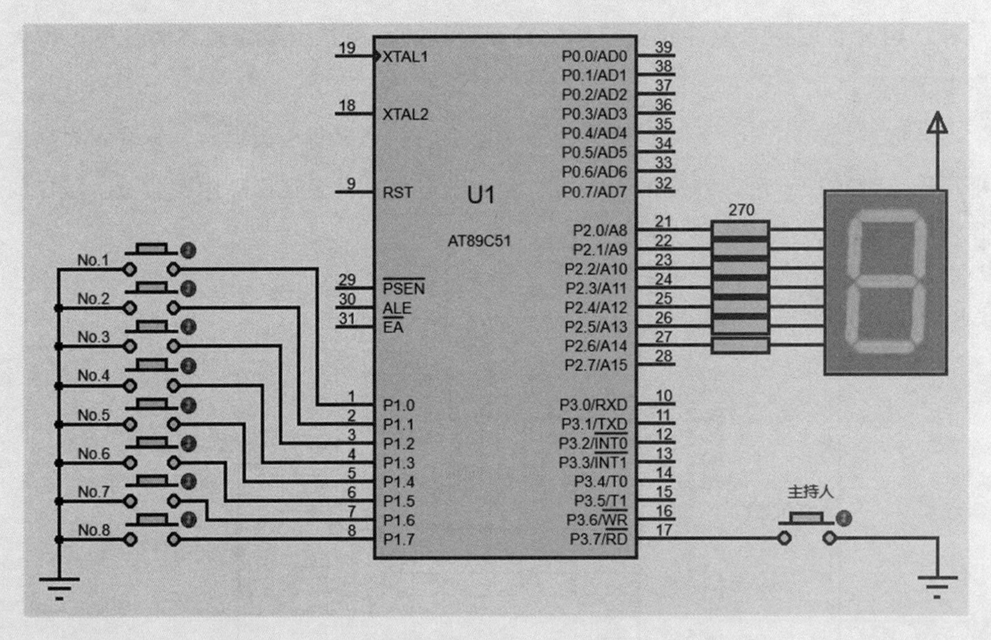

图 2-1-4 抢答器（独立按键 LED 显示）电路图

提示：① 为方便起见，本图没有绘制时钟电路与复位电路，但实际制作产品时，时钟电路不可或缺；② 若采用片内程序存储器 ROM，虽然仿真时对 $\overline{EA}$ 没有要求，但实际制作产品时，必须接+5 V 电源（参考航标灯）。

二、程序设计

（一）程序流程

程序流程如图 2-1-5 所示。

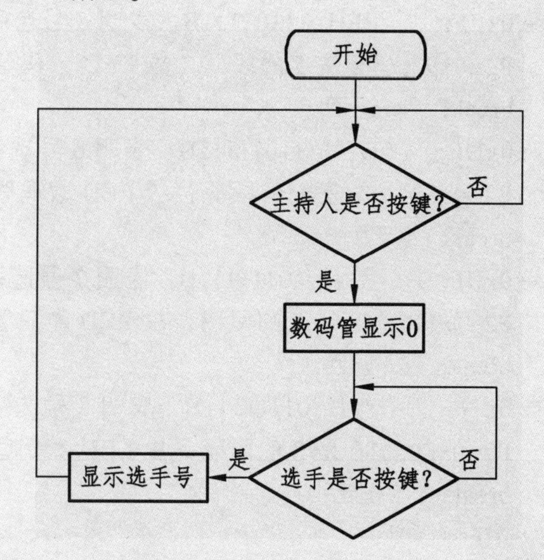

图 2-1-5　抢答器（独立按键 LED 显示）程序流程图

（二）程序代码

```
#include "reg51.h"
sbit HOST=P3^7;              //设置主持人变量，接 P3.7
void main(void)              //主函数
{
    while(1)                 //循环执行下述语句
    {
        while(HOST==1);  //循环等待,除非主持人按键
        P2=0xC0;             //C0 是数字 0 的段码，所以 LED 数码管显示 0
        while(P1==0xFF); //循环判断，等待选手按键
        switch(P1)           //判断并送显
        {
            case 0xFE:       //FEH=11111110B，表明 1 号选手抢答
                P2=0xF9;//F9 是 1 的段码，故 LED 数码管显示 1
                break;   //返回
            case 0xFD:       //FDH=11111101B，表明 2 号选手抢答
                P2=0xA4;       //A4 是 2 的段码，故 LED 数码管显示 2
                break;   //返回
            case 0xFB:       //FBH=11111011B，表明 3 号选手抢答
                P2=0xB0;//B0 是 3 的段码，故 LED 数码管显示 3
```

```
            break;      //返回
        case 0xF7:      //F7H=11110111B，表明 4 号选手抢答
            P2=0x99; //99 是 4 的段码，故 LED 数码管显示 4
            break;      //返回
        case 0xEF:      //EFH=11101111B，表明 5 号选手抢答
            P2=0x92; //92 是 5 的段码，故 LED 数码管显示 5
            break;      //返回
        case 0xDF:      //DFH=11011111B，表明 6 号选手抢答
            P2=0x82; //82 是 6 的段码，故 LED 数码管显示 6
            break;      //返回
        case 0xBF:      //BFH=10111111B，表明 7 号选手抢答
            P2=0xF8; //F8 是 7 的段码，故 LED 数码管显示 7
            break;      //返回
        case 0x7F:      //7FH=01111111B，表明 8 号选手抢答
            P2=0x80; //80 是 8 的段码，故 LED 数码管显示 8
            break;      //返回
        }
    }
}
```

三、仿真效果

抢答器（独立按键 LED 显示）仿真效果

仿真效果如图 2-1-6 所示。

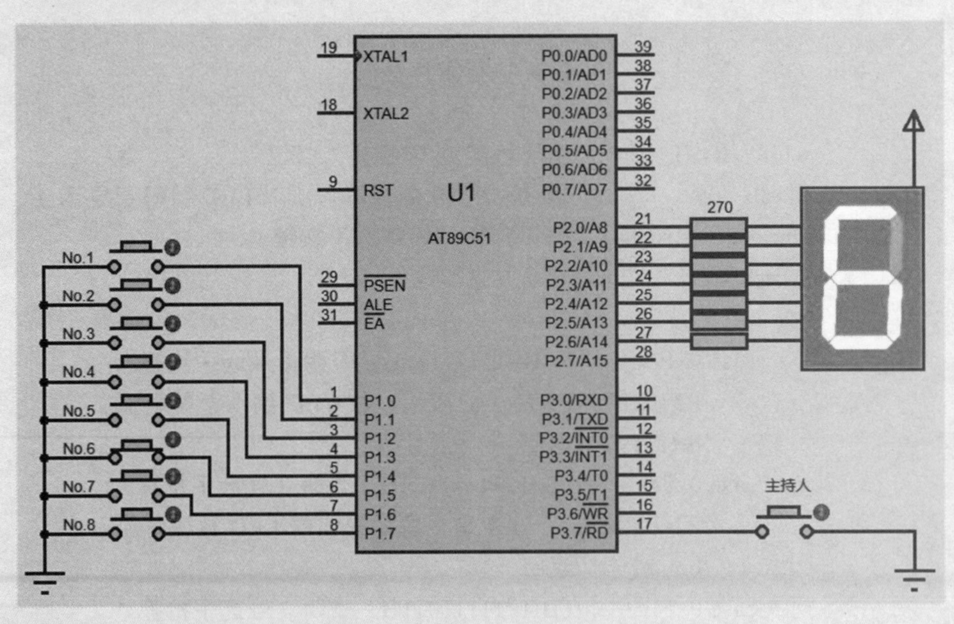

图 2-1-6 抢答器（独立按键 LED 显示）仿真效果图

任务二　抢答器（矩阵键盘 LED 显示）设计

【任务描述】

一、情景导入

基于节省单片机 I/O 引脚的考虑，任务一只设计了 8 路（即 8 个选手队）抢答器，参赛团队数量受限。本任务通过对矩阵键盘的使用，将抢答器扩展到 16 路，以满足增加参赛队伍的要求。

二、任务目标

设计一个 16 路抢答器控制系统，符合以下要求：

（1）采用单片机 AT89C51 进行控制。

（2）采用矩阵键盘输入。

（3）利用 LED 数码管完成动态显示。

（4）当主持人按下“主持人按键”后，参赛选手可以开始抢答，若抢答成功，则数码管显示抢答者号码。只有在主持人再次按下“主持人按键”后，参赛选手才能够开始下一轮抢答。

【关联知识】

数码管的动态显示

一、接口技术：数码管的动态显示

数码管动态显示是单片机中应用最为广泛的一种显示方式。动态驱动是将所有数码管的 8 个显示字形“A、B、C、D、E、F、G、DP”的同名端连在一起，另外为每个数码管的公共极 COM 增加位选控制电路，位选由各自独立的 I/O 线控制。当单片机输出字形码时，所有数码管都接收到相同的字形码，但究竟是哪个数码管显示出字形，取决于单片机对位选端（1、2、3、4）的控制，所以只要将需要显示的数码管的选通控制打开，该位就显示出字形，没有选通的数码管就不会显示。通过分时轮流控制各个数码管的 COM 端，就会使各个数码管轮流受控显示，这就是动态驱动。在轮流显示过程中，每位数码管的点亮时间为 1 ~ 2 ms，由于人的视觉暂留现象以及发光二极管的余辉效应，尽管实际上各位数码管并非同时点亮，但只要扫描的速度足够快，给人的感觉就是一组稳定的数据显示。

图 2-2-1 所示为用 51 系列单片机设计的一个 4 位 LED 数码管动态显示电路。LED 的动态显示电路由 51 系列单片机的 P0 口和 P2 口分别驱动 LED 的段和位，由于每段驱动电流在 10 mA 左右，P0 口完全可以胜任，而位驱动最大电流在 80 mA 左右，单片机的 I/O 接口无法胜任，故 P2.0 ~ P2.3 经三极管驱动位。

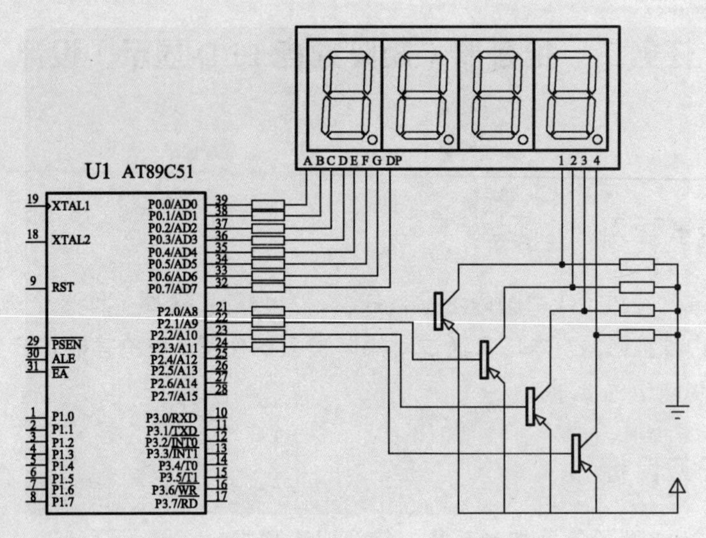

图 2-2-1　数码管动态显示方式接线图

LED 数码管动态显示方式广泛用于多位数码管及点阵显示电路中，其工作特点是占用 I/O 口线相对较少，电路简单，但编程较为复杂。

矩阵键盘

二、接口技术：矩阵键盘

单片机使用的键盘相对于计算机键盘较为简单，它是一种常开型的开关，自然状态下键的两个触点处于断开状态，按下键时才闭合。

实际电路中键盘通常有两种结构形式：独立式键盘和矩阵式键盘。一般按键较少时采用独立式键盘，在按键较多时采用矩阵式键盘。

矩阵式键盘由行线与列线组成，按键位于行、列的交叉点上。一个 3×3 的行列结构可以构成一个有 9 个按键的键盘，同理一个 4×4 的行、列结构可以构成一个 16 个按键的键盘。所以在按键数量较多的场合，矩阵式键盘与独立式键盘相比，要节省很多 I/O 引脚资源。图 2-2-2 所示为一个 4×4 矩阵式键盘。

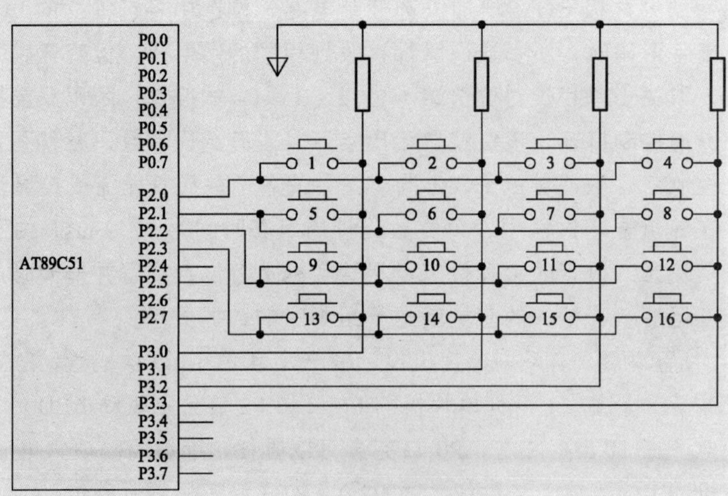

图 2-2-2　4×4 矩阵式键盘

三、接口技术：按键识别

按键的识别

矩阵式键盘可以节省 I/O 接口，但其按键的识别较复杂，也就是说，节省 I/O 接口是以增加软件工作量为代价的。矩阵式键盘按键的识别由 3 个步骤组成：判断是否有键按下，按键的去抖动和窜键处理，以及键的识别。

（一）判断是否有键按下

在矩阵式键盘中，CPU 使所有的行线均为低电平。此时读取各列线的状态即可知道是否有键按下。当无键被按下时，各行线与各列线相互断开，各列线仍保持高电平；当有键被按下时，则相应的行线与列线相连，该列线就变为低电平。由此可见，若各列线均为高电平，则无键被按下；否则，有键被按下。

（二）按键的去抖动和窜键处理

在单片机应用系统中，通常采用触点式的键盘按键，由于机械触点的弹性作用，在闭合及断开瞬间均有一个抖动过程。抖动时间的长短与开关的机械特性有关，一般为 5 ~ 10 ms，如图 2-2-3 所示。为了避免抖动引起的 CPU 的误动作，一般需要去抖动处理。最好的方法是在 CPU 在检测到有键按下时，延时 20 ms 再进行扫描。

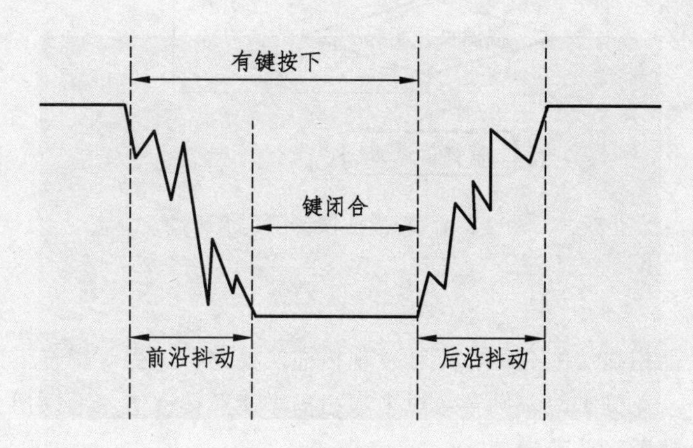

图 2-2-3　按键抖动

（三）键的识别

当 CPU 发现有键被按下时，接下来的任务是识别哪一个键被按下，一般有扫描法和反转法两种方法。

1．扫描法

扫描法是指 CPU 依次对每一行进行扫描：先使被扫描的行为低电平，其他所有的行均为高电平，接着检测各行线的状态（称为列码）。若各列均为高电平（即列码为全 1)，则被按键不在此行，继续扫描下一行；若列线不全为高电平（即列码为非全 1)，则被按键在此行，根据行扫描码及列码就可知被按键的坐标值(又称位置码)。例如，当“6”键被按下时，行扫描码 R3R2R1R0=1101，列码 C3C2C1C0=1011，位置码=10111101。得到了被按键的位置码后，可通过计算获取键号，其流程如图 2-2-4 所示。

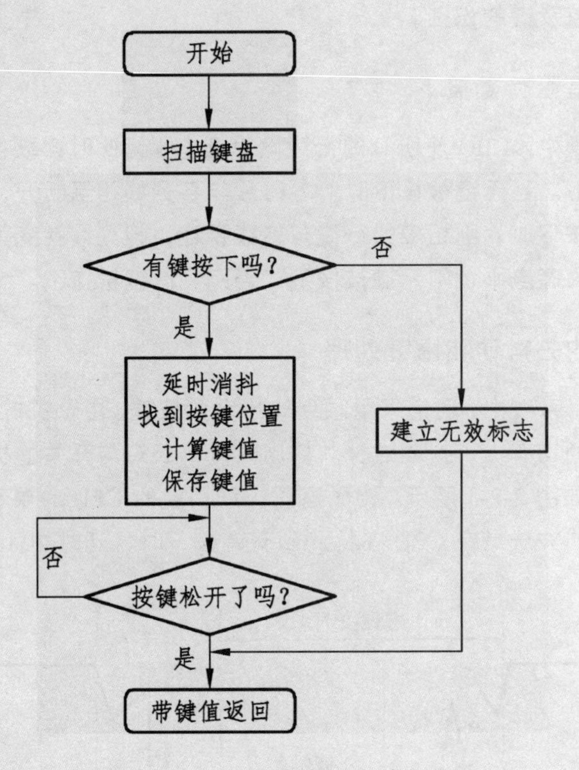

图 2-2-4　扫描法按键识别流程图

2．反转法

通过对上面扫描法的介绍，不难发现扫描法要逐行（列）扫描查询，当所按下的键在最后一行（列）时，则要经过多次扫描才能获得键值。而采用反转法时，只要经过如下步骤即可获得键值。

（1）将 R0～R3 编程为输入线，C0～C3 编程为输出线，并使输出 C3C2C1C0=0000，此时读 R3R2R1R0 即得行扫描码。如当“6”键被按下时，行扫描码 R2R1R0=1101。

（2）将 R0～R3 编程为输出线，C0～C3 编程为输入线，并使输出 R3R2R1R0=0000，此时读 C3C2C1C0 即得列码，如当“6”键被按下时，列码 C3C2C1C0=1101。

（3）根据位置码（行扫描码和列码）并通过计算就可得到它的键号。

【任务实施】

一、电路设计

（一）元件清单

表 2-2-1　抢答器（矩阵键盘 LED 显示）元件清单

功能块	元件标号	元件名称	Keywords	参数值	数量
主控	U1	微处理器	AT89C51		1
输出		共阴极数码管	7SEG-MPX2-CC		1
	R3 ~ R9	电阻	RES	270 Ω	7
输入		按键	BUTTON		17
时钟	X1	晶振	CRYSTAL	12 MHz	1
	C1 ~ C2	电容	CAP	30 pF	2
复位	R1、R2	电阻	RES	10 K、270 Ω	2
	C3	电容	PCELECT10U50V	10 μF	1
		按键	BUTTON		1

（二）电路图

抢答器（矩阵键盘 LED 显示）电路如图 2-2-5 所示。

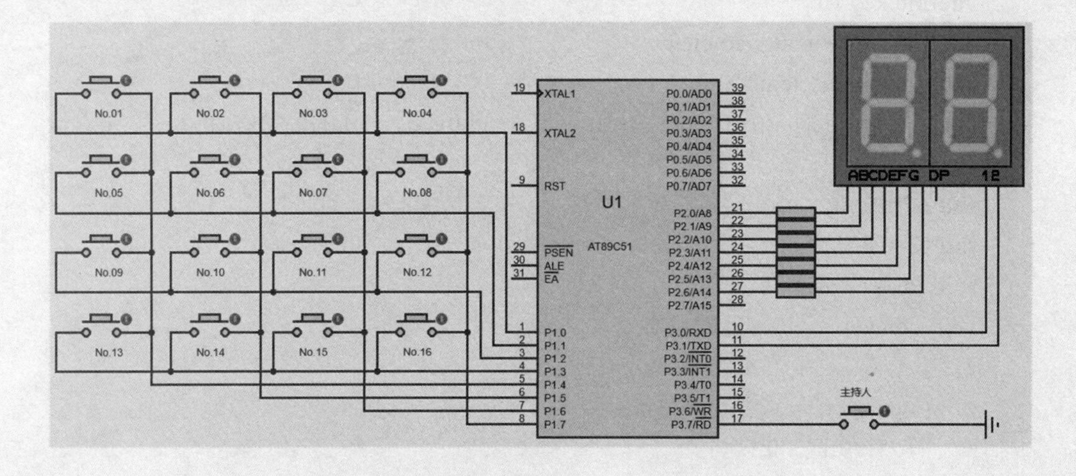

图 2-2-5　抢答器（矩阵键盘 LED 显示）电路图

提示：① 为方便起见，本图没有绘制时钟电路与复位电路，但实际制作产品时，时钟电路不可或缺；② 若采用片内程序存储器 ROM，虽然仿真时对 $\overline{EA}$ 没有要求，但实际制作产品时，必须接+5 V 电源（参考航标灯）。

二、程序设计

（一）程序流程

程序流程如图 2-2-6 所示。

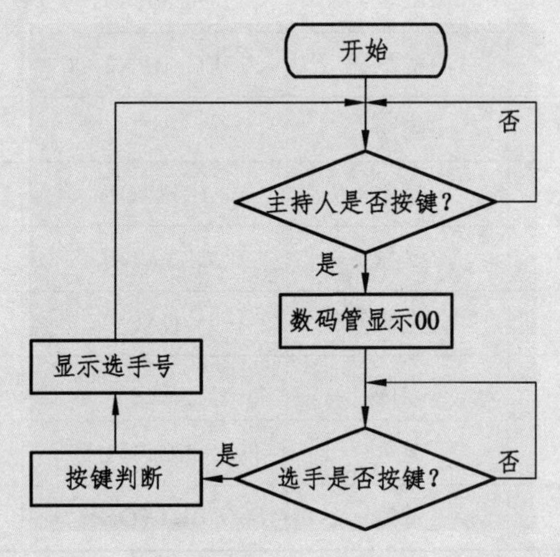

图 2-2-6　抢答器（矩阵键盘 LED 显示）程序流程图

（二）程序代码

```
#include "reg51.h"
#define key P1
#define uchar unsigned char
uchar tem,tem1,tem2,num;
uchar  code  cc[]={0x3f,0x06,0x5b,0x4f,0x66,0x6d,0x7d,0x07,0x7f,0x6f};//共阴数码管段码
sbit b1=P3^0;
sbit b2=P3^1;
sbit host=P3^7;
void delay()          //延时函数
{
      uchar i,j;
      for(i=0;i<200;i++)
          for(j=0;j<200;j++);
}
```

```
void display()              //送显函数
{
    while(host==1)    //若主持人没按键就送显
    {
        b1=1; b2=0;
        P2=cc[num%10];
        delay();
        b1=0; b2=1;
        P2=cc[num/10];
        delay();
    }
}

void main()
{
    while(1)
    {
        while(host==1);//主持人没按键就等待
        b1=0; b2=0;
        P2=cc[0];//显示 00
        key=0xf0;
        while(key==0xf0);//选手没人抢答就等待
        tem1=(~key)&0xf0;
        key=0x0f;
        tem2=(~key)&0x0f;
        tem=tem1|tem2;
        switch(tem)
        {
            case 0x11:
                num=1;break;
            case 0x21:
                num=2;break;
            case 0x41:
                num=3;break;
            case 0x81:
                num=4;break;
            case 0x12:
                num=5;break;
            case 0x22:
                num=6;break;
```

```
            case 0x42:
                num=7;break;
            case 0x82:
                num=8;break;
            case 0x14:
                num=9;break;
            case 0x24:
                num=10;break;
            case 0x44:
                num=11;break;
            case 0x84:
                num=12;break;
            case 0x18:
                num=13;break;
            case 0x28:
                num=14;break;
            case 0x48:
                num=15;break;
            case 0x88:
                num=16;break;
        }
        display();//调用送显函数
    }
}
```

抢答器（矩阵键盘 LED 显示）仿真效果

（三）仿真效果

仿真效果如图 2-2-7 所示。

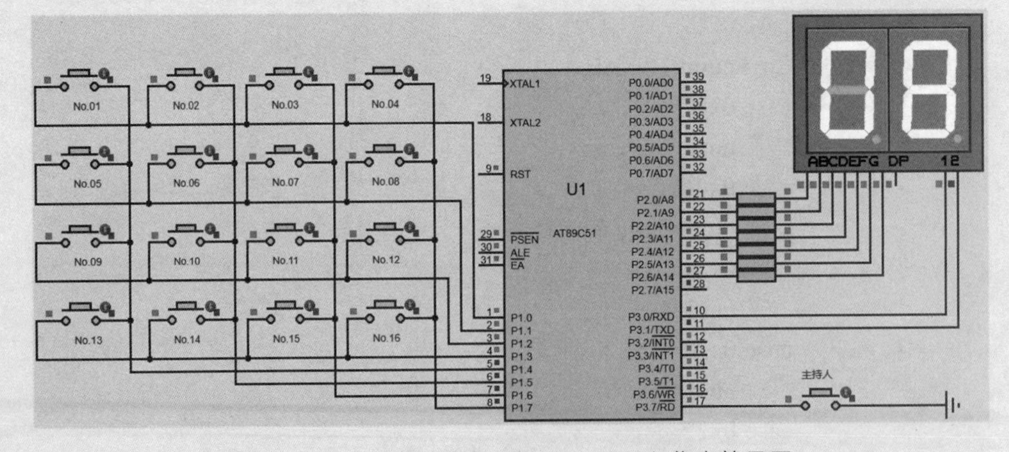

图 2-2-7　抢答器（矩阵键盘 LED 显示）仿真效果图

任务三　抢答器（矩阵键盘 LCD 显示）设计

【任务描述】

一、情景导入

任务一和任务二设计的抢答器只能显示抢答选手的号码，无法显示每个选手的抢答时间等信息。本任务设计的抢答器采用 LCD（液晶显示器）显示，可以显示更多数据，使比赛大大增加了娱乐性的同时，也更加公平、公正。

二、任务目标

设计一个 16 路抢答器控制系统，符合以下要求：

（1）采用单片机 AT89C51 进行控制。

（2）采用矩阵键盘输入。

（3）利用 LCD 液晶完成显示。

（4）当主持人按下“主持人按键”后，参赛选手可以开始抢答，若抢答成功，则 LCD 显示抢答者号码。只有在主持人再次按下“主持人按键”后，参赛选手才能够开始下一轮抢答。

【关联知识】

单片机的存储器

一、单片机：存储器

存储器用来存放程序和数据。单片机的存储器在物理上分为片内程序存储器、片外程序存储器、片内数据存储器、片外数据存储器 4 个空间。AT89C51 单片机的片内程序存储器是 4 KB，片外最大可扩展至 64 KB；片内数据存储器是 128 B，片外最大可扩展至 64 KB。

从物理地址空间看，MCS-51 可分为程序存储器和数据存储器，分别有各自的寻址系统、控制信号和功能。程序存储器用来存放程序和始终要保留的常数，例如所编写程序经过编译后生成的机器码。数据存储器通常用来存放程序运行中所需要的常数或变量，例如做加法运算时的加数和被加数、采集数据、实时记录数据等。

（一）片内数据存储器

数据存储器又叫随机存取存储器（RAM，Random Access Memory）。AT89C51 单片机有 128 B 的片内 RAM，地址范围为 00H ~ 7FH。根据片内 RAM 地址区域的不同功能，又将其分成工作寄存器区、位寻址区、用户数据缓冲区，其结构如表 2-3-1 所示。

表 2-3-1　片内数据存储器地址分配表

区　域	地　址	功　能
工作寄存器区	00H ~ 07H	第 0 组工作寄存器（R0 ~ R7）
	08H ~ 0FH	第 1 组工作寄存器（R0 ~ R7）
	10H ~ 17H	第 2 组工作寄存器（R0 ~ R7）
	18H ~ 1FH	第 3 组工作寄存器（R0 ~ R7）
位寻址区	20H ~ 2FH	位寻址，位地址为 00H ~ 7FH
用户数据缓冲区	30H ~ 7FH	用户自定义数据存储区域

1．工作寄存器区

位于片内 RAM 的 00H ~ 1FH 共 32 个字节单元，分为 4 个工作寄存器组，即组 0、组 1、组 2 和组 3。每一组有 8 个工作寄存器，编号均为 R0 ~ R7。在任一时刻，CPU 只能使用其中一组寄存器，即当前寄存器组。而当前寄存器组的选择由程序状态字 PSW 中的 RS1、RS0 位的状态组合来决定，其对应关系如表 2-3-2 所示。

表 2-3-2　工作寄存器选择方式

RS1	RS0	当前寄存器组 R0 ~ R7
0	0	组 0（00H ~ 07H）
0	1	组 1（08H ~ 0FH）
1	0	组 2（10H ~ 17H）
1	1	组 3（18H ~ 1FH）

2．位寻址区

位于片内 RAM 的 20H ~ 2FH 共 16 个字节单元，既可以作为一般 RAM 单元使用，进行字节操作，也可以对单元中每一位进行位操作。16 个字节单元共计 128 个位，相应的位地址为 00H ~ 7FH。表 2-3-3 所示为位寻址区的位地址分布。

表 2-3-3　位寻址区的位地址分布

字节地址	位地址							
	D7	D6	D5	D4	D3	D2	D1	D0
2FH	7FH	7EH	7DH	7CH	7BH	7AH	79H	78H
2EH	77H	76H	75H	74H	73H	72H	71H	70H
2DH	6FH	6EH	6DH	6CH	6BH	6AH	69H	68H
2CH	67H	66H	65H	64H	63H	62H	61H	60H
2BH	5FH	5EH	5DH	5CH	5BH	5AH	59H	58H
2AH	57H	56H	55H	54H	53H	52H	51H	50H
29H	4FH	4EH	4DH	4CH	4BH	4AH	49H	48H

续表

字节地址	位地址							
	D7	D6	D5	D4	D3	D2	D1	D0
28H	47H	46H	45H	44H	43H	42H	41H	40H
27H	3FH	3EH	3DH	3CH	3BH	3AH	39H	38H
26H	37H	36H	35H	34H	33H	32H	31H	30H
25H	2FH	2EH	2DH	2CH	2BH	2AH	29H	28H
24H	27H	26H	25H	24H	23H	22H	21H	20H
23H	1FH	1EH	1DH	1CH	1BH	1AH	19H	18H
22H	17H	16H	15H	14H	13H	12H	11H	10H
21H	0FH	0EH	0DH	0CH	0BH	0AH	09H	08H
20H	07H	06H	05H	04H	03H	02H	01H	00H

3. 用户数据缓冲区

位于片内 RAM 的 30H ~ 7FH 单元，是供用户使用的一般 RAM 区，即用户数据缓冲区。用户数据缓冲区的使用没有任何规定或限制，但在一般应用中常把堆栈开辟在此区中。

（二）片外数据存储器

AT89C51 单片机具有扩展 64 KB 外部数据存储器的能力。当片内数据存储器不够用的情况下才需要扩展，扩展时低 8 位地址 A7 ~ A0 和 8 位数据 D7 ~ D0 由 P0 口分时传送，高 8 位地址 A15 ~ A8 由 P2 口传送。

如果片内数据存储器够用时，应尽量不要选择扩展片外存储器，因为在扩展片外存储器的系统中，P0、P2 口需要用作总线功能，这无疑会影响到普通 I/O 口的使用。当 AT89C51 单片机的片内 RAM 不够但又相差不多时，可以考虑选择其他型号的单片机，如 AT89C52。

（三）程序存储器

程序存储器是用来存放程序代码和常数的。AT89C51 单片机片内有 4 KB 的 ROM 单元，地址为 0000H ~ 0FFFH。对于一个小型的单片机控制系统来说 4 KB 的片内 ROM 足够使用了，若不够也可选择其他型号的单片机，如 AT89S52。

若开发的单片机系统较为复杂，可采用扩展片外程序存储器的方法。AT89C51 单片机程序存储器以 16 位的程序计数器 PC 作地址指针，最大可寻址 64 KB（2^{16} B）单元，即片外最大能扩展到 64 KB。片内外的 ROM 是统一编址的，片外 ROM 的地址为 0000H ~ FFFFH。

如 EA 保持高电平，程序计数器 PC 在 0000H ~ 0FFFH 地址上进行读操作，这是在片内 ROM 上进行的，当地址超出低 4 KB 范围时，读操作将自动转向到片外 ROM 中 1000H ~ FFFFH 进行；当 EA 为低电平时，片内 ROM 被屏蔽，程序计数器 PC 对 ROM 的读操作限定在片外 ROM 中的 0000H ~ FFFFH。

一般情况下，使用片内程序存储器就足够了，此时引脚 EA 必须接在高电平上。

程序存储器中有 6 个特殊的入口地址，即 1 个复位入口和 5 个中断源的入口，6 个入口地址及其对应的功能如表 2-3-4 所示。

表 2-3-4　单片机中断源入口地址

入口地址	功　能
0000H	复位时程序入口地址
0003H	外部中断 0 中断服务程序入口地址
000BH	定时/计数器 0 中断服务程序入口地址
0013H	外部中断 1 中断服务程序入口地址
001BH	定时/计数器 1 中断服务程序入口地址
0023H	串行接口中断服务程序入口地址

（四）特殊功能寄存器（SFR）

AT89C51 单片机将 CPU、中断系统、定时/计数器、串行接口以及并行 I/O 端口中的 21 个寄存器统称为特殊功能寄存器（SFR，Special Function Registers），作为片内 RAM 的一部分，其编址和片内数据存储器采用统一编址的方式，离散地分布在 80H ~ FFH 地址范围内。表 2-3-5 所示是 21 个特殊功能寄存器的地址分布，其余未定义的单元用户不能对其操作。

表 2-3-5　特殊功能寄存器

SFR	位地址/位定义								字节地址
B	F7H	F6H	F5H	F4H	F3H	F2H	F1H	F0H	F0H
ACC	E7H	E6H	E5H	E4H	E3H	E2H	E1H	E0H	E0H
PSW	D7H	D6H	D5H	D4H	D3H	D2H	D1H	D0H	D0H
	CY	AC	F0	RS1	RS0	OV	F1	P	
IP	BFH	BEH	BDH	BCH	BBH	BAH	B9H	B8H	B8H
	/	/	/	PS	PT1	PX1	PT0	PX0	
P3	B7H	B6H	B5H	B4H	B3H	B2H	B1H	B0H	B0H
	P3.7	P3.6	P3.5	P3.4	P3.3	P3.2	P3.1	P3.0	
IE	AFH	AEH	ADH	ACH	ABH	AAH	A9H	A8H	A8H
	EA	/	/	ES	ET1	EX1	ET0	EX0	
P2	A7H	A6H	A5H	A4H	A3H	A2H	A1H	A0H	A0H
	P2.7	P2.6	P2.5	P2.4	P2.3	P2.2	P2.1	P2.0	

续表

SFR	位地址/位定义								字节地址
SBUF									99H
SCON	9FH	9EH	9DH	9CH	9BH	9AH	99H	98H	98H
	SM0	SM1	SM2	REN	TB8	RB8	TI	RI	
P1	97H	96H	95H	94H	93H	92H	91H	90H	90H
	P1.7	P1.6	P1.5	P1.4	P1.3	P1.2	P1.1	P1.0	
TH1									8DH
TH0									8CH
TL1									8BH
TL0									8AH
TMOD	GATE	C/T	M1	M0	GATE	C/T	M1	M0	89H
TCON	8FH	8EH	8DH	8CH	8BH	8AH	89H	88H	88H
	TF1	TR1	TF0	TR0	IE1	IT1	IE0	IT0	
PCON	SMOD	/	/	/	/	/	/	/	87H
DPH									83H
DPL									82H
SP									81H
P0	87H	86H	85H	84H	83H	82H	81H	80H	80H
	P0.7	P0.6	P0.5	P0.4	P0.3	P0.2	P0.1	P0.0	

下面介绍几个与 CPU 相关的重要寄存器。

1．程序计数器 PC

PC 是一个 16 位的指令地址寄存器，用于存放程序运行时下一条指令的地址，寻址范围为 64 KB。PC 具有自动加 1 功能，CPU 每读取一个字节的指令代码，PC 自动指向下一字节。PC 在物理结构上是独立的，也是唯一没有包含在 SFR 中的专用寄存器。PC 本身没有地址，不能直接对 PC 进行读/写操作，但转移、调用及返回指令可以改变 PC 值，使程序产生转移。

2．数据指针 DPTR

DPTR 是由 DPH 和 DPL 两个 8 位寄存器组成的 16 位寄存器。DPH 为高字节，地址为 83H，DPL 为低字节，地址为 82H。DPTR 通常作为地址指针，用来存放 16 位地址，对程序存储器或片外数据存储器进行 64 KB 范围的寻址。DPH 和 DPL 也可以单独作为 8 位寄存器使用。

3．累加器 ACC

ACC 是一个 8 位的寄存器，地址为 E0H，是 CPU 工作过程中使用最频繁的寄存器，用于存放一个操作数或中间结果。

4．寄存器 B

寄存器 B 是一个 8 位寄存器，地址为 F0H，主要用于乘除法的运算，也可以作为通用寄存器使用。

5．程序状态字 PSW

PSW 是一个 8 位寄存器，用于存放程序运行中的各种状态信息，其中，有些位的状态是根据程序执行结果并由硬件自动设置的，有些位的状态则由软件方法设定。PSW 的各位定义如图 2-3-1 所示。

	D7H	D6H	D5H	D4H	D3H	D2H	D1H	D0H	
PSW	CY	AC	F0	RS1	RS0	OV	F1	P	D0H

图 2-3-1　程序状态字的位信息

PSW 各位的功能介绍如下。

CY：进位标志位。

存放算术运算的进位标志，在进行加法或减法运算时，如果操作结果最高位有进位或者借位，则 CY 由硬件置“1”，否则被置“0”。

AC：辅助进位标志位。

在进行加法或减法运算时，若低 4 位向高 4 位进位或者借位，AC 由硬件置“1”，否则被置“0”。

F0、F1：用户标志位。

用户可以自定义其用途。

RS1、RS0：工作寄存器组选择位。

用于选择 CPU 当前使用的工作寄存器组。在单片机复位时，RS1 和 RS0 均为 0。

OV：溢出标志位。

在带符号数的加减法运算中，OV=1 表示加减运算超出了累加器 A 所能表示的带符号数的有效范围（－128～127），即产生了溢出，因此运算结果是错误的；OV=0 则表示运算不产生溢出。

P：奇偶标志位。

当累加器 ACC 中 1 的个数为奇数时，P 为 1，否则为 0。

二、接口技术：LCD1602 引脚

LCD1602 的引脚

键盘是常用的输入设备，显示器是常用的输出设备。单片机

应用系统中使用的显示器主要有发光二极管 LED、液晶显示器 LCD。这里以 LCDl602 为例介绍液晶显示器。

液晶显示器 LCD 是功耗极低的被动式显示元件，广泛使用在便携式仪表或功耗低的显示设备中。其工作电流低，尺寸小，显示字迹清晰美观，寿命长，使用方便，显示信息量大。

LCD 通常有 14 条或 16 条引脚，多出的 2 条是背光电源线 VCC（15 脚）和地线 GND（16 脚），其控制原理与 14 脚完全一样。LCD1602 引脚排列如图 2-3-2，各引脚定义如表 2-3-6 所示。

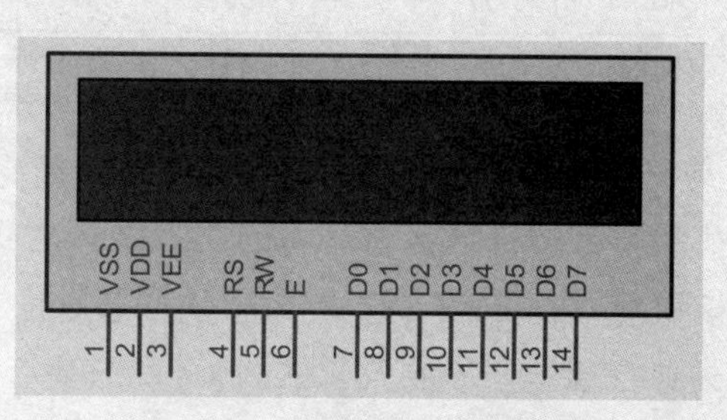

图 2-3-2　LCD1602 的引脚排列

表 2-3-6　LCD1602 引脚定义

引脚号	引脚名	电　平	输入/输出	作　用
1	VSS			电源地
2	VDD			电源+5 V
3	VEE			对比度调整
4	RS	0	输入	D0 ~ D7 输入的是“指令”
		1		D0 ~ D7 输入的是“数据”
5	RW	0	输入	向 LCD 写入
		1		从 LCD 读出
6	E	0	输入	禁止
		1		使能
7	D0	0/1	输入/输出	数据线 0（最低位）
8	D1	0/1	输入/输出	数据线 1
9	D2	0/1	输入/输出	数据线 2
10	D3	0/1	输入/输出	数据线 3
11	D4	0/1	输入/输出	数据线 4
12	D5	0/1	输入/输出	数据线 5
13	D6	0/1	输入/输出	数据线 6
14	D7	0/1	输入/输出	数据线 7（最高位）
15	A	VCC		LCD 背光电源正极
16	K	接地		LCD 背光电源负极

三、接口技术：LCD1602 内部地址

LCD 模块内包含显示缓冲区 DDRAM 和用户自定义的字符发生器 CGRAM。显示缓冲区 DDRAM 是用来寄存待显示的字符代码，共有 80×8 b（80 B），其地址分两段连续分配，每段 40 个，如表 2-3-7 所示。CPU 可对 DDRAM 进行读/写操作。

表 2-3-7　LCD 模块 DDRAM 地址分配表

	显示位置	1	2	3	4	5	6	…	40
DDRAM 地址	第 1 行	00H	01H	02H	03H	04H	05H	…	27H
	第 2 行	40H	41H	42H	43H	44H	45H	…	67H

当需要在屏幕上某行某列显示某个字符时，CPU 只需将字符对应的数据写入 DDRAM 相应的地址处即可，该模块会自动将 DDRAM 内容送往液晶屏，完成相应的显示。可见，液晶模块能根据 CPU 写入到该模块的各种命令字及 RAM 数据，自行对液晶屏进行一系列显示操作，不再需要主控 CPU 的参与。

提示：LCDl602 可以显示两行，但每行只显示 16 个字符，共显示 32 个字符，也就是 LCDl602 只用到表 2-3-7 的 00H～0FH 和 40H～4FH 前面两段地址。

四、接口技术：LCD1602 显示原理

LCD1602 显示原理

单片机将要显示的位置（即地址）和字符发送给液晶模块，该模块负责将接收到的字符在指定的位置显示出来。

五、接口技术：LCD1602 命令字

LCD1602 命令字

LCDl602 常用指令有 11 条，逐一介绍如下。

（一）清　屏

格式：	RS	R/W	D7	D6	D5	D4	D3	D2	D1	D0
	0	0	0	0	0	0	0	0	0	1

功能：① 清除液晶显示器，即将 DDRAM 的内容全部填入“空白”的 ASCII 码；

② 光标归位，即将光标撤回液晶显示屏的左上方；

③ 将地址计数器（AC）的值设为 0。

（二）光标归位

格式：	RS	R/W	D7	D6	D5	D4	D3	D2	D1	D0
	0	0	0	0	0	0	0	0	1	*

功能：① 把光标撤回到显示器的左上方；

② 把地址计数器(AC)的值设置为 0；

③ 保持 DDRAM 的内容不变。

（三）设置进入模式

格式：	RS	R/W	D7	D6	D5	D4	D3	D2	D1	D0
	0	0	0	0	0	0	0	1	I/D	S

功能：设定每次写入 1 位数据后光标的移位方向，并且设定每次写入的 1 个字符是否移动。参数设定的情况如下所示：

I/D：0=写入新数据后光标左移；1=写入新数据后光标右移。

S：0=写入新数据后显示屏不移动；1=写入新数据后显示屏整体右移 1 个字符。

（四）控制显示器、光标

格式：	RS	R/W	D7	D6	D5	D4	D3	D2	D1	D0
	0	0	0	0	0	0	1	D	C	B

功能：控制显示器开/关、光标显示/关闭以及光标是否闪烁。参数设定的情况如下：

D：0=显示功能关；1=显示功能开。

C：0=无光标；1=有光标。

B：0=光标不闪烁；1=光标闪烁。

（五）设定显示屏或光标移动方向

格式：	RS	R/W	D7	D6	D5	D4	D3	D2	D1	D0
	0	0	0	0	0	1	S/C	R/L	*	*

功能：使光标移位或使整个显示屏幕移位。参数设定的情况如下：

S/C=0，R/L=0：光标左移 1 格，且 AC 值减 1。

S/C=0，R/L=1：光标右移 1 格，且 AC 值加 1。

S/C=1，R/L=0：显示器上字符全部右移一格，但光标不动。

S/C=1，R/L=1：显示器上字符全部左移一格，但光标不动。

（六）功能设定

格式：	RS	R/W	D7	D6	D5	D4	D3	D2	D1	D0
	0	0	0	0	1	DL	N	F	*	*

功能：设定数据总线位数、显示的行数及字型。参数设定的情况如下：

DL：0=数据总线为 4 位；1=数据总线为 8 位。

N：0=显示 1 行；1=显示 2 行。

F：0=5×7 点阵/每字符；1=5×10 点阵/每字符。

（七）设定 CGRAM 地址

格式：	RS	R/W	D7	D6	D5	D4	D3	D2	D1	D0
	0	0	0	1	CGRAM 地址（6 位）					

功能：设定下一个要存入数据的 CGRAM 的地址。

（八）设定 DDRAM 地址

格式：	RS	R/W	D7	D6	D5	D4	D3	D2	D1	D0
	0	0	1	DDRAM 地址（7 位）						

功能：设定下一个要存入数据的 DDRAM 的地址。

（九）读取忙信号或 AC 内容

格式：	RS	R/W	D7	D6	D5	D4	D3	D2	D1	D0
	0	1	BF	AC 内容（7 位）						

功能：① 读取忙碌信号 BF 的内容，BF=1 表示液晶显示器忙，暂时无法接收单片机送来的数据或指令；当 BF=0 时，液晶显示器可以接收单片机送来的数据或指令；

② 读取地址计数器(AC)的内容。

（十）数据写入 DDRAM 或 CGRAM

格式：	RS	R/W	D7	D6	D5	D4	D3	D2	D1	D0
	1	0	要写入的数据（8 位）							

功能：① 将字符码写入 DDRAM，以使液晶显示屏显示出相对应的字符；

② 将使用者自己设计的图形存入 CGRAM。

（十一）从 CGRAM 或 DDRAM 读出数据

格式：	RS	R/W	D7	D6	D5	D4	D3	D2	D1	D0
	1	1	要读出的数据（8 位）							

功能：读取 DDRAM 或 CGRAM 中的内容。

【任务实施】

一、电路设计

（一）元件清单

表 2-3-8　抢答器（矩阵键盘 LCD 显示）元件清单

功能块	元件标号	元件名称	Keywords	参数值	数量
主控	U1	微处理器	AT89C51		1
输出	LCD1	LCD 液晶	LM016L		1
	R3 ~ R9	电阻	RES	270 Ω	7
输入		按键	BUTTON		17
时钟	X1	晶振	CRYSTAL	12 MHz	1
	C1 ~ C2	电容	CAP	30 pF	2
复位	R1、R2	电阻	RES	10 kΩ、270 Ω	2
	C3	电容	PCELECT10U50V	10 μF	1
		按键	BUTTON		1

（二）电路图

电路图如图 2-3-3 所示。

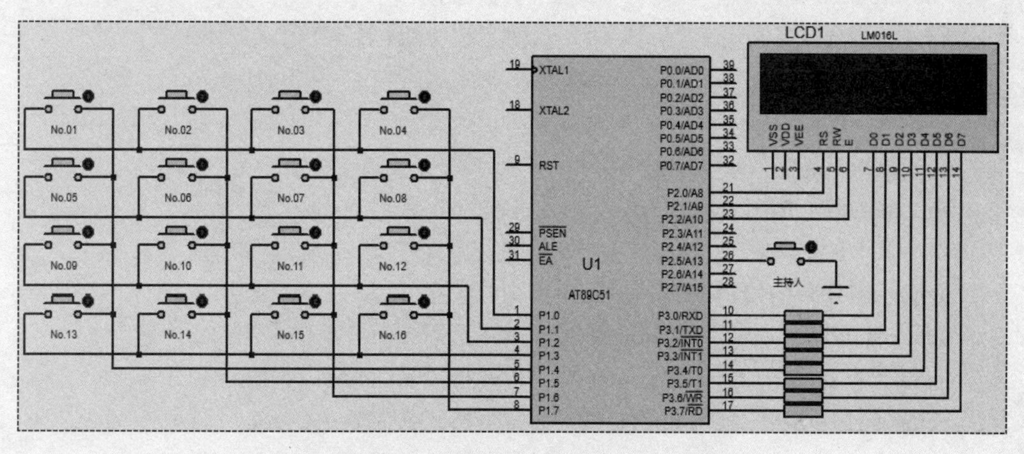

图 2-3-3　抢答器（矩阵键盘 LCD 显示）电路图

提示：① 为方便起见，本图没有绘制时钟电路与复位电路，但实际制作产品时，时钟电路不可或缺；② 若采用片内程序存储器 ROM，虽然仿真时 $\overline{EA}$ 没有要求，但实际制作产品时，必须接+5 V 电源（参考航标灯）。

二、程序设计

LCD1602 程序设计

（一）程序流程

程序流程如图 2-3-4 所示。

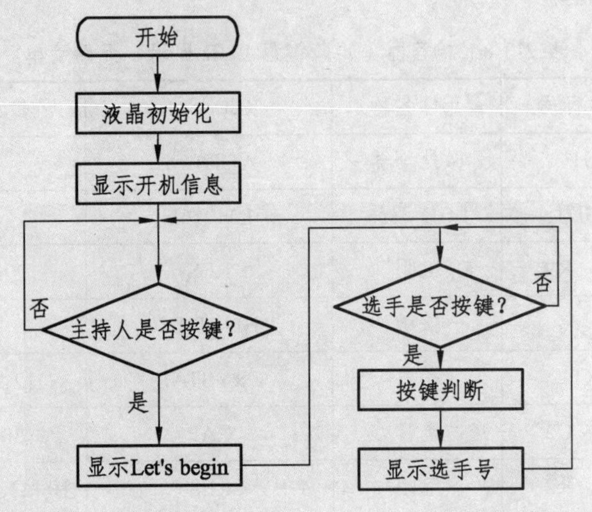

图 2-3-4　抢答器（矩阵键盘 LCD 显示）程序流程图

（二）程序代码

```
#include "reg51.h"
#define uchar unsigned char
#define KEY P1                             //键盘接口
#define Port P3                            //定义 LCD 数据端口
sbit RS=P2^0;
sbit RW=P2^1;
sbit E=P2^2;
sbit Busy=P3^7;
sbit HOST=P2^5;                            //主持人按键
uchar str[10]="0123456789";                //数字字符串
uchar str11[16]="     Welcome to";         //开机后 LCD 第一行显示的内容
uchar str12[16]=" Answer contest";         //开机后 LCD 第二行显示的内容
uchar str21[16]="    Let's begin!";        //主持人按键后 LCD 第一行显示的内容
uchar str22[16]=" ";                       //主持人按键后 LCD 第二行显示的内容，
                                             用空格覆盖原来第二行内容
uchar str31[16]="       No.** is";         //选手抢答后 LCD 第一行显示的内容
uchar str32[16]="    answering...";        //选手抢答后 LCD 第二行显示的内容
uchar tem,tem1,tem2;                       //临时变量
```

```
void delay()                              //延时函数
{
    uchar i,j;                            //延时变量
    for(i=0;i<50;i++)
        for(j=0;j<100;j++);
}

void Read_Busy(void)                      //读忙信号判断
{
    uchar k=255;
    Port=0xff;
    RS=0;
    RW=1;
    E=1;
    while((k--)&&(Busy));
    E=0;
}

void Write_Comm(uchar lcdcomm)            //写指令函数
{
    Read_Busy( );                         //先读忙
    RS=0;                                 //端口定义为写指令
    RW=0;                                 //端口写入使能
    E=1;                                  //端口输入总使能
    Port=lcdcomm;                         //数据端送指令
    E=0;                                  //端口输入总禁止
}

void Write_Chr(uchar lcddata)             //写数据函数
{
    Read_Busy( );                         //先读忙
    RS=1;                                 //端口写数据使能
    RW=0;                                 //端口写入使能
    E=1;                                  //端口总输入使能
    Port=lcddata;                         //数据端口送数据
    E=0;                                  //端口总输入禁止
}
```

```
void display1()
{
    uchar k;
    Write_Comm(0x80);              //定位 LCD 第 1 行第 0 个字符位
    for(k=0;k<16;k++)              //循环送显 str11 的 16 个字符
        Write_Chr(str11[k]);
    Write_Comm(0xc0);              //定位 LCD 第 2 行第 0 个字符位
    for(k=0;k<16;k++)              //循环送显 str12 的 16 个字符
        Write_Chr(str12[k]);
}

void display2()
{
    uchar k;
    Write_Comm(0x80);              //定位 LCD 第 1 行第 0 个字符位
    for(k=0;k<16;k++)              //循环送显 str21 的 16 个字符
        Write_Chr(str21[k]);
    Write_Comm(0xc0);              //定位 LCD 第 2 行第 0 个字符位
    for(k=0;k<16;k++)              //循环送显 str22 的 16 个字符
        Write_Chr(str22[k]);
}

void display3(uchar a,uchar b)
{
    uchar k;
    while(HOST==1)             //停留在送显 str31 与 str32，除非主持人再次按键
    {
        str31[7]=str[a];       //选手号码十位对应字符替换第 1 个*
        str31[8]=str[b];       //选手号码个位对应字符替换第 1 个*
        Write_Comm(0x80);      //定位 LCD 第 1 行第 0 个字符位
        for(k=0;k<16;k++)      //循环送显 str31 的 16 个字符
            Write_Chr(str31[k]);
        Write_Comm(0xc0);          //定位 LCD 第 2 行第 0 个字符位
        for(k=0;k<16;k++)          //循环送显 str32 的 16 个字符
            Write_Chr(str32[k]);
    }
}
```

```
//初始化 LCD
void Init_LCD(void)
{
    delay();                        //稍微延时，等待 LCD 进入工作状态
    Write_Comm(0x38);               //8 位 2 行 5*7
    Write_Comm(0x0c);               //显示开，光标关无闪烁
    Write_Comm(0x01);               //清屏
    Write_Comm(0x02);               //光标归位
}

void main()
{
    Init_LCD();                     //初始化
    display1();                     //开机送显 Welcome to Answer contest
    while(1)
    {
        while(HOST==1);             //等待主持人按键
        display2();                 //主持人按键后显示 Let's begin!
        KEY=0xf0;                   //矩阵键盘反转法第一步
        while(KEY==0xf0);           //等待选手按键
        tem1=(~KEY)&0xf0;           //矩阵键盘反转法第一步
        KEY=0x0f;                   //矩阵键盘反转法第二步
        tem2=(~KEY)&0x0f;           //矩阵键盘反转法第二步
        tem=tem1|tem2;
        switch(tem)
        {
            case 0x11:              //1 号抢答
                display3(0,1);      //送显 01
                break;
            case 0x21:              //2 号抢答
                display3(0,2);      //送显 02
                break;
            case 0x41:              //3 号抢答
                display3(0,3);      //送显 03
                break;
            case 0x81:              //4 号抢答
                display3(0,4);      //送显 04
                break;
```

```
            case 0x12:              //5 号抢答
                display3(0,5);      //送显 05
                break;
            case 0x22:              //6 号抢答
                display3(0,6);      //送显 06
                break;
            case 0x42:              //7 号抢答
                display3(0,7);      //送显 07
                break;
            case 0x82:              //8 号抢答
                display3(0,8);      //送显 08
                break;
            case 0x14:              //9 号抢答
                display3(0,9);      //送显 09
                break;
            case 0x24:              //10 号抢答
                display3(1,0);      //送显 10
                break;
            case 0x44:              //11 号抢答
                display3(1,1);      //送显 11
                break;
            case 0x84:              //12 号抢答
                display3(1,2);      //送显 12
                break;
            case 0x18:              //13 号抢答
                display3(1,3);      //送显 13
                break;
            case 0x28:              //14 号抢答
                display3(1,4);      //送显 14
                break;
            case 0x48:              //15 号抢答
                display3(1,5);      //送显 15
                break;
            case 0x88:              //16 号抢答
                display3(1,6);      //送显 16
                break;
        }
    }
}
```

三、仿真效果

仿真效果如图 2-3-5 所示。

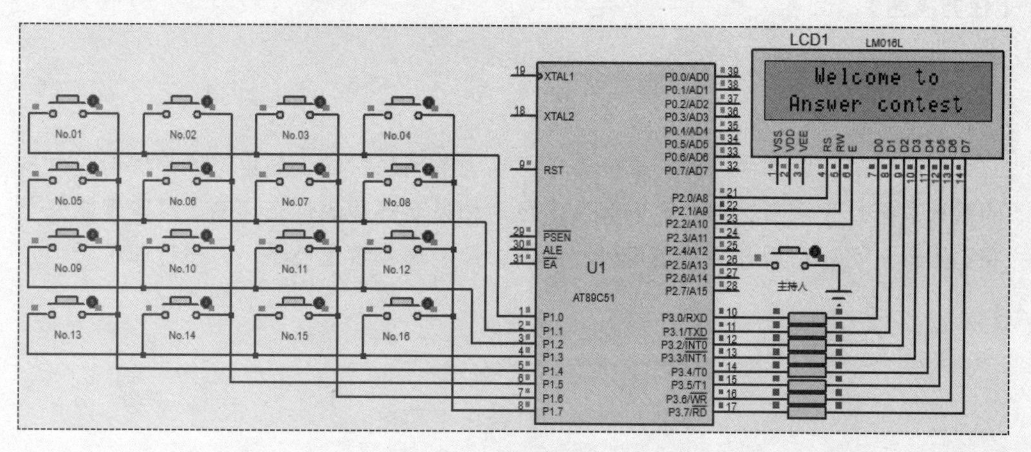

（a）欢迎界面

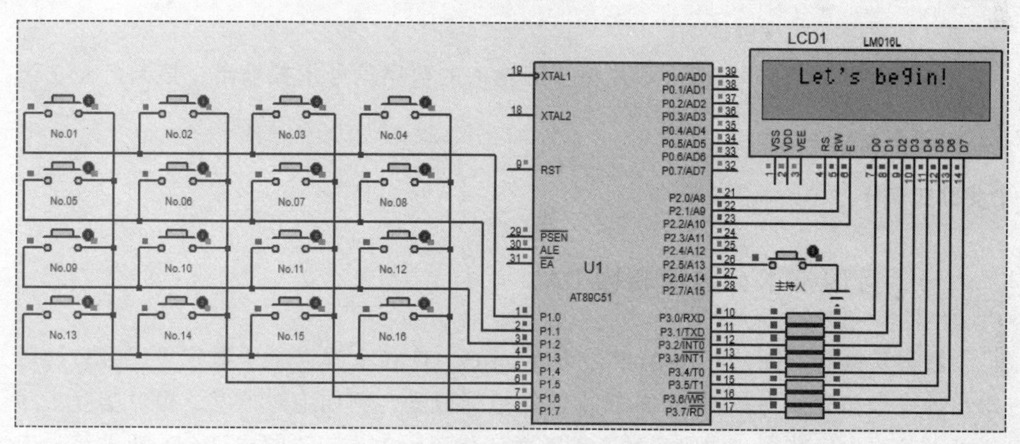

（b）主持人按键

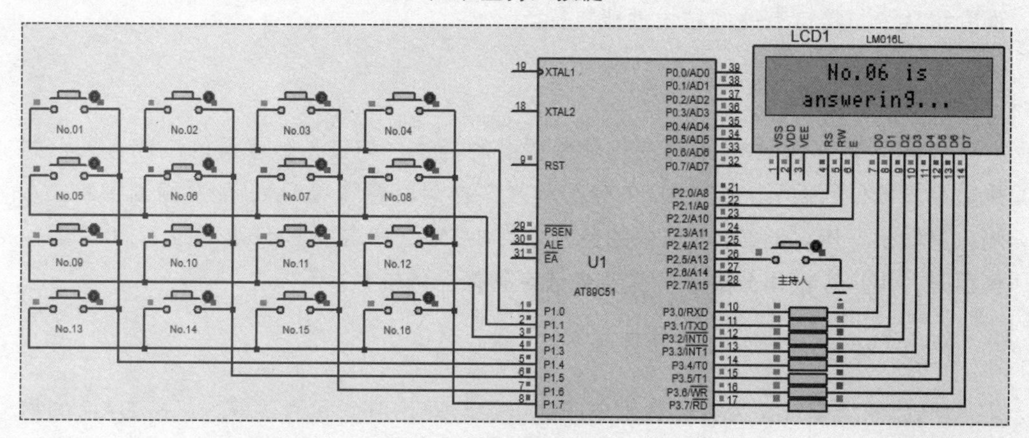

（c）选手抢答

图 2-3-5　抢答器（矩阵键盘 LCD 显示）仿真效果图

抢答器（矩阵键盘
LCD 显示）仿真效果

任务四　灯光亮度调节设计（选修）

【任务描述】

一、情景导入

在不同的环境之中，比如享受音乐、品尝美酒的时候，如果可以根据用户自身的需求进行灯光调节，那么可以创造出更为和谐而舒适的灯光环境。这实现起来也并不困难，可以利用开关，也可以利用集中控制器或者遥控器，再按键即可。

二、任务目标

设计一个灯光亮度调节控制系统，符合以下要求：

（1）采用单片机 AT89C51 进行控制。

（2）采用独立按键输入。

（3）利用 PCF8591 转换芯片将按键输入的数字信号模拟输出，控制灯光“无级”发亮。

【关联知识】

一、接口技术：数模转换 DAC

数模转换器（Digital-to-Analog Converter，DAC）输入的是数字量，经转换后输出的是模拟量。有关 DAC 的技术性能指标很多，例如绝对精度、相对精度、线性度、输出电压范围、温度系数、输入数字代码种类（二进制或 BCD 码）等。下面介绍几个与接口有关的技术性能指标。

（一）分辨率

分辨率是 DAC 对输入量变化敏感程度的描述，与输入数字量的位数有关。如果数字量的位数为 n，则 DAC 的分辨率为 2^n。这就意味着 DAC 能对满刻度的 2^{-n} 输入量做出反应。例如，8 位数的分辨率为 1/256，10 位数的分辨率为 1/1 024 等。使用时，用户应根据分辨率的需要来选定转换器的位数。

（二）精　度

DAC 的精度定义为实际输出电压或电流与理论值之间的误差。这是 DAC 的静态指标，一般采用最小有效位 LSB 的分数表示，例如 ± 1/2LSB。如果分辨率为 20 mV，则它的精度是 ± 10 mV。

（三）线性度

DAC 的线性度定义为数字量变化时，DAC 输出的模拟电压或电流按比例关系变化的程度。理想的 DAC 是线性的，但实际上存在误差，在 $0\sim2^{n-1}$ 的数字转换范围内，实际输出电流或电压与理论值之间的最大偏差称为线性误差。

（四）稳定时间

当输入至 DAC 的二进制数发出变化时，模拟输出电压或电流也要跟着变化，并且需要经过一定时间才能使新的模拟电压或电流稳定下来。稳定时间定义为输入二进制数字信号从最小变换到最大时，其输出电压或电流稳定在所规定的误差范围（±0.5LSB）内所需的时间。稳定时间是 DAC 的一个动态指标。一般来说，电流输出型 DAC 的稳定时间是几微秒，电压输出型 DAC 的稳定时间取决于运算放大器的响应时间，通常为几十微秒。

二、接口技术：转换芯片 PCF8591

（一）简　介

I2C 总线是飞利浦公司推出的一种串行总线。整个系统仅依靠数据线（SDA）和时钟线（SCL）来实现完美的全双工数据传输，即 CPU 和外围设备仅依靠这两条线实现信息交换。与传统的并行总线系统相比，I2C 总线系统具有结构简单、可维护性好、易于系统扩展、模块化标准化设计、可靠性高等优点。

在一个完整的单片机系统中，A/D 转换芯片往往必不可少。PCF8591 是一种具有 I2C 总线接口的 8 位 A/D 及 D/A 转换芯片，有 4 路 A/D 转换输入，1 路 D/A 模拟输出。也就是说，它既可以作 A/D 转换也可以作 D/A 转换。在与 CPU 进行信息交互时仅靠数据线 SDA 和时钟线 SCL 即可实现。

（二）引　脚

PCF8591 电源电压典型值为 5 V，引脚排列如图 2-4-1 所示。

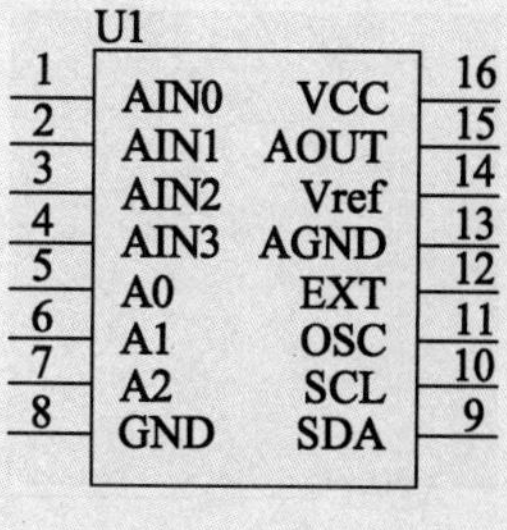

AIN0 ~ AIN3：模拟信号输入端。

A0 ~ A2：引脚地址端。

VCC、GND：电源端（2.5 ~ 6 V）。

SDA、SCL：I2C 总线的数据线、时钟线。

OSC：外部时钟输入端，内部时钟输出端。

EXT：内、外部时钟选择线，使用内部时钟时 EXT 接地。

AGND：模拟信号地。

AOUT：D/A 转换输出端。

Vref：基准电源端。

U1

引脚	名称	名称	引脚
1	AIN0	VCC	16
2	AIN1	AOUT	15
3	AIN2	Vref	14
4	AIN3	AGND	13
5	A0	EXT	12
6	A1	OSC	11
7	A2	SCL	10
8	GND	SDA	9

图 2-4-1　PCF8591 引脚图

（三）使　用

PCF8591 的通信接口是 I2C，编程时需要符合相关协议。单片机对 PCF8591 进行初始化，发送 3 个字节即可。

1．第 1 个字节

和 EEPROM 类似，第 1 个字节是元件地址字节，其中 7 位代表地址，1 位代表读写方向。地址高 4 位固定是 0b1001，低 3 位是 A2，A1，A0，这里在电路上都接了 GND，因此也就是 0b000，如图 2-4-2 所示。

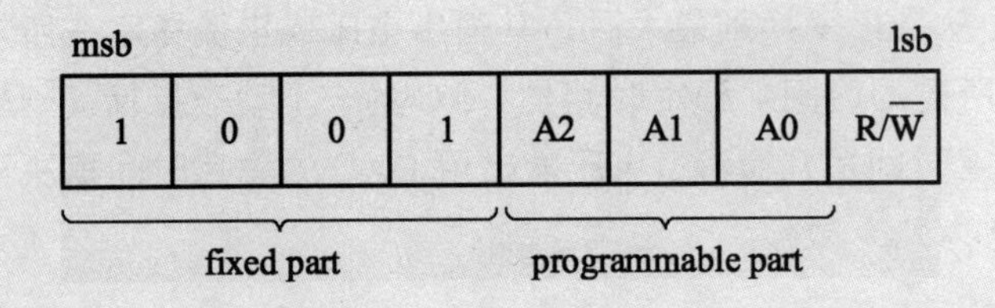

图 2-4-2　PCF8591 地址字节

2．第 2 个字节

第 2 个字节将被存储在控制寄存器，用于控制 PCF8591 的功能。其中第 3 位和第 7 位是固定的 0，另外 6 位各有其作用，如图 2-4-3 所示。

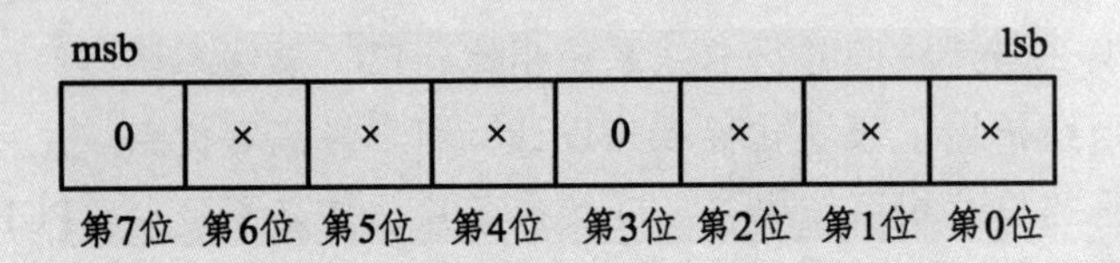

图 2-4-3　PCF8591 控制字节

控制字节的第 6 位是 D/A 使能位，该位置为 1 表示 D/A 输出引脚使能，会产生模拟电压输出功能。第 4 位和第 5 位可以实现把 PCF8591 的 4 路模拟输入配置成单端模式和差分模式，此处用来配置 AD 输入方式的控制位，如图 2-4-4 所示。单端模式和差分模式的区别，大家可以自行查阅。

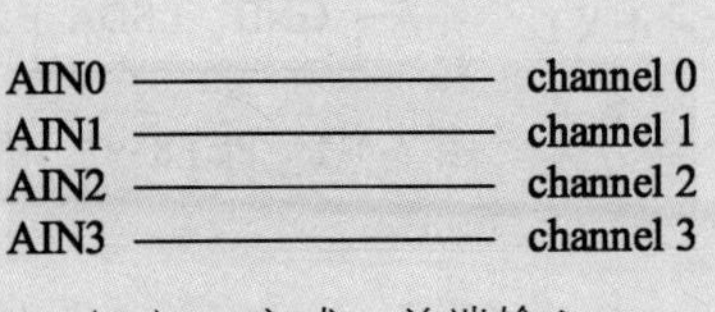

（a）00 方式：单端输入

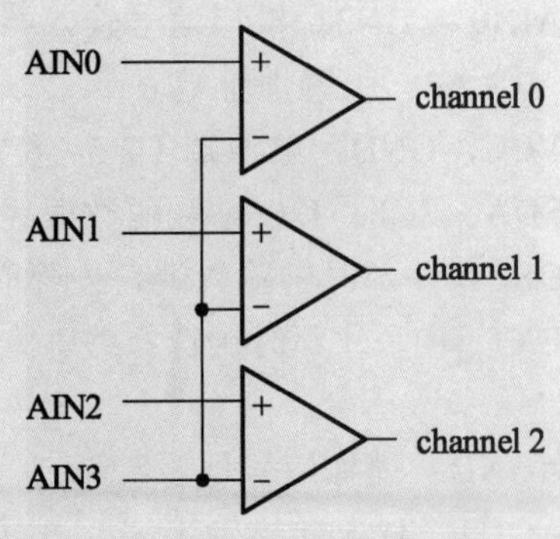

（b）01 方式：三差分输入

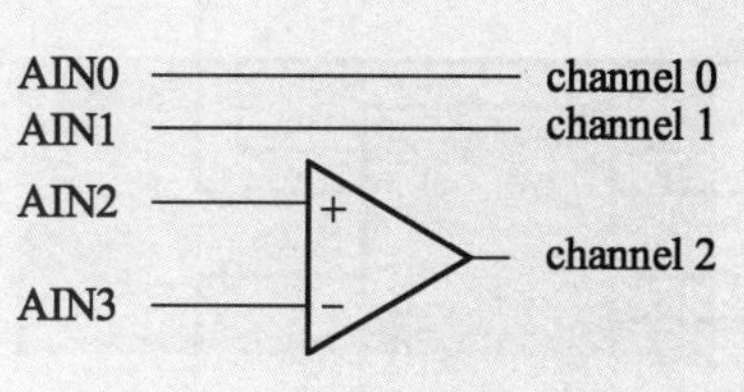

（c）10 方式：单端差分混合输入

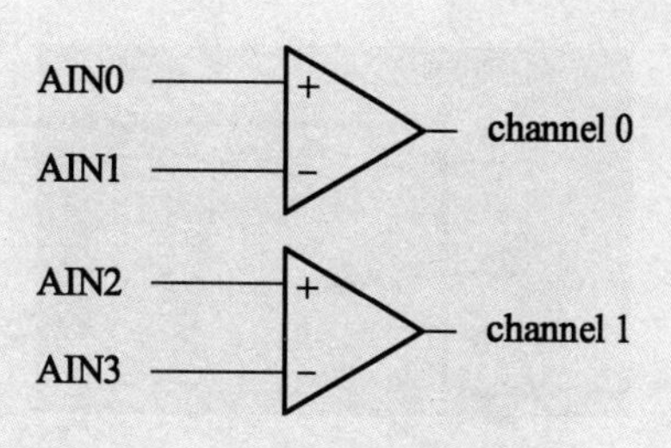

（d）11 方式：双差分输入

图 2-4-4 PCF8591 模拟输入配置方式

控制字节的第 2 位是自动增量控制位。自动增量的意思就是，比如一共有 4 个通道，当全部使用的时候，读完了通道 0，下一次再读，会自动进入通道 1 进行读取，不需要用户指定下一个通道。由于 A/D 每次读到的数据，都是上一次的转换结果，所以在使用自动增量功能的时候，应注意：当前读到的是上一个通道的值。控制字节的第 0 位和第 1 位就是通道选择位了，00、01、10、11 代表了 0 ~ 3 一共 4 个通道选择。

3．第 3 个字节

D/A 数据寄存器，表示 D/A 模拟输出的电压值。如果仅仅使用 A/D 功能的话，就可以不发送第三个字节。

【任务实施】

一、电路设计

（一）元件清单

表 2-4-1 灯光亮度调节元件清单

功能块	元件标号	元件名称	Keywords	参数值	数量
主控	U1	微处理器	AT89C51		1
输出	D1	发光二极管	LED	LED-YELLOW	1
	U2	数据处理	PCF8591		1
输入		按键	BUTTON		4
时钟	X1	晶振	CRYSTAL	12 MHz	1
	C1 ~ C2	电容	CAP	30 pF	2
复位	R1、R2	电阻	RES	10 kΩ、270 Ω	2
	C3	电容	PCELECT10U50V	10 μF	1
		按键	BUTTON		1

（二）电路图

灯光亮度调节电路如图 2-4-5 所示。

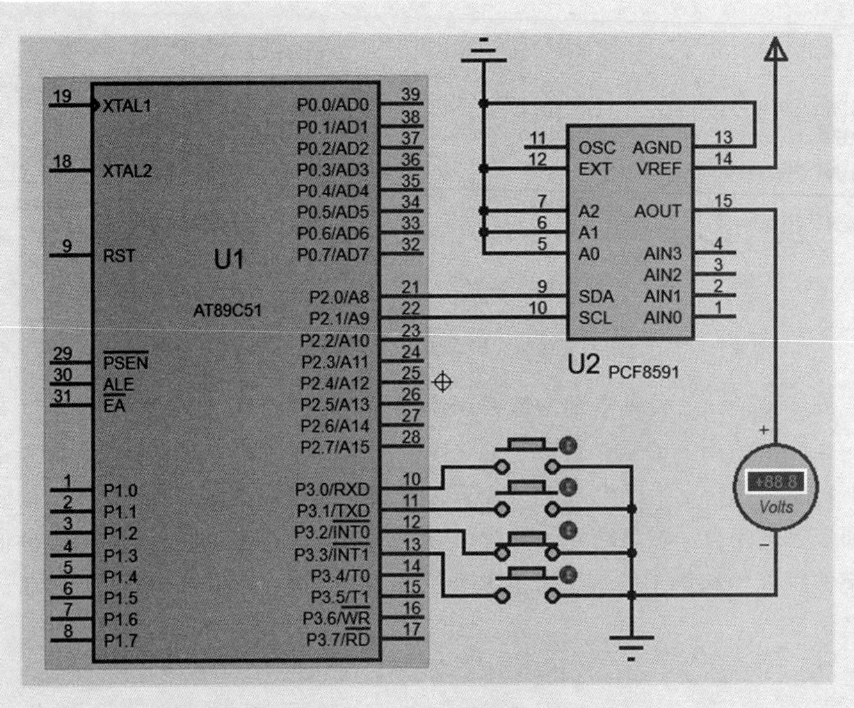

图 2-4-5　灯光亮度调节电路图

提示：① 若在本系统中采用 LED 灯，则无法查看仿真效果，因此使用电压表替代了发光二极管，实际制作时需换回 LED 灯。② 本任务只设计了 4 级亮度输出，秉承该设计原理，读者可以增加更多级数，使得亮度变化看起来更为平滑。当然，并非级数越多越好，级数多时光差不大，效果也不会太明显。③ 为方便起见，本图没有绘制时钟与复位电路，但实际制作产品时，时钟电路不可或缺（参考航标灯）。④ 若采用片内程序存储器 ROM，虽然仿真时对 $\overline{EA}$ 没有要求，但实际制作产品时，必须接+5 V 电源。

二、程序设计

（一）程序流程

程序流程如图 2-4-6 所示。

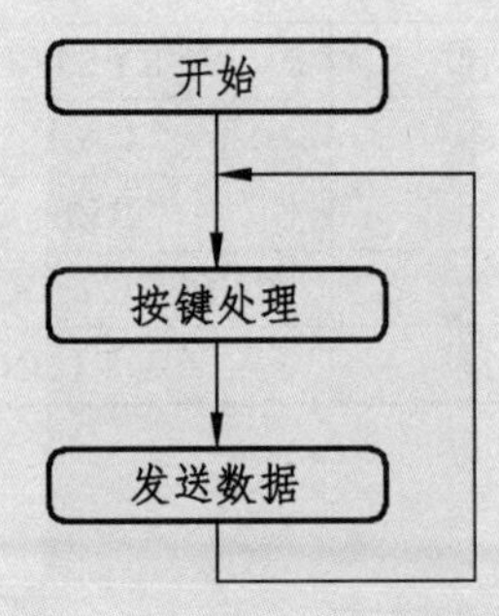

图 2-4-6　灯光亮度调节程序流程图

（二）程序代码

```
#include <reg52.h>
#include <intrins.h>

sbit SDA_IIC=P2^0;                //AD 芯片 IIC 通信数据总线
sbit SCL_IIC=P2^1;                //AD 芯片 IIC 通信时钟总线

sbit W0=P3^0;
sbit W1=P3^1;
sbit W2=P3^2;
sbit W3=P3^3;
typedef unsigned char u8;         //无符号 8 位整型变量
typedef unsigned int u16;         //无符号 16 位整型变量
#define MAIN_Fosc 11059200
#define ADDR    0x90              //PCF8591 地址

void Delayiic()
{
    #if MAIN_Fosc    == 11059200
        _nop_();
    #elif MAIN_Fosc == 12000000
        _nop_()
    #elif MAIN_Fosc == 22118400
        _nop_(); _nop_(); _nop_();
    #endif
}

void IIC_Start()                  //I2C 起始信号
{
    SCL_IIC = 1;
    _nop_();
    SDA_IIC = 1;
    _nop_();
    SDA_IIC = 0;
    Delayiic();
}
```

```
void IIC_Stop()                          //I2C 结束信号
{
    SDA_IIC = 0;
    _nop_();
    SCL_IIC = 1;
    Delayiic();
    SDA_IIC = 1;
    Delayiic();
}

void Send_ACK(bit i)                     //发送应答信号，i=1：发送；i=0：不发送
{
    SCL_IIC = 0;
    _nop_();
    if(i)                                //主机发送应答
    {
        SDA_IIC = 0;
    }
    else
    {
        SDA_IIC = 1;                     //主机发送非应答
    }
    _nop_();
    SCL_IIC = 1;
    Delayiic();
    SCL_IIC = 0;
    _nop_();
    SDA_IIC = 1;                         //释放 SDA 数据总线
    _nop_();
}

void IIC_Send_Byte(u8 Data)              //通过 I2C 发送一个字节
{
    u8 i;
    for(i = 0 ; i < 8 ; i++)
    {
```

```
            SCL_IIC = 0;
            _nop_();
             if (Data & 0x80)
         {
             SDA_IIC = 1;
             _nop_();
         }
         else
         {
              SDA_IIC = 0;
              _nop_();
          }
         SCL_IIC = 1;
         _nop_();
         Data <<= 1;  // 0101 0100B
     }
     SCL_IIC = 0;
     _nop_();
     SDA_IIC = 1;
     _nop_();

}

void DAC_write(u8 Data)
{
     IIC_Start();
     IIC_Send_Byte(0x90);
          Send_ACK(0);
     IIC_Send_Byte(0x40);
          Send_ACK(0);
     IIC_Send_Byte(Data);
          Send_ACK(0);
     IIC_Stop();
}

void main()
{
```

```
    u8 i ;
    while(1)
    {
        if(W0==0)i=0;
        if(W1==0)i=110;
        if(W2==0)i=150;
        if(W3==0)i=255;
        DAC_write(i);
    }
}
```

灯光亮度调节设计仿真效果

（三）仿真效果

灯光亮度调节电路仿真效果如图 2-4-7 所示。

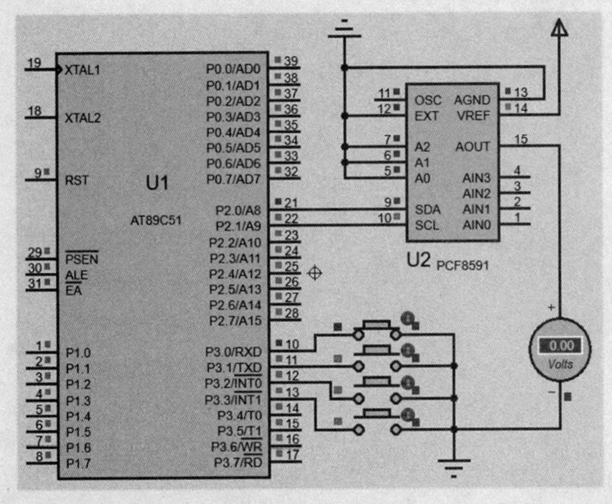

（a）第 1 挡（关闭挡）

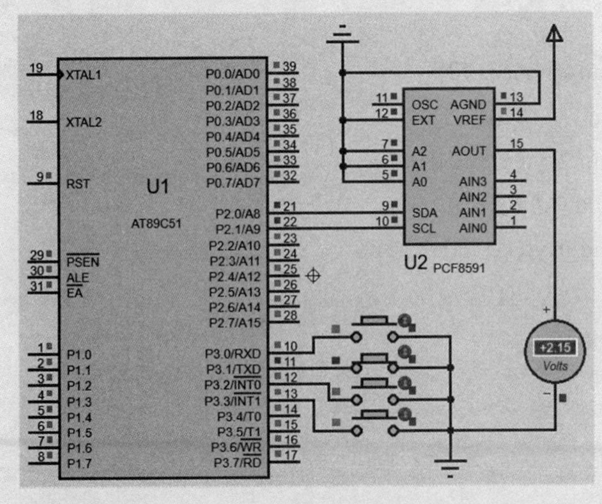

（b）第 2 挡

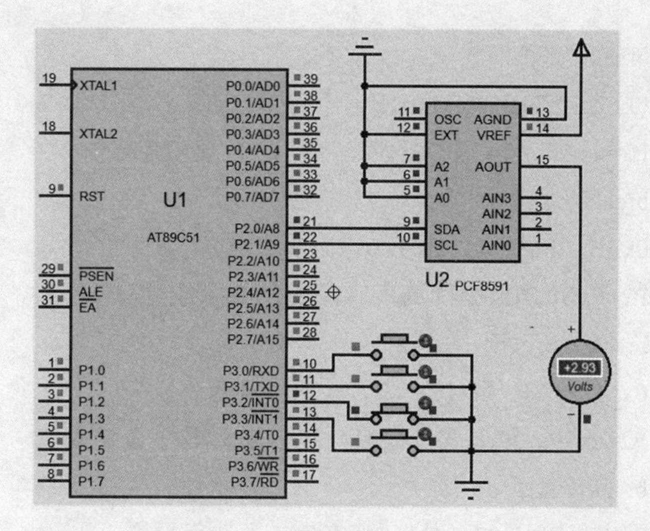

（c）第 3 挡

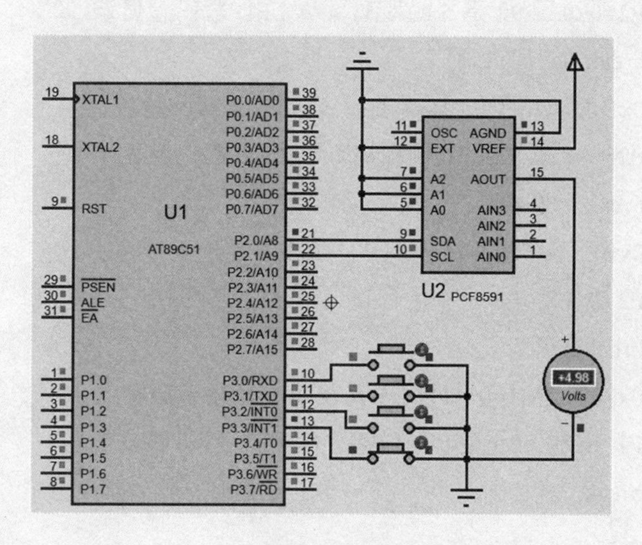

（d）第 4 挡

图 2-4-7　灯光亮度调节电路仿真效果图

授业解惑

一、独立按键判断的优化

（一）观察本项目任务一程序的 switch 程序段

```
switch(P1) //判断并送显
{
    case 0xFE://FEH=11111110B，表明 1 号选手抢答
        P2=0xF9;//F9 是 1 的段码，故 LED 数码管显示 1
```

```
        break; //返回
    case 0xFD://FDH=11111101B，表明 2 号选手抢答
        P2=0xA4;//A4 是 2 的段码，故 LED 数码管显示 2
        break;//返回
    case 0xFB: //FBH=11111011B，表明 3 号选手抢答
        P2=0xB0;//B0 是 3 的段码，故 LED 数码管显示 3
        break;  //返回
    case 0xF7: //F7H=11110111B，表明 4 号选手抢答
        P2=0x99;//99 是 4 的段码，故 LED 数码管显示 4
        break;//返回
    case 0xEF://EFH=11101111B，表明 5 号选手抢答
        P2=0x92;//92 是 5 的段码，故 LED 数码管显示 5
        break;//返回
    case 0xDF: //DFH=11011111B，表明 6 号选手抢答
        P2=0x82;//82 是 6 的段码，故 LED 数码管显示 6
        break; //返回
    case 0xBF: //BFH=10111111B，表明 7 号选手抢答
        P2=0xF8;//F8 是 7 的段码，故 LED 数码管显示 7
        break;//返回
    case 0x7F: //7FH=01111111B，表明 8 号选手抢答
        P2=0x80;//80 是 8 的段码，故 LED 数码管显示 8
        break;//返回
    default:
        P2=0x90;//默认情况 LED 数码管显示 9
}
```

（二）特点分析

判断 P1：	0x7F	0xBF	0xDF	0xEF	0xF7	0xFB	0xFD	0xFE
二进制：	01111111	10111111	11011111	11101111	11110111	11111011	11111101	11111110
取反：	10000000	01000000	00100000	00010000	00001000	00000100	00000010	00000001
十进制：	**128**	**64**	**32**	**16**	8	4	2	1
即：	2^7	2^6	2^5	2^4	2^3	2^2	2^1	2^0
目标值：	**8**	**7**	**6**	**5**	4	3	2	1

分析结果：求以 2 为底的对数再加上 1 即可得到目标值。

（三）优化结果

上面选择结构 switch（P1）的 29 行代码可优化为：

```
j=~P1;    //取反
j=log(j)/log(2)+1;  //求以 2 为底的对数，获得指数部分
P2=ca[j];
```

其中 ca 是共阳数码管的段码数组名。上述结果甚至可以整合成一行，只不过会使可读性变差。编写程序时记得添加头文件“math.h”，并定义变量 unsigned char j。

二、矩阵键盘判断的优化

（一）观察本项目任务二的程序段

```
tem=tem1|tem2;
switch(tem)
{
      case 0x11:
            num=1;break;
      case 0x21:
            num=2;break;
      case 0x41:
            num=3;break;
      case 0x81:
            num=4;break;
      case 0x12:
            num=5;break;
      case 0x22:
            num=6;break;
      case 0x42:
            num=7;break;
      case 0x82:
            num=8;break;
      case 0x14:
            num=9;break;
      case 0x24:
            num=10;break;
```

```
case 0x44:
      num=11;break;
case 0x84:
      num=12;break;
case 0x18:
      num=13;break;
case 0x28:
      num=14;break;
case 0x48:
      num=15;break;
case 0x88:
      num=16;break;
}
```

（二）特点分析

tem1：**1000**0000 **0100**0000 **0010**0000 **0001**0000 00000000 00000000 00000000 00000000

tem2：0000**0000** 0000**0000** 0000**0000** 0000**0000** 0000**1000** 0000**0100** 0000**0010** 0000**0001**

tem1 保留高 4 位，处理矩阵的列数；tem2 保留低 4 位，处理矩阵的行数。

十进制：	**128**	**64**	**32**	**16**	8	4	2	1
即：	2^7	2^6	2^5	2^4	2^3	2^2	2^1	2^0
	第 **4** 列	第 **3** 列	第 **2** 列	第 **1** 列	第 **4** 行	第 **3** 行	第 **2** 行	第 **1** 行

（三）优化结果

原代码优化为：

```
col=log(tem1)/log(2)-3;      //求 tem1 以 2 为底的对数，获得列号
row=log(tem2)/log(2);        //求 tem2 以 2 为底的对数，获得行号
num=col+4*row;
```

编程时记得添加头文件“math.h”，并定义变量 unsigned char row，col。

三、内存溢出问题

（一）问　题

本案例用 LCD 液晶显示器每隔 1 s 按先后顺序依次显示数组中的字符信息："WELCOME!"、"ARE YOU READY?"、"LET US BEGIN!"、"NO.* IS WORKING!"、"* MINUTES LEFT!"…"TIME OUT!"。其中*号表示内容会有改变，如选手号、时间等。

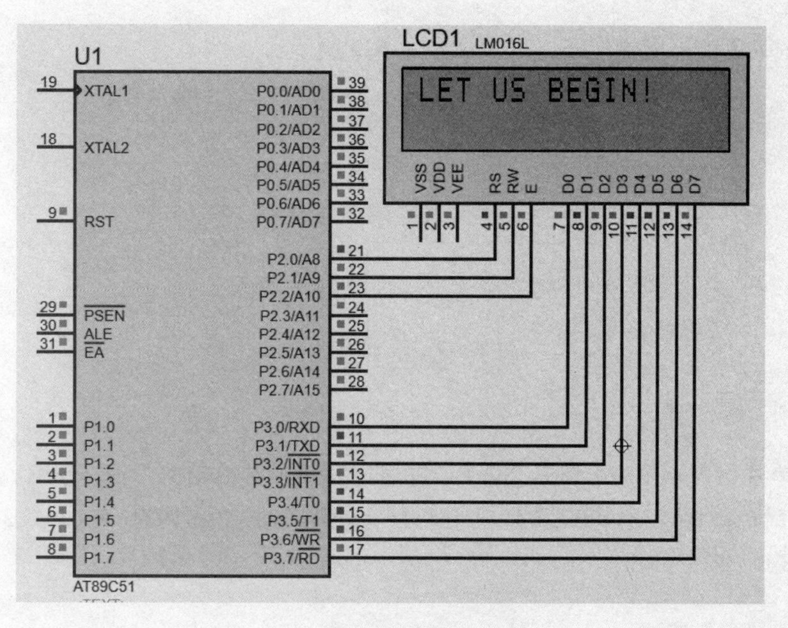

图 2-5-1　案例电路结构

程序如下（程序编译正常，运行正常）：

#include "reg51.h"

#define uchar unsigned char

uchar str1[16]="WELCOME!";

uchar str2[16]="ARE YOU READY?";

uchar str3[16]="LET US BEGIN!";

uchar str4[16]="NO.* IS WORKING!";　①

uchar str5[16]="* MINUTES LEFT!";

uchar str6[16]="TIME OUT!";

uchar count=0,line=0,n;　//临时变量

……

可是当数组增加如下加 **2** 行（即下行 8 行）后，如下所示：

uchar str1[16]="WELCOME!";

uchar str2[16]="ARE YOU READY?";

uchar str3[16]="LET US BEGIN!";

uchar str4[16]="NO.* IS WORKING!";

uchar str5[16]="* MINUTES LEFT!";　②

uchar str6[16]="TIME OUT!";

uchar str7[16]="SCORE IS **!";

uchar str8[16]="ONCE MORE";

uchar count=0,line=0,n;　//临时变量

……

程序编译就不能通过了，报错如图 2-5-2 所示。

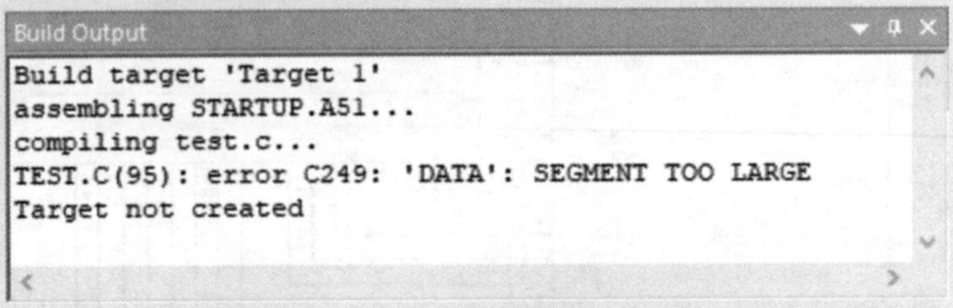

```
Build Output
Build target 'Target 1'
assembling STARTUP.A51...
compiling test.c...
TEST.C(95): error C249: 'DATA': SEGMENT TOO LARGE
Target not created
```

图 2-5-2　编译不能通过

（二）原　因

51 单片机内存 RAM 只有 256 B，供用户存储临时数据的仅有 128 B。第①段程序占内存：$6\times16+3=99$ B，没有超出范围；而第②段程序占内存：$8\times16+3=131$ B，超出 128 B，内存溢出。

（三）解决方法

将内容不需要改变的字符串利用关键词 code 存入 ROM，这样就不占用内存 RAM 了，如：

```
uchar code str1[16]="WELCOME!";
uchar code str2[16]="ARE YOU READY?";
uchar code str3[16]="LET US BEGIN!";
uchar code str5[16]="* MINUTES LEFT!";
uchar code str6[16]="TIME OUT!";
uchar code str8[16]="ONCE MORE";
```

记分控制——丝毫不差

导　学

知识目标

- 单片机接口技术：按键的消抖。
- 单片机中断系统：中断的概念、中断源、中断允许、中断控制、中断程序设计。
- 仿真工具 Proteus：放置总线标签、拖动元件、拖动元件标签、调整元件大小。

技能目标

- 记分牌（查询方式 LED 显示）、记分牌（中断方式 LED 显示）、记分牌（中断方式 LCD 显示）的硬件电路设计、软件程序编写、调试。

职业能力

- 自我学习、信息处理、团队分工协作、解决问题、改进创新。

任务梯度

任务四：简易计算器设计（选修） 程序设计方法的综合运用	难度增加
任务三：记分牌（中断方式 LCD 显示）设计 在任务二基础上换矩阵键盘、LCD 液晶显示	难度增加
任务二：记分牌（中断方式 LED 显示）设计 在任务一基础上将查询方式改中断方式	知识点增加
任务一：记分牌（查询方式 LED 显示）设计 查询方式完成记分牌设计（注意按键消抖）	

知识导图

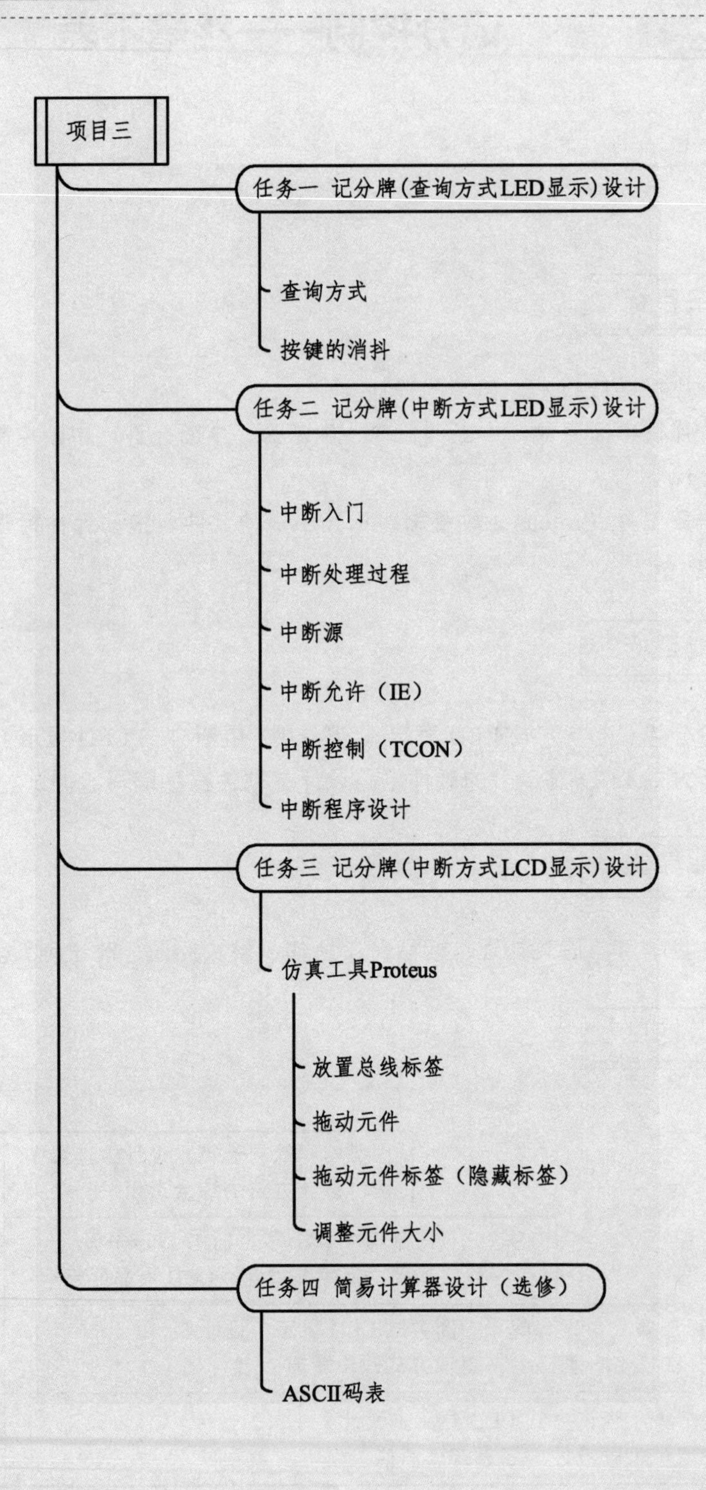
项目三
任务一 记分牌(查询方式LED显示)设计
查询方式
按键的消抖
任务二 记分牌(中断方式LED显示)设计
中断入门
中断处理过程
中断源
中断允许（IE）
中断控制（TCON）
中断程序设计
任务三 记分牌(中断方式LCD显示)设计
仿真工具Proteus
放置总线标签
拖动元件
拖动元件标签（隐藏标签）
调整元件大小
任务四 简易计算器设计（选修）
ASCII码表

任务一 记分牌（查询方式 LED 显示）设计

【任务描述】

一、情景导入

记分牌是在比赛时，用来记录、计算运动员比赛成绩的工具。电子记分牌更是具有使用方便、美观、使用寿命长等特点。

二、任务目标

设计一个记分牌控制系统，符合以下要求：

（1）单片机 AT89C51 控制。

（2）LED 数码管输出。

（3）8 个独立按键输入：4 个分别用于 A 队比分的加 1、加 2、加 3、减 1，另外 4 个分别用于 B 队比分的加 1、加 2、加 3、减 1。

（4）采用查询方式实现（即不能使用中断）。

【关联知识】

一、单片机：查询方式

单片机在操作外部设备（如输入设备、输出设备）时，常用的有中断和查询两种方式。

查询方式是通过执行输入/输出查询程序来完成单片机与外设之间的数据交互。工作原理为：单片机 CPU 不断地读取外设的状态信息，无论外设状态信息有否变化，查询程序总在执行。这会使得 CPU 的利用率低下。倘若 CPU 按这种方式与多个外设交互数据，就需要周期性的依次查询每个外设的状态，浪费的时间就会更多，CPU 的利用率也会更低。因此，这种方式适合于工作不太繁忙的系统。

二、接口技术：按键的消抖

按键消抖可分为硬件消抖和软件消抖。

按键的消抖

（一）硬件消抖

硬件消抖是利用电容的充放电特性来对抖动过程中产生的电压毛刺进行平滑处理，从而实现消抖，如图 3-1-1 所示。

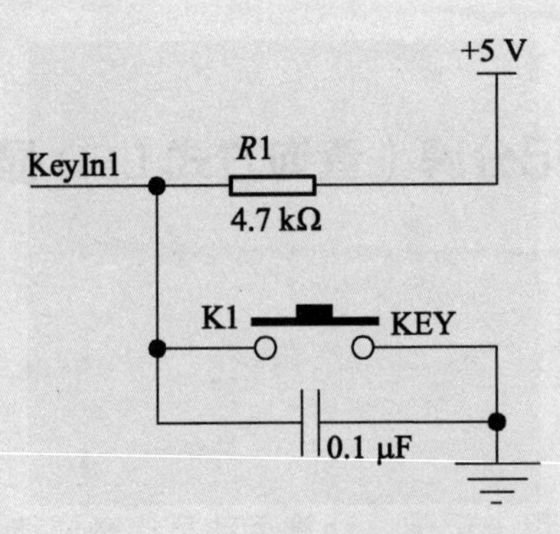

图 3-1-1　硬件电容消抖

但实际应用中，这种方式的效果往往不是很好，而且还增加了成本和电路复杂度，所以使用得并不多。

（二）软件消抖

消抖过程举例说明。

下面的程序中，P3.2 通过按键接地，P2 接 1 位共阴数码管。预期目标是：每次按键按下后，数码管显示的数值加 1。但实际上，由于按键抖动的原因，输出的数值与预期不一致。

```
#include "reg51.h"
#define uchar unsigned char
uchar code cc[10]={0x3F,0x06,0x5B,0x4F,0x66,0x6D,0x7D,0x07,0x7F,0x6F};    //段码
char num=0;
sbit button=P3^2;
void keyscan()
{
    if(button==0)
        num++;                    //num 加 1
    if(num>9)num=num%10;          //防止超过 10 后无法显示
}
void main()
{
    while(1)
    {
        keyscan();
        P2=cc[num];           //送显
    }
}
```

解决方法：使按键程序段只执行 1 次，换句话说，只要按键不松开，程序就不

再运行。

```
#include "reg51.h"
#define uchar unsigned char
uchar code cc[10]={0x3F,0x06,0x5B,0x4F,0x66,0x6D,0x7D,0x07,0x7F,0x6F};    //段码
char num=0;
sbit button=P3^2;
void keyscan()
{
    if(button==0) num++;          //num 加 1
    if(num>9)num=num%10;          //防止超过 10 后无法显示
    while(button==0);             //等待按键松开，保证上面的语句只运行 1 次
}
void main()
{
    while(1)
    {
        keyscan();
        P2=cc[num];               //送显
    }
}
```

【任务实施】

一、电路设计

（一）元件清单

表 3-1-1　记分牌（查询方式 LED 显示）元件清单

功能块	元件标号	元件名称	Keywords	参数值	数量
主控	U1	微处理器	AT89C51		1
输出		数码管	7SEG-MPX2-CA		2
	R3 ~ R16	电阻	RES	270 Ω	14
输入		按键	BUTTON		8
时钟	X1	晶振	CRYSTAL	12 MHz	1
	C1 ~ C2	电容	CAP	30 pF	2
复位	R1、R2	电阻	RES	10 kΩ、270 Ω	2
	C3	电容	PCELECT10U50V	10 μF	1
		按键	BUTTON		1

提示：Keywords 用于构建电路图时从 Proteus 快速查找所需元件。

（二）电路图

记分牌（查询方式 LED 显示）电路如图 3-1-2 所示。

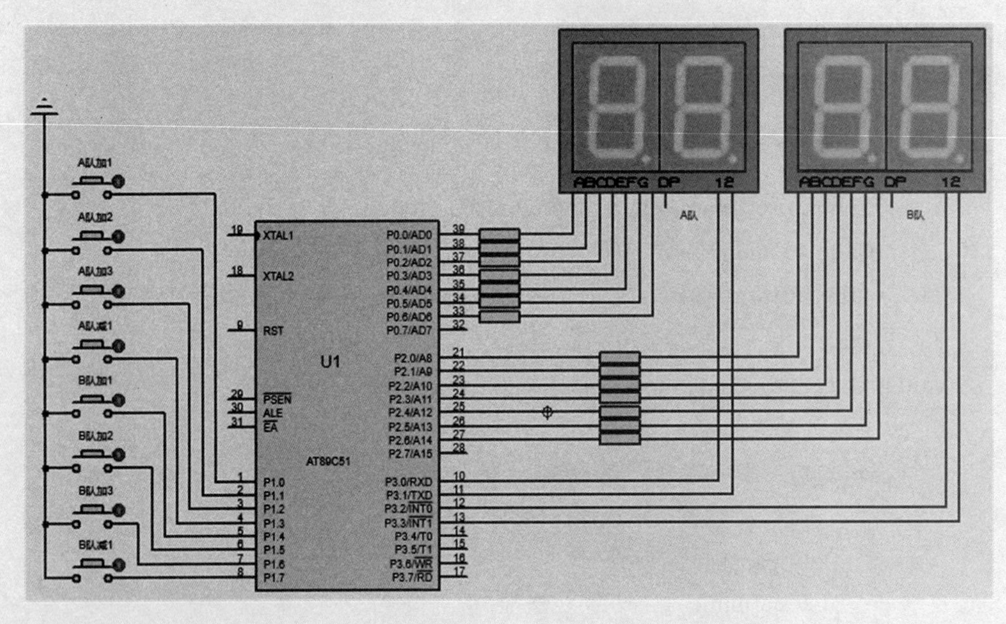

图 3-1-2　记分牌（查询方式 LED 显示）电路图

提示：① 为方便起见，本图没有绘制时钟电路与复位电路，但实际制作产品时，时钟电路不可或缺；② 若采用片内程序存储器 ROM，虽然仿真时对 $\overline{EA}$ 没有要求，但实际制作产品时，必须接+5 V 电源（参考航标灯）。

二、程序设计

（一）程序流程

程序流程如图 3-1-3 所示。

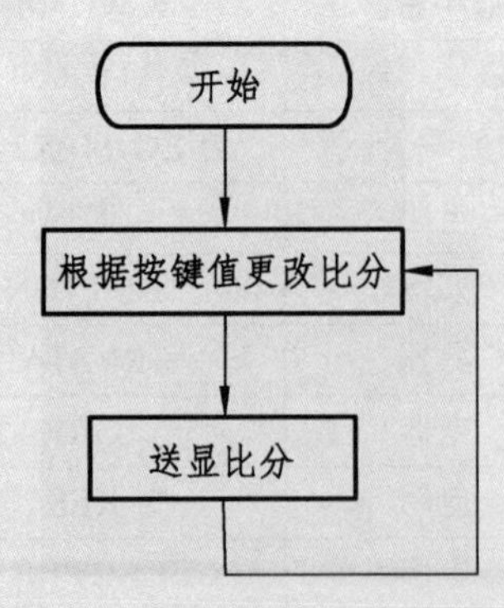

图 3-1-3　记分牌（查询方式 LED 显示）程序流程图

（二）程序代码

```
#include "reg51.h"
#define uchar unsigned char
#define key P1                        //设定按键接口
uchar code tab[10]={0x3F,0x06,0x5B,0x4F,0x66,0x6D,0x7D,0x07,0x7F,0x6F};
//共阴数码管 0、1、2、3、4、5、6、7、8、9 的段码
uchar score_a=0,score_b=0;            //分别存放 AB 两队比分
sbit bit1=P3^0;                       //第 1 个数码管第 1 位选位开关
sbit bit2=P3^1;                       //第 1 个数码管第 2 位选位开关
sbit bit3=P3^2;                       //第 2 个数码管第 1 位选位开关
sbit bit4=P3^3;                       //第 2 个数码管第 2 位选位开关

//延时函数
void delay()
{
    uchar i,j;
    for(i=0;i<100;i++)
        for(j=0;j<60;j++);
}

//依据按键改变比分
void change( )
{
    switch(key)
    {
        case 0xfe:                                      //第 1 个按键按下
            if(score_a<=98)score_a=score_a+1;           //A 队比分加 1
            break;
        case 0xfd:                                      //第 2 个按键按下
            if(score_a<=97)score_a=score_a+2;           //A 队比分加 2
            break;
        case 0xfb:                                      //第 3 个按键按下
            if(score_a<=96)score_a=score_a+3;           //A 队比分加 3
            break;
        case 0xf7:                                      //第 4 个按键按下
            if(score_a>0)score_a=score_a-1;             //A 队比分减 1
```

```
            break;
        case 0xef:                              //第 5 个按键按下
            if(score_b<=98)score_b=score_b+1;   //B 队比分加 1
            break;
        case 0xdf:                              //第 6 个按键按下
            if(score_b<=97)score_b=score_b+2;   //B 队比分加 2
            break;
        case 0xbf:                              //第 7 个按键按下
            if(score_b<=96)score_b=score_b+3;   //B 队比分加 3
            break;
        case 0x7f:                              //第 8 个按键按下
            if(score_b>0)score_b=score_b-1;     //B 队比分减 1
            break;
    }
    while(key!=0xff);     //按键防抖，即按一次键只允许执行一次比分的改变
}

//送显函数
void display( )
{
    bit1=0;                    //打开第 1 个数码管第 1 位显示
    bit2=1;                    //关闭第 1 个数码管第 2 位显示
    P0=tab[score_a/10];        //送显 A 队比分十位
    bit3=0;                    //打开第 2 个数码管第 1 位显示
    bit4=1;                    //关闭第 2 个数码管第 2 位显示
    P2=tab[score_b/10];        //送显 B 队比分十位
    delay();                   //延时
    bit1=1;                    //关闭第 1 个数码管第 1 位显示
    bit2=0;                    //打开第 1 个数码管第 2 位显示
    P0=tab[score_a%10];        //送显 A 队比分个位
    bit3=1;                    //关闭第 2 个数码管第 1 位显示
    bit4=0;                    //打开第 2 个数码管第 2 位显示
    P2=tab[score_b%10];        //送显 B 队比分个位
    delay();                   //延时
}

//主函数
```

```
void main()
{
    while(1)        //循环
    {
        change( );
        display( );
    }
}
```

三、仿真效果

记分牌（查询方式 LED 显示）仿真效果

仿真效果如图 3-1-4 所示。

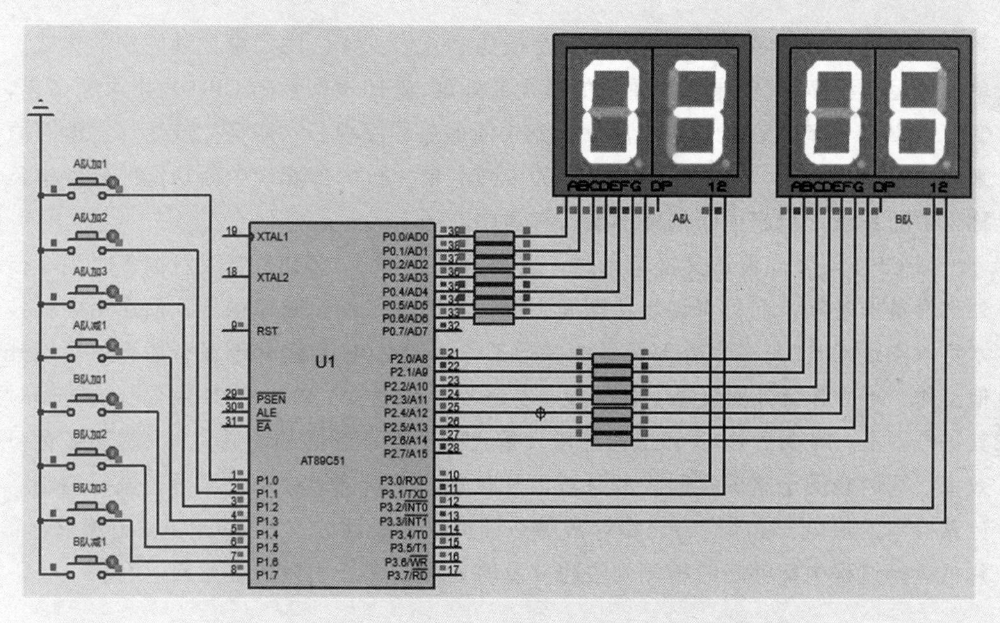

图 3-1-4　记分牌（查询方式 LED 显示）仿真效果图

任务二　记分牌（中断方式 LED 显示）设计

【任务描述】

一、情景导入

任务一采用查询方式完成了记分牌的设计，但该方式中判断比分是否改变（即按键是否按下）的程序一直在运行，占用了单片机 CPU 资源，本任务用中断方式解决这一问题。

二、任务目标

设计一个记分牌控制系统，符合以下要求：

（1）单片机 AT89C51 控制。

（2）LED 数码管输出。

（3）8 个独立按键输入：4 个分别用于 A 队比分的加 1、加 2、加 3、减 1，另外 4 个分别用于 B 队比分的加 1、加 2、加 3、减 1。

（4）采用中断方式实现。

【关联知识】

中断入门

一、单片机：中断入门

单片机运行程序的方式实际上就是模仿了人们工作、生活中处理问题的方式。单片机运行程序时，如果有更重要的事需要处理，外部设备会向 CPU 发出中断请求，CPU 会暂停当前正在执行的程序，转到中断服务程序执行；服务完成后，再返回原来的程序继续执行，这个处理过程称为中断。单片机内部实现中断功能的硬件电路称为中断系统，引起中断的外部设备称为中断源。

当 CPU 与外部设备交换信息时，若用查询的方式，CPU 要浪费很多时间等待外部设备准备好，而且查询等待期间不能做其他的工作，效率很低，而采用中断技术可以实现 CPU 与多个外部设备的并行工作，即 CPU 启动外部设备后可以去做其他工作，不必等待外部设备。外部设备完成后主动通知 CPU，CPU 用很少的时间对其进行服务，解决了 CPU 和慢速外部设备之间速度不匹配的矛盾，大大提高了运行效率，同时也便于构成实时控制系统，及时响应中断请求或对外部设备进行控制。计算机中的掉电、程序运行出错等故障处理也以中断源的方式向 CPU 发出请求，单片机运行过程中能够随时检测到故障并及时处理，保证了系统的可靠运行。

二、单片机：中断处理过程

中断处理过程有以下几个阶段：

（一）中断请求

当中断源发出中断请求时，将 TCON 或 SCON 中对应的中断请求标志位置 1。

（二）中断允许

51 单片机专门设置了中断允许寄存器 IE 对中断源进行两级控制。“总开关”EA=0 时，禁止所有中断请求；当 EA=1 时，CPU 开放允许控制的第一级，但是否响应中断请求，还要看 IE 中对应的“分开关”（EX0、EX1、ET0、ET1、ES）的状态位，当对应位状态为 1 时，则允许响应相应的中断请求，否则不予响应。

（三）中断查询

CPU 查询 TCON 和 SCON 中的各个标志位，确定是否有中断请求发生。查询时根据中断优先级控制寄存器 IP 的状态，按优先级顺序进行，如果查询到某个中断源对应的中断标志位为 1，表明有中断请求发生，在中断允许的情况下，紧接着从下一机器周期开始进行中断响应。

（四）中断响应

① 有中断请求发生；

② 中断“总开关”打开，即 EA=1；

③ 中断源对应的“分开关”打开，即对应的允许控制位为 1；

④ 正在中断请求时 CPU 没有执行更高级别的中断服务程序。

当上述 4 个条件全部都满足时，中断请求得到响应，CPU 先将断点地址压入堆栈保存，以备中断结束后返回原程序；接着将相应中断处理程序的入口地址送入程序计数器 PC，使程序转向该中断入口地址，并执行中断服务程序。

三、单片机：中断源

51 单片机提供 5 个中断源，分别是 INT0、INT1、T0、T1 和串口中断，如图 3-2-1 所示。

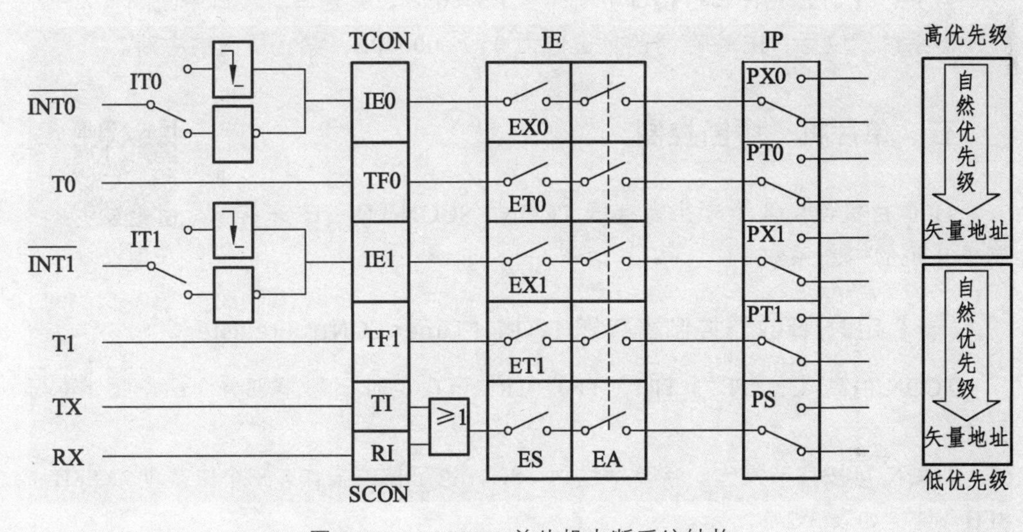

图 3-2-1　MCS-51 单片机中断系统结构

四、单片机：中断允许控制寄存器 IE

IE（Interrupt Enable register）能够同时控制所有中断源的开放或

禁止（第一级控制），也能分别控制各中断源的开放或禁止（第二级控制）。

IE 可按字节操作，字节地址为 A8H，也可按位操作，8 个位地址为 A8H～AFH，结构如表 3-2-1 所示。

表 3-2-1　中断允许控制寄存器 IE

位地址	AFH	AEH	ADH	ACH	ABH	AAH	A9H	A8H
位符号	EA	-	-	ES	ET1	EX1	ET0	EX0

EA：CPU 总中断允许位（“总开关”）。

当 EA＝0 时，CPU 禁止所有的中断请求。当 EA＝1 时，CPU 开放总中断，此时某一中断源的请求能否被 CPU 响应，还取决于中断源允许（“分开关”）是否开放。程序中可通过 EA 位方便地开放或禁止所有的中断源。

EX0：外部中断 0 中断允许位（“分开关”）。

当 EX0＝1 时，允许外部中断 0 中断；当 EX0＝0 时，禁止外部中断 0 中断。

EXl：外部中断 1 中断允许位（“分开关”）。

当 EXl＝1 时，允许外部中断 1 中断；当 EXl＝0 时，禁止外部中断 1 中断。

ET0：定时/计数器 0 溢出中断允许位（“分开关”）。

当 ET0＝1 时，允许 T0 中断；当 ET0＝0 时，禁止 T0 中断。

ETl：定时/计数器 l 溢出中断允许位（“分开关”）。

当 ETl＝1 时，允许 T1 中断；当 ETl＝0 时，禁止 TI 中断。

ES：串行接口中断允许位（“分开关”）。

当 ES＝1 时，允许串行接口中断；当 ES＝0 时，禁止串行接口中断。

当系统复位后，IE 寄存器的复位值为 0××00000B，禁止所有的中断。

五、单片机：中断控制

中断控制

51 单片机使用 4 个专用寄存器 TCON、SCON、IE、IP 来控制单片机的中断系统。

（一）定时/计数器控制寄存器 TCON（Timer CONtrol register）

TCON 的高 4 位 TF1、TR1、TF0、TR0 已在定时/计数器部分介绍，此处不再赘述。

TCON 可按字节操作，字节地址为 88H，也可按位操作，8 个位地址为 88H～8FH，结构如表 3-2-2 所示。

表 3-2-2　定时/计数器控制寄存器 TCON

位地址	8FH	8EH	8DH	8CH	8BH	8AH	89H	88H
位符号	TF1	TR1	TF0	TR0	IE1	IT1	IE0	IT0

IE0：外部中断 0 中断请求标志位。

当 IE0 = 1 时，表明外部中断 0 向 CPU 请求了中断服务；当 IE0 = 0 时，表明外部中断 0 没有中断请求。

IE1：外部中断 1 中断请求标志位。

功能与 IE0 位相似。

IT0：外部中断 0 触发方式控制位。

当 IT0 = 0 时，外部中断 0 为低电平触发方式。CPU 在每个机器周期的 S5P2 期间采样 INT0(P3.2)引脚，若为低电平，则将 IE0 置 1；若为高电平，则将 IE0 清零。电平触发方式下，CPU 响应中断时不能清除 IE0 标志，因此在中断返回前中断源必须撤销 INT0 引脚的低电平，否则会再次引起中断而产生错误。当 IT0 = 1 时，外部中断 0 为下降沿触发方式。CPU 也是在每个机器周期的 S5P2 期间采样 INT0 引脚，若在连续的两个机器周期先后采样到高电平和低电平，将 IE0 置 1，则 CPU 响应中断时硬件自动将 IE0 清零。在下降沿触发方式下，下降沿高电平和低电平的持续时间都必须保持 1 个机器周期以上，才能保证其被 CPU 在连续的 2 个机器周期中可靠检测到，否则可能因为时间太短导致 CPU 检测不到有效的下降沿而不能及时进行中断服务。

IT1：外部中断 1 触发方式控制位。

功能与 IT0 位相似。

（二）串行口控制寄存器 SCON（Serial port CONtrol register）

SCON 中只有 TI 和 RI 两位用于串行接口的中断请求标志位，其他 6 位留给串行通信用，将在通信接口技术中介绍。

SCON 可按字节操作，字节地址为 98H，也可按位操作，8 个位地址为 98H ~ 9FH，结构如表 3-2-3 所示。

表 3-2-3　串行口控制寄存器 SCON

位地址	9FH	9EH	9DH	9CH	9BH	9AH	99H	98H
位符号	SM0	SM1	SM2	REN	TB8	RB8	TI	RI

TI：串行发送中断请求标志位。

当 CPU 将一个 8 位数据写入发送缓冲器 SBUF 时，会启动一次串行发送过程；发送完一帧数据后，硬件自动将 TI 置 1，向 CPU 请求中断服务。CPU 响应中断时不能自动清除 TI 位，必须在中断服务程序中由软件将 TI 清零。程序中也可通过查询 TI 位的状态来检测串行数据是否发送完成，TI 位仍然要由软件清零。

RI：串行接收中断请求位。

串行接口允许接收数据时，每接收完一帧数据，由硬件自动将 RI 置 1，向 CPU 请求中断。CPU 响应中断时不能自动清除 RI 位，必须在中断服务程序中由软件将 RI 清零。程序中也可通过查询 RI 位的状态来检测是否接收完串行数据，RI 位仍然要由软件清零。

六、中断程序设计

中断程序设计

中断程序编写格式：

void 函数名（ ） **interrupt** 中断号 using 寄存器组号

{…}

其中，关键词 **interrupt** 表明此函数是中断函数，中断号表明是哪一种中断，寄存器组号表明使用哪一组寄存器。函数名能满足标识符要求即可，51 单片机调用中断服务程序以中断号为依据。中断号、寄存器组号说明如表 3-2-4、表 3-2-5 所示。

表 3-2-4 中断号对应类型

中断号	中断类型
0	外部中断 0
1	定时器中断 0
2	外部中断 1
3	定时器中断 1
4	串行口中断

表 3-2-5 寄存器组号对应寄存器

寄存器组号	使用寄存器
0	第 0 组
1	第 1 组
2	第 2 组
3	第 3 组
“using 寄存器组号”可省略，默认第 0 组	

【任务实施】

一、电路设计

（一）元件清单

表 3-2-6 记分牌（中断方式 LED 显示）元件清单

功能块	元件标号	元件名称	Keywords	参数值	数量
主控	U1	微处理器	AT89C51		1
输出		共阴数码管	7SEG-MPX2-CC		2
	R3 ~ R16	电阻	RES	270 Ω	14
输入		按键	BUTTON		8
	U2:A U2:B U3:A	逻辑门	74LS21 74LS08		3
时钟	X1	晶振	CRYSTAL	12 MHz	1
	C1 ~ C2	电容	CAP	30 pF	2
复位	R1、R2	电阻	RES	10 kΩ、270 Ω	2
	C3	电容	PCELECT10U50V	10 μF	1
		按键	BUTTON		1

（二）电路图

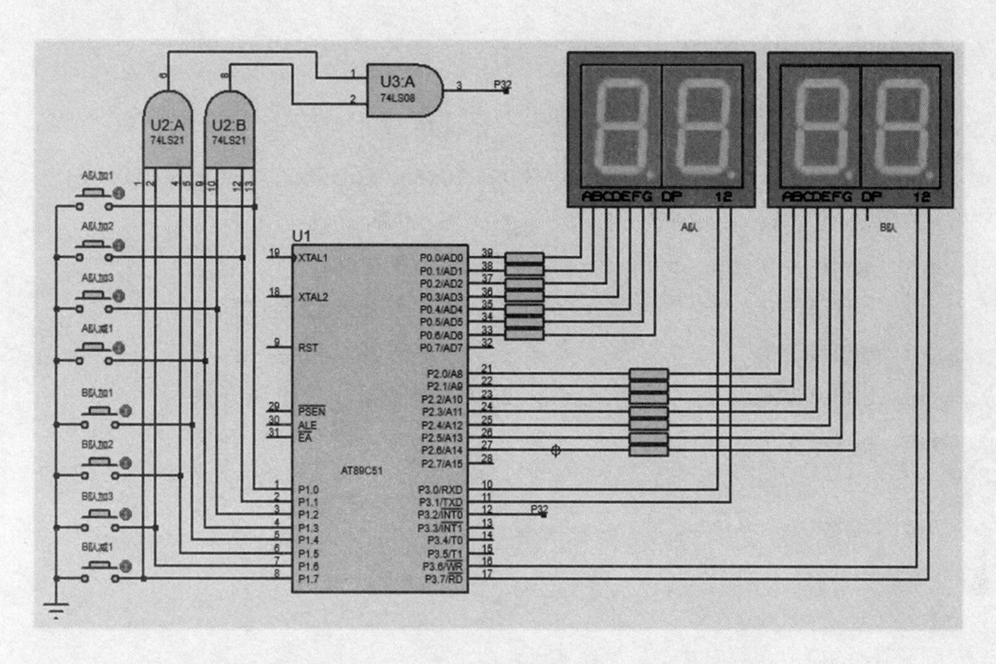

图 3-2-2　记分牌（中断方式 LED 显示）电路图

提示：① 为方便起见，本图没有绘制时钟电路与复位电路，但实际制作产品时，时钟电路不可或缺；② 若采用片内程序存储器 ROM，虽然仿真时对 $\overline{\text{EA}}$ 没有要求，但实际制作产品时，必须接+5 V 电源（参考航标灯）。

二、程序设计

（一）程序流程

程序流程如图 3-2-3 所示。

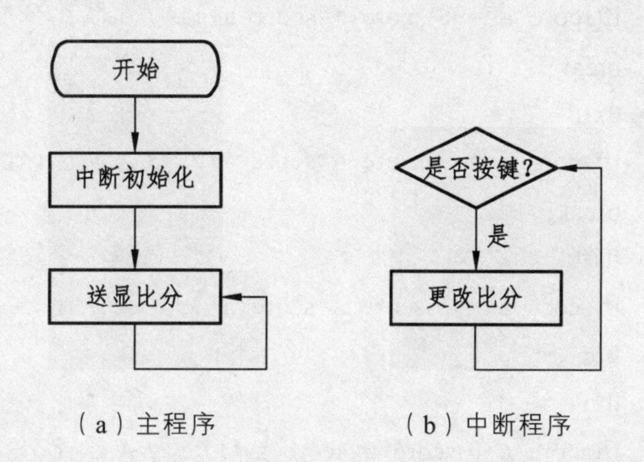

（a）主程序　　　　（b）中断程序

图 3-2-3　记分牌（中断方式 LED 显示）程序流程图

（二）程序代码

```
#include    "reg51.h"
#define    uchar unsigned char
#define    key P1                     //设定按键接口
uchar code tab[10]={0x3F,0x06,0x5B,0x4F,0x66,0x6D,0x7D,0x07,0x7F,0x6F};
//共阴数码管 0、1、2、3、4、5、6、7、8、9 的段码
uchar score_a=0,score_b=0;        //分别存放 AB 两队比分
sbit    bit1=P3^0;                //第 1 个数码管第 1 位选位开关
sbit    bit2=P3^1;                //第 1 个数码管第 2 位选位开关
sbit    bit3=P3^6;                //第 2 个数码管第 1 位选位开关
sbit    bit4=P3^7;                //第 2 个数码管第 2 位选位开关

//延时函数
void delay()
{
    uchar i,j;
    for(i=0;i<100;i++)    for(j=0;j<50;j++);
}

//依据按键改变比分
void change( ) interrupt 0
{
    switch(key)
    {
        case 0xfe:                                    //第 1 个按键按下
            if(score_a<=98)score_a=score_a+1;  //A 队比分加 1
            break;
        case 0xfd:                                    //第 2 个按键按下
            if(score_a<=97)score_a=score_a+2;  //A 队比分加 2
            break;
        case 0xfb:                                    //第 3 个按键按下
            if(score_a<=96)score_a=score_a+3;  //A 队比分加 3
            break;
        case 0xf7:                                    //第 4 个按键按下
            if(score_a>0)score_a=score_a-1;      //A 队比分减 1
            break;
```

```
        case 0xef:                                   //第 5 个按键按下
            if(score_b<=98)score_b=score_b+1;  //B 队比分加 1
            break;
        case 0xdf:                                   //第 6 个按键按下
            if(score_b<=97)score_b=score_b+2;  //B 队比分加 2
            break;
        case 0xbf:                                   //第 7 个按键按下
            if(score_b<=96)score_b=score_b+3;  //B 队比分加 3
            break;
        case 0x7f:                                   //第 8 个按键按下
            if(score_b>0)score_b=score_b-1;      //B 队比分减 1
            break;
    }
    if(score_a<0) score_a=0;          //若 A 队比分低于 0，则不允许再减
    if(score_b<0) score_b=0;          //若 B 队比分低于 0，则不允许再减
    if(score_a>99) score_a=99;        //若 A 队比分高于 99，则不允许再加
    if(score_b>99) score_b=99;        //若 B 队比分高于 99，则不允许再加
    while(key!=0xff);//按键防抖，即按一次键只允许执行一次比分的改变
}

//送显函数
void display( )
{
    bit1=0;                        //打开第一个数码管第 1 位显示
    bit2=1;                        //关闭第一个数码管第 2 位显示
    P0=tab[score_a/10];            //送显 A 队比分十位
    bit3=0;                        //打开第二个数码管第 1 位显示
    bit4=1;                        //关闭第二个数码管第 2 位显示
    P2=tab[score_b/10];            //送显 B 队比分十位
    delay();                       //延时
    bit1=1;                        //关闭第一个数码管第 1 位显示
    bit2=0;                        //打开第一个数码管第 2 位显示
    P0=tab[score_a%10];            //送显 A 队比分个位
    bit3=1;                        //关闭第二个数码管第 1 位显示
    bit4=0;                        //打开第二个数码管第 2 位显示
    P2=tab[score_b%10];            //送显 B 队比分个位
    delay();                       //延时
```

```
}

//主函数
void main()
{
    EA=1;
    EX0=1;
    while(1) display( );          //循环调用显示
}
```

记分牌（中断方式 LED 显示）仿真效果

三、仿真效果

仿真效果如图 3-2-4 所示。

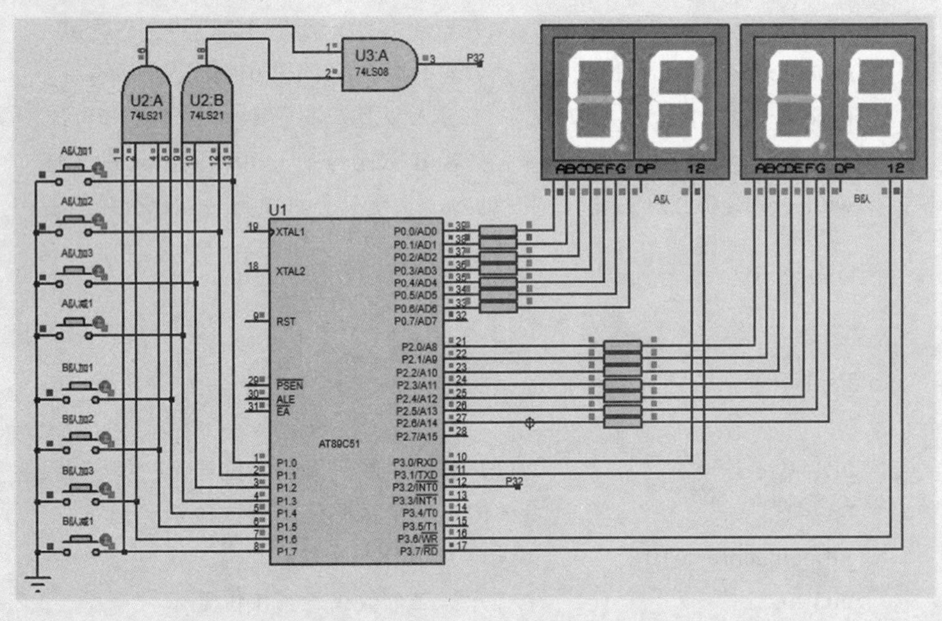

图 3-2-4　记分牌（中断方式 LED 显示）仿真效果图

任务三　记分牌（中断方式 LCD 显示）设计

【任务描述】

一、情景导入

由于任务一和任务二采用数码管输出，能够显示的信息量只有两个参赛队的比分，没有比赛剩余时间等额外信息，采用 LCD 液晶显示可以很好地解决这个问题。

二、任务目标

设计一个记分牌控制系统，符合以下要求：

（1）单片机 AT89C51 控制。

（2）LCD 输出。

（3）8 个按键的矩阵键盘输入：4 个分别用于 A 队比分的加 1、加 2、加 3、减 1，另外 4 个分别用于 B 队比分的加 1、加 2、加 3、减 1。

（4）采用中断方式实现。

【关联知识】

一、Proteus：放置总线标签

步骤如下：

（1）鼠标右击总线。

（2）在弹出的右键快捷菜单中选择“Place Wire Label”。

（3）然后在弹出的“Edit Wire Label”窗口的 String 右侧文本框中输入标签号。

（4）点击“OK”键。

二、Proteus：拖动元件

用鼠标指向选中的元件并按住左键可以拖动元件。该方式不仅对整个元件有效，而且对元件中关联的 labels（指元件名称、参数）也有效。

三、Proteus：拖动元件标签

许多类型的元件附着有一个或多个属性标签。例如，每个元件有一个 reference 标签和一个 value 标签，可以很容易地移动这些标签使电路图看起来更美观。移动标签的步骤如下：

（1）选中元件。

（2）用鼠标指向标签并按住鼠标左键。

（3）拖动标签到需要的位置，如果想要定位得更精确的话，可以在拖动时改变捕捉的精度（使用 F4、F3、F2、Ctrl+F1 键），释放鼠标。

在使用 Proteus 绘制原理图时，很少用到元件的<TEXT>属性，而软件默认总是显示<TEXT>，这使得用户设计电路的时候很不方便，尤其是元件排布比较密集的时候。实际上，这些标签是可以隐藏的，鼠标双击对应的元件（以 LED 发光二极管为例），弹出对话框如图 3-3-1 所示。

图 3-3-1　编辑元件对话框

若不想显示某个标签，勾选对应的 Hidden 即可。

四、Proteus：调整元件大小

调整元件大小的步骤如下：

（1）选中元件。

（2）如果元件可以调整大小，元件周围会出现黑色小方块，称为“手柄”。

（3）按住鼠标左键拖动这些“手柄”到新的位置，可以改变元件的大小。

【任务实施】

一、电路设计

（一）元件清单

表 3-3-1　记分牌（中断方式 LCD 显示）元件清单

功能块	元件标号	元件名称	Keywords	参数值	数量
主控	U1	微处理器	AT89C51		1
输出	LCD1	LCD 液晶	LM016L		1
输入		按键	BUTTON		8
	U2:A	逻辑门	74LS08		1
	RP1	排阻	RESPACK	5 kΩ	1
时钟	X1	晶振	CRYSTAL	12 MHz	1
	C1 ~ C2	电容	CAP	30 pF	2
复位	R1、R2	电阻	RES	10 kΩ、270 Ω	2
	C3	电容	PCELECT10U50V	10 μF	1
		按键	BUTTON		1

（二）电路图

记分牌（中断方式 LCD 显示）电路如图 3-3-2 所示。

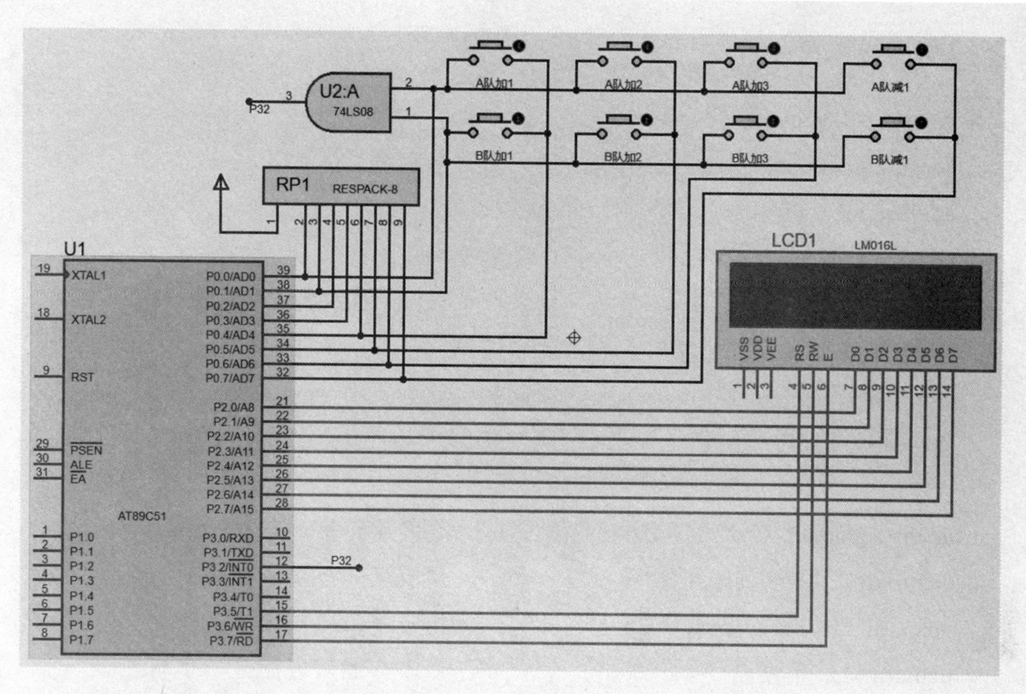

图 3-3-2　记分牌（中断方式 LCD 显示）电路图

提示：① 为方便起见，本图没有绘制时钟电路与复位电路，但实际制作产品时，时钟电路不可或缺；② 若采用片内程序存储器 ROM，虽然仿真时对 $\overline{EA}$ 没有要求，但实际制作产品时，必须接+5 V 电源（参考航标灯）。

二、程序设计

（一）程序流程

程序流程如图 3-3-3 所示。

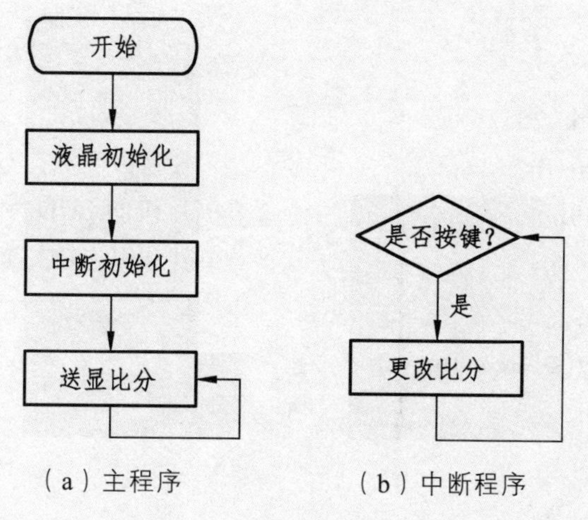

（a）主程序　　（b）中断程序

图 3-3-3　记分牌（中断方式 LCD 显示）程序流程图

（二）程序代码

```
#include    "reg51.h"//51 头文件
#define uchar unsigned char         //定义无符号字符型
#define KEY P0                      //键盘接口
#define Port P2                     //定义数据端口
sbit RS=P3^5;                       //定义和 LCD 的连接端口，写数据指令端口
sbit RW=P3^6;                       //读写端口
sbit E=P3^7;                        //使能端口
sbit Busy=P2^7;                     //读忙端口

uchar code tab[10]="0123456789";          //数字字符串
uchar str1[16]="Team A: **";              //用于第一行显示
uchar str2[16]="Team B: **";              //用于第二行显示
uchar a=0,b=0;                            //用于存储双方比分
uchar tem,tem1,tem2,a,b;                  //临时变量

void delay()                              //延时函数
{
      uchar i,j;                          //延时变量
      for(i=0;i<50;i++)                   //t 表示循环次数
            for(j=0;j<100;j++) ;
}

void Read_Busy(void)                      //读忙信号判断
{
          uchar k=255;
          Port=0xff;
          RS = 0;                         //单片机向 LCD 发送指令
          RW = 1;                         //单片机从 LCD 读取信息
          E = 1;
          while((k--)&&(Busy));
          E = 0;
}

void Write_Comm(uchar lcdcomm)            //写指令函数
```

```
{
        Read_Busy( );                    //先读忙
        RS = 0;                          //单片机向 LCD 发送指令
        RW = 0;                          //单片机向 LCD 写入信息
        E = 1;                           //端口输入总使能
        Port=lcdcomm;                    //数据端送指令
        E = 0;                           //端口输入总禁止
}

void  Write_Chr(uchar lcddata)           //写数据函数
{
        Read_Busy( );                    //先读忙
        RS = 1;                          //单片机向 LCD 发送数据
        RW = 0;                          //单片机向 LCD 写入信息
        E = 1;                           //端口总输入使能
        Port = lcddata;                  //数据端口送数据
        E = 0;                           //端口总输入禁止
}
void Init_LCD(void)                      //初始化 LCD
{
    delay();                             //稍微延时，等待 LCD 进入工作状态
    Write_Comm(0x38);                    //8 位 2 行 5*8
    Write_Comm(0x0c);                    //打开显示、隐藏光标、关闭闪烁
    Write_Comm(0x01);                    //清显示
}
void  display()                          //送显函数
{
    uchar m;
    str1[8]=tab[a/10];                   //替换 A 队比分十位字符
    str1[9]=tab[a%10];                   //替换 A 队比分个位字符
    str2[8]=tab[b/10];                   //替换 B 队比分十位字符
    str2[9]=tab[b%10];                   //替换 B 队比分个位字符
    Write_Comm(0x80);                    //确定显示位置，第 1 行第 1 列
    for(m=0;m<16;m++)
```

```
            Write_Chr(str1[m]);
        Write_Comm(0xC0);                //确定显示位置，第 2 行第 1 列
        for(m=0;m<16;m++)
            Write_Chr(str2[m]);
}

//外部中断 0 中断服务子函数
void ext0(void) interrupt 0 using 0      //通过逻辑门触发中断来扫描按键
{
        EX0=0;
        KEY=0xF0;                        //反转法第二步，置键盘接口 1111  0000
        tem2=(~KEY)&0xF0;                //临时存储按键列状态到 temp 高 4 位
        KEY=0x03;                        //反转法第一步，置键盘接口 0000  0011
        tem1=(~KEY)&0x03;                //临时存储按键行状态到 tem1 低 4 位
        tem= tem1|tem2;                  //将按键行列号存入 tem
        switch(tem)                      //根据按键行列号判断
        {
            case 0x11:                   //按键在第 1 行第 1 列
                a++;                     //A 队比分加 1
                if(a==100)a=99;
                break;
            case 0x21:                   //按键在第 1 行第 2 列
                a+=2;                    //A 队比分加 2
                if(a>=100)a=99;
                break;
            case 0x41:                   //按键在第 1 行第 3 列
                a+=3;                    //A 队比分加 3
                if(a>=100)a=99;
                break;
            case 0x81:                   //按键在第 1 行第 4 列
                if(a!=0)a--;             //A 队比分减 1
                break;
            case 0x12:                   //按键在第 2 行第 1 列
                b++;                     //B 队比分加 1
                if(b==100)b=99;
```

```
            break;
        case 0x22:                    //按键在第 2 行第 2 列
            b+=2;                     //B 队比分加 2
            if(b>=100)b=99;
            break;
        case 0x42:                    //按键在第 2 行第 3 列
            b+=3;                     //B 队比分加 3
            if(b>=100)b=99;
            break;
        case 0x82:                    //按键在第 2 行第 4 列
            if(b!=0)b--;              //B 队比分减 1
            break;
    }
    while(KEY!=0x03);                 //等待按键释放,防止按键抖动
}

//主函数
void main()
{
    Init_LCD( );
    EA=1;                             //开全局中断
    EX0=1;                            //开外部中断 0
    KEY=0x03;                         //赋初值 0000   0011
    while(1)
    {
        display();                    //送显
        EX0=1;
    }
}
```

三、仿真效果

仿真效果如图 3-3-4 所示。

记分牌（中断方式 LCD 显示）仿真效果

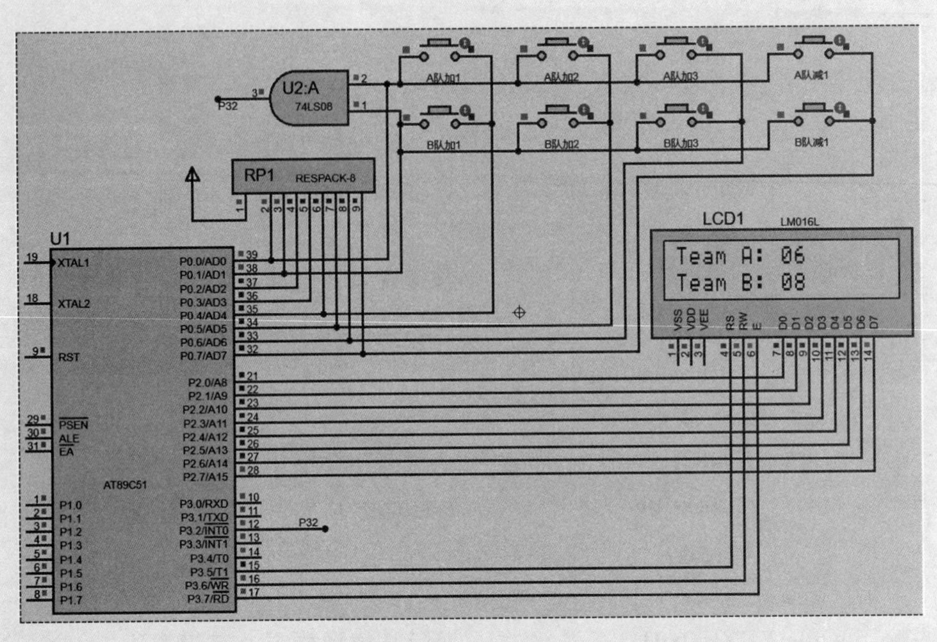

图 3-3-4　记分牌（中断方式 LCD 显示）仿真效果图

任务四　简易计算器设计（选修）

【任务描述】

一、情景导入

电子计算器是能进行数学运算的手持电子机器，拥有集成电路芯片，但结构比计算机简单得多，功能也有限，但较为方便与廉价，可广泛运用于商业交易中，是必备的办公用品之一。

二、任务目标

设计一个简易计算器，符合以下要求：

（1）采用单片机 AT89C51 进行控制。

（2）采用矩阵键盘输入。

（3）采用 LCD 液晶完成显示。

（4）能够完成加、减、乘、除等四则运算。

【关联知识】

ASCII 码表

ASCII（American Standard Code for Information Interchange，美国信息交换标准代码）是基于拉丁字母的一套计算机编码系统，主要用于显示现代英语和其他西欧语言。它是最通用的信息交换标准，并等同于国际标准 ISO/IEC 646。ASCII 第一次以规范标准的类型发表是在 1967 年，最后一次更新则是在 1986 年，到目前为止共定义了 128 个字符。

0～31 及 127（共 33 个）是控制字符或通信专用字符（其余为可显示字符），如控制符：LF（换行）、CR（回车）、FF（换页）、DEL（删除）、BS（退格)、BEL（响铃）等；通信专用字符：SOH（文头）、EOT（文尾）、ACK（确认）等。ASCII 值 8、9、10 和 13 分别为退格、制表、换行和回车字符，它们并没有特定的图形显示，但会依不同的应用程序，对文本显示有不同的影响。

32～126（共 95 个）是字符（32 是空格），其中：

48～57 为 0 到 9 十个阿拉伯数字；

65～90 为 26 个大写英文字母；

97～122 号为 26 个小写英文字母；

其余为一些标点符号、运算符号等。

ASCII 码表如表 3-4-1 所示。

表 3-4-1　ASCII 码表

ASCII 值	控制字符	ASCII 值	控制字符	ASCII 值	控制字符	ASCII 值	控制字符
0（0x00）	NUL	32（0x20）	（space）	64（0x40）	@	96（0x60）	'
1（0x01）	SOH	33（0x21）	!	65（0x41）	A	97（0x61）	a
2（0x02）	STX	34（0x22）	"	66（0x42）	B	98（0x62）	b
3（0x03）	ETX	35（0x23）	#	67（0x43）	C	99（0x63）	c
4（0x04）	EQT	36（0x24）	$	68（0x44）	D	100（0x64）	d
5（0x05）	ENQ	37（0x25）	%	69（0x45）	E	101（0x65）	e
6（0x06）	ACK	38（0x26）	&	70（0x46）	F	102（0x66）	f
7（0x07）	BEL	39（0x27）	`	71（0x47）	G	103（0x67）	g
8（0x08）	BS	40（0x28）	(	72（0x48）	H	104（0x68）	h
9（0x09）	HT	41（0x29）	)	73（0x49）	I	105（0x69）	i
10（0x0A）	NL	42（0x2A）	*	74（0x4A）	J	106（0x6A）	j
11（0x0B）	VT	43（0x2B）	+	75（0x4B）	K	107（0x6B）	k
12（0x0C）	FF	44（0x2C）	,	76（0x4C）	L	108（0x6C）	I
13（0x0D）	ER	45（0x2D）	-	77（0x4D）	M	109（0x6D）	m
14（0x0E）	SO	46（0x2E）	.	78（0x4E）	N	110（0x6E）	n
15（0x0F）	SI	47（0x2F）	/	79（0x4F）	O	111（0x6F）	o
16（0x10）	DLE	48（0x30）	0	80（0x50）	P	112（0x70）	p
17（0x11）	DC1	49（0x31）	1	81（0x51）	Q	113（0x71）	q
18（0x12）	DC2	50（0x32）	2	82（0x52）	R	114（0x72）	r
19（0x13）	DC3	51（0x33）	3	83（0x53）	S	115（0x73）	s
20（0x14）	DC4	52（0x34）	4	84（0x54）	T	116（0x74）	t
21（0x15）	NAK	53（0x35）	5	85（0x55）	U	117（0x75）	u
22（0x16）	SYN	54（0x36）	6	86（0x56）	V	118（0x76）	v
23（0x17）	ETB	55（0x37）	7	87（0x57）	W	119（0x77）	w
24（0x18）	CAN	56（0x38）	8	88（0x58）	X	120（0x78）	x
25（0x19）	EM	57（0x39）	9	89（0x59）	Y	121（0x79）	y
26（0x1A）	SUB	58（0x3A）	:	90（0x5A）	Z	122（0x7A）	z
27（0x1B）	ESC	59（0x3B）	;	91（0x5B）	[	123（0x7B）	{
28（0x1C）	FS	60（0x3C）	<	92（0x5C）	\	124（0x7C）	|
29（0x1D）	GS	61（0x3D）	=	93（0x5D）	]	125（0x7D）	}
30（0x1E）	RS	62（0x3E）	>	94（0x5E）	^	126（0x7E）	~
31（0x1F）	US	63（0x3F）	?	95（0x5F）	_	127（0x7F）	DEL

从 ASCII 码表可以看出，加（+）、减（–）、乘（*）、除（/）、等于（=）的 ASCII 码分别是 0X2B、0X2D、0X2A、0X2F、0X3D，这在后面编写程序时很重要。

【任务实施】

一、电路设计

（一）元件清单

表 3-4-2　简易计算器元件清单

功能块	元件标号	元件名称	Keywords	参数值	数量
主控	U1	微处理器	AT89C51		1
输出	LCD1	LCD 液晶	LM016L		1
	R3 ~ R5	电阻	RES		3
输入		按键	BUTTON		16
	U2	逻辑门	74LS21		1
时钟	X1	晶振	CRYSTAL	12 MHz	1
	C1 ~ C2	电容	CAP	30 pF	2
复位	R1、R2	电阻	RES	10 kΩ、270 Ω	2
	C3	电容	PCELECT10U50V	10 μF	1
		按键	BUTTON		1

（二）电路图

简易计算器电路如图 3-4-1 所示。

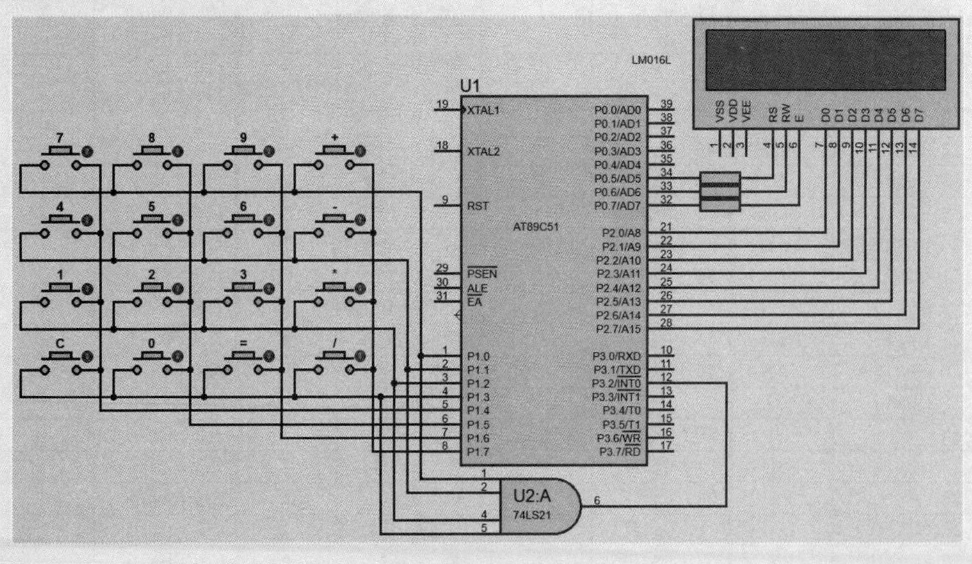

图 3-4-1　简易计算器电路图

提示：① 为方便起见，本图没有绘制时钟电路与复位电路，但实际制作产品时，时钟电路不可或缺；② 若采用片内程序存储器 ROM，虽然仿真时对 $\overline{EA}$ 没有要求，但实际制作产品时，必须接+5 V 电源（参考航标灯）。

二、程序设计

（一）程序流程

程序流程如图 3-4-2 所示。

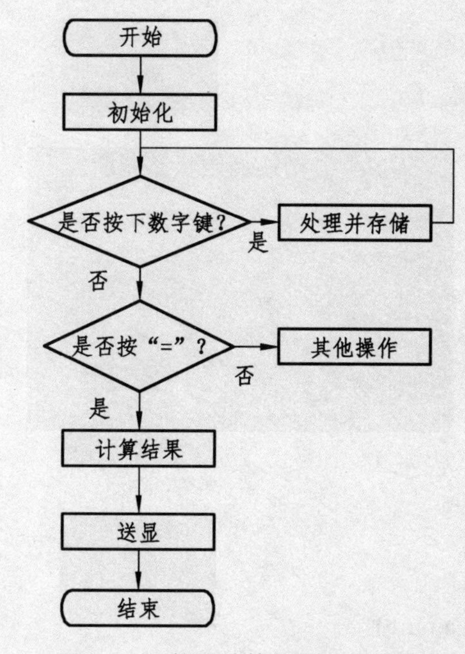

图 3-4-2　简易计算器程序流程图

（二）程序代码

```
#include"reg51.h"
#define uchar unsigned char
#define key P1
#define Port P2
sbit RS=P0^5;
sbit RW=P0^6;
sbit E=P0^7;
sbit Busy=P2^7;
int tem1,tem2,tem;
char i,j,temp,num,num_1;
long a,b,c;                //a：第一个数　b：第二个数　c：得数
uchar flag=0,fuhao;        //flag 表示是否有符号键按下，fuhao 表示按下的是哪个符号
```

```
uchar code table[]={7,8,9,0,4,5,6,0,1,2,3,0,0,0,0,0};
uchar code table1[]=
{7,8,9,0x2b-0x30,4,5,6,0x2d-0x30,1,2,3,0x2a-0x30,0x01-0x30,0,0x3d-0x30,0x2f-0x30};
//0x2f-0x30 表示 /            0x2a-0x30 表示*        0x2d-0x30 表示-
// 0x01-0x30 表示 SOH 开始     0x3d-0x30 表示=        0x2b-0x30 表示+

void delay() //延时
{
    int i;
    for(i=0;i<20000;i++);
}

void Lcd_Busy()                    //液晶忙状态判断
{
    int k=255;
    Port=0xff;
    RS=0;
    RW=1;
    E=1;
    while((k--)&&(Busy));
    E=0;
}

void Write_Lcd(int a,int b)        //写
{
    Lcd_Busy();
    RS=a;
    RW=0;
    E=1;
    Port=b;
    E=0;
}

void Lcd_Init()                    //初始化
{
    delay();
    Write_Lcd (0,0x01);
    Write_Lcd (0,0x38);
    Write_Lcd (0,0x0c);
```

```
        Write_Lcd (0,0x06);
        Write_Lcd (0,0x02);
        Write_Lcd (0,0x80);

        num=-1;
        Busy=1;                       //使能信号为高电平
        num_1=0;
        i=0;
        j=0;
        a=0;                          //第一个参与运算的数
        b=0;                          //第二个参与运算的数
        c=0;                          //得数
        flag=0;                       //flag 表示是否有符号键按下
        fuhao=0;                      //fuhao 表征按下的是哪个符号
}

void keyscan()   interrupt 0          //反转法处理按键
{
        key=0xf0;
        tem2=(~key)&0xf0;
        key=0x0f;
        tem1=(~key)&0x0f;
        tem=tem1|tem2;
        switch(tem)
        {
            case 0x11:                //按下 7
                num=0;
                j=0;
                if(flag==0)           //没有按过符号键
                    a=a*10+table[num];
                else                  //如果按过符号键
                    b=b*10+table[num];
                break;
            case 0x21:                //按下 8
                num=1;
                j=0;
                if(flag==0)           //没有按过符号键
                    a=a*10+table[num];
                else                  //如果按过符号键
```

```
            b=b*10+table[num];
        break;
    case 0x41:              //按下 9
        num=2;
        j=0;
        if(flag==0)         //没有按过符号键
            a=a*10+table[num];
        else                //如果按过符号键
            b=b*10+table[num];
        break;
    case 0x81:              //按下+
        num=3;
        flag=1;
        fuhao=1;
        break;
    case 0x12:              //按下 4
        num=4;
        j=0;
        if(flag==0)         //没有按过符号键
            a=a*10+table[num];
        else                //如果按过符号键
            b=b*10+table[num];
        break;
    case 0x22:              //按下 5
        num=5;
        j=0;
        if(flag==0)         //没有按过符号键
            a=a*10+table[num];
        else                //如果按过符号键
            b=b*10+table[num];
        break;
    case 0x42:              //按下 6
        num=6;
        j=0;
        if(flag==0)         //没有按过符号键
            a=a*10+table[num];
        else                //如果按过符号键
            b=b*10+table[num];
        break;
```

```
case 0x82:                //按下-
    num=7;
    flag=1;
    fuhao=2;
    break;
case 0x14:                //按下 1
    num=8;
    j=0;
    if(flag==0)           //没有按过符号键
        a=a*10+table[num];
    else                  //如果按过符号键
        b=b*10+table[num];
    break;
case 0x24:                //按下 2
    num=9;
    j=0;
    if(flag==0)           //没有按过符号键
        a=a*10+table[num];
    else                  //如果按过符号键
        b=b*10+table[num];
    break;
case 0x44:                //按下 3
    num=10;
    if(flag==0)           //没有按过符号键
        a=a*10+table[num];
    else                  //如果按过符号键
        b=b*10+table[num];
    break;
case 0x84:                //按下*
    num=11;
    flag=1;
    fuhao=3;
    break;
case 0x18:                        //按下 c
    num=12;
    Write_Lcd(0,0x01);            //清屏
```

```
            a=0;
            b=0;
            flag=0;
            fuhao=0;
            break;
        case 0x28:                      //按下 0
            num=13;
            j=0;
            if(flag==0)                 //没有按过符号键
                a=a*10+table[num];
            else                        //如果按过符号键
                b=b*10+table[num];
            break;
        case 0x48:                      //按下=
            num=14;
            j=1;
            Write_Lcd(0,0x80+0x4f);     //按下等于键，光标前往至第二行最后
                                        //一个字符处
            Write_Lcd(0,0x04);          //从后往前写数据，每写完一个数据，
                                        //光标后退一格
            if(fuhao==1) //加
            {
                c=a+b;
                while(c!=0)
                {
                    Write_Lcd(1,0x30+c%10);
                    c=c/10;
                }
            }
            else if(fuhao==2)             //减
            {
                if(a-b>0)
                    c=a-b;
                else
                    c=b-a;
                while(c!=0)
```

```
        {
            Write_Lcd(1,0x30+c%10);
            c=c/10;
        }
        if(a-b<0)
            Write_Lcd(1,0x2d);
    }
    else if(fuhao==3)          //乘
    {
        c=a*b;
        while(c!=0)
        {
            Write_Lcd(1,0x30+c%10);
            c=c/10;
        }


    }
    else if(fuhao==4)          //除
    {
        i=0;
        c=(long)(((float)a/b)*1000);
        while(c!=0)
        {
            Write_Lcd(1,0x30+c%10);
            c=c/10;
            i++;
            if(i==3)
            Write_Lcd(1,0x2e);
        }
        if(a/b<=0)
            Write_Lcd(1,0x30);
    }
    a=0;
    b=0;
    flag=0;
    fuhao=0;
    break;
```

```
            case 0x88:
                num=15;
                flag=1;
                fuhao=4;
                break;
            }
            while(key!=0x0f);
            i=table1[num];
            Write_Lcd(1,0x30+i);
}

main()
{
        Lcd_Init();
        EA=1;
        EX0=1;
        delay();
        key=0x0f;
        while(1);
}
```

三、仿真效果

简易计算器仿真效果

仿真效果如图 3-4-3 所示。

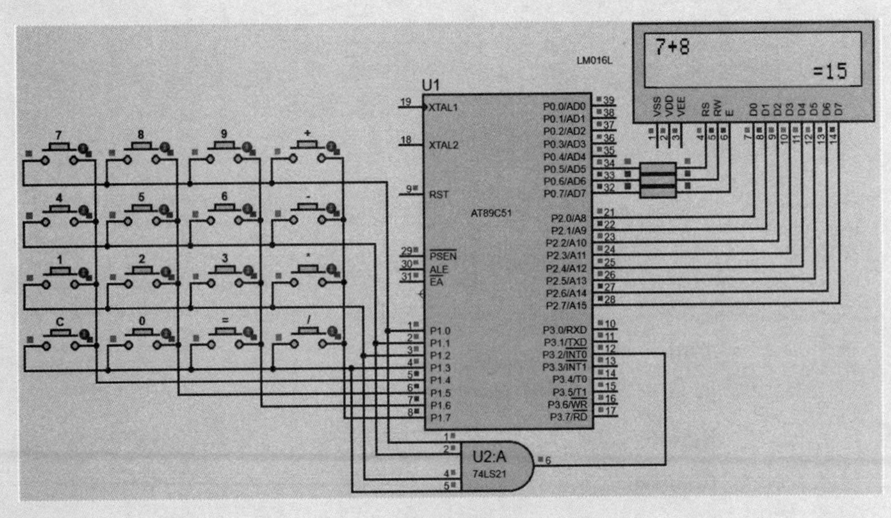

（a）加法运算

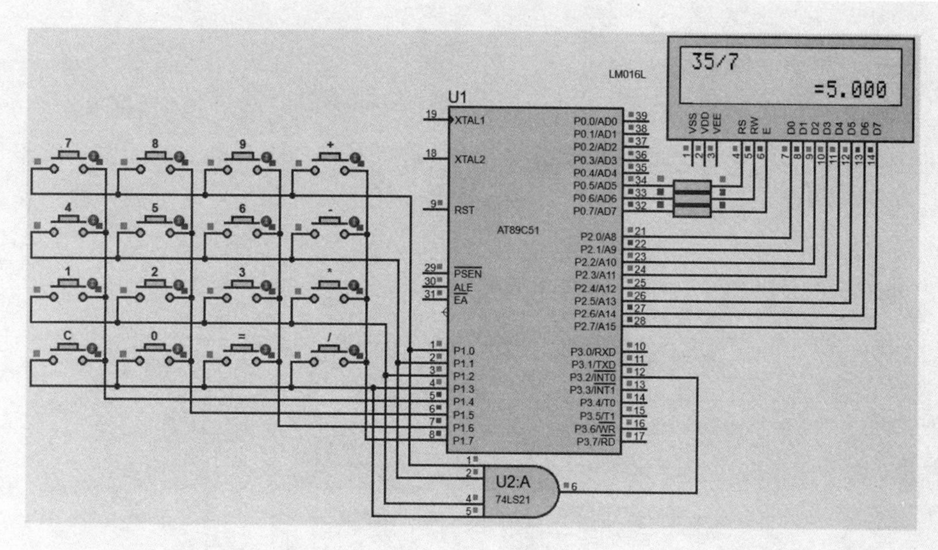

（b）除法运算

图 3-4-3　简易计算器仿真效果图

授业解惑

一、如何判断按键是否松开

在采用软件消抖时，我们需要判断按键有没有松开。判断依据并非一成不变，而是需要根据实际情况确定。通用处理方法是观察仿真图中按键连接的单片机 I/O 口颜色的变化。

（一）独立按键

如图 3-5-1 所示，比较两个图片可以看出，按键松开后［图（a）］按键连接的 P1 口 8 个引脚颜色全红，而按键没有松开［比如图（b）第 6 个按键］时，P1 口的 8 个引脚中必有 1 个蓝色（比如 P1.5），因此可以将 P1 口的 8 个引脚是否全红作为按键是否松开的依据，语句如下：

while（P1!=0xff）; //不是全红就等待

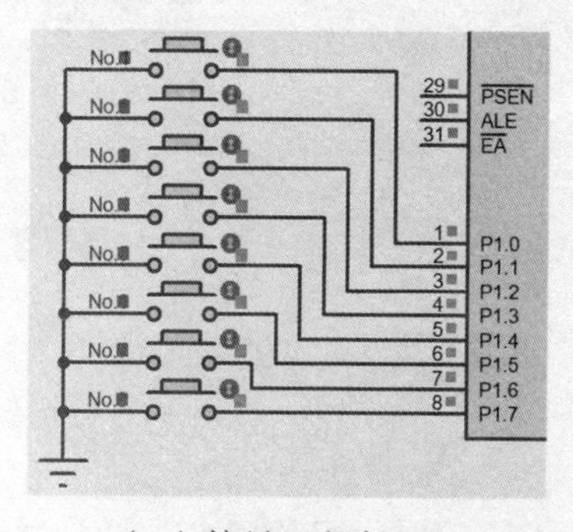

（a）按键已经松开

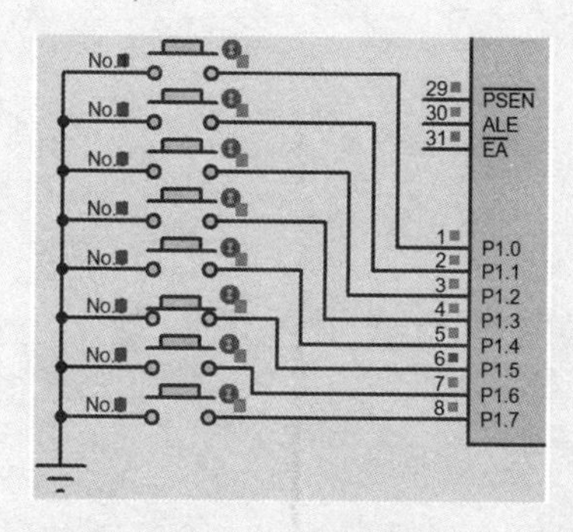

（b）按键没有松开

独立按键的判断

图 3-5-1　独立按键的判断

（二）矩阵键盘

如图 3-5-2 所示，比较两个图片可以看出，按键松开后［图（a）］按键连接的 P1 口 8 个引脚为 4 红 4 蓝，而按键没有松开时［图（b）］，P1 口的 8 个引脚肯定不是 4 红 4 蓝，因此可以将 P1 的 8 个引脚是否为 4 红（高 4 位）4 蓝（低 4 位）作为按键是否松开的依据，语句如下：

while（P1!=0xf0）；//不是 4 红 4 蓝就等待

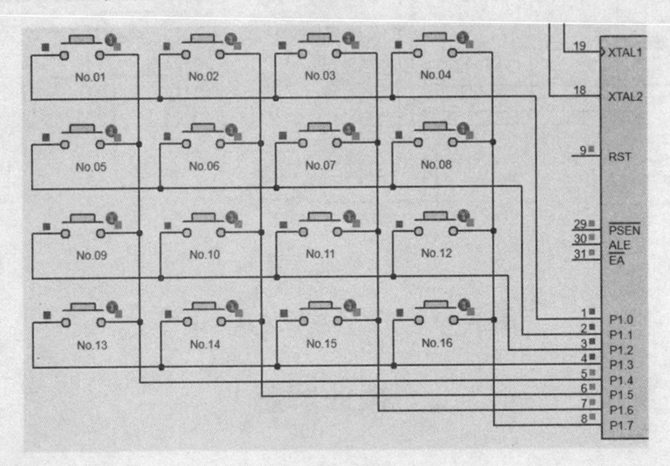

（a）按键已经松开

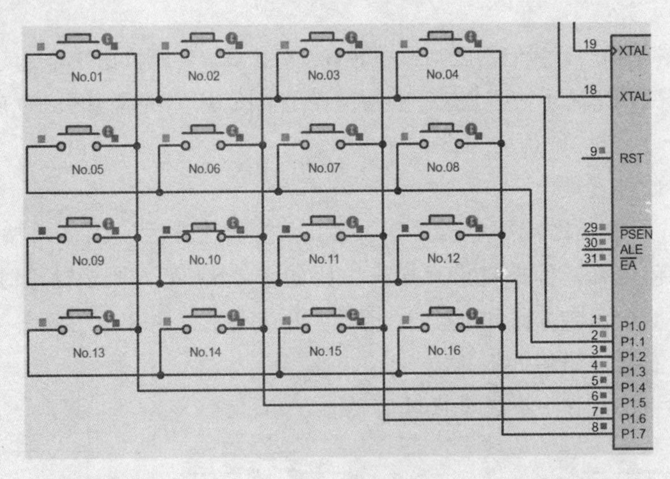

（b）按键没有松开

矩阵键盘的判断

图 3-5-2　矩阵键盘的判断

二、数码管动态显示闪烁问题

（一）问　题

在数码管动态显示项目中，总会遇到数码管显示闪烁问题，无论怎么调节延时参数，最后结果总是不尽如人意，如图 3-5-3 所示。

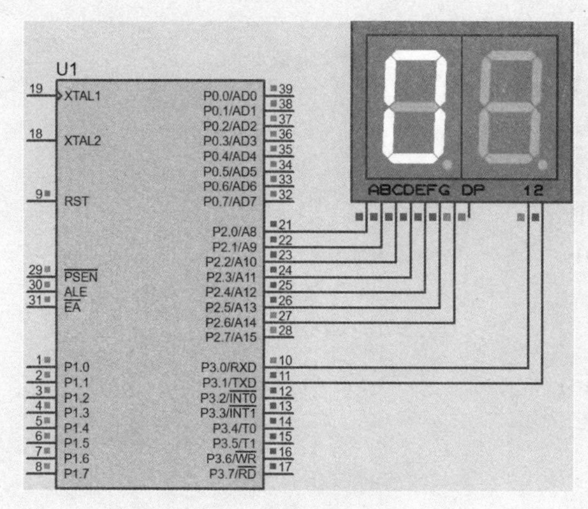

图 3-5-3　数码管动态显示闪烁

（二）原　因

① 在数码管动态显示中，单片机是将数据按顺序分时送到每一位数码管，而不是同时将数据送至数码管所有位完成显示的；② 程序代码执行有延时，LED 数码管亮灭自然也就有延时；③ 仿真过程中计算机的运行速度对其也有影响，多管同时使用时应控制各管每秒亮灭次数在 24 次以上才能保证显示平稳不闪，这种要求实际上很难做到。

（三）解决方法

总体思路：利用 74HC573 锁存器实现输出延时。

具体做法：定时器中断服务程序负责更新数据，存放到全局变量 dis_buffer 中；主程序循环调用送显函数，将待显数据发送至锁存器，然后显示出来。程序如下：

```
#include <reg51.h>
#define uchar unsigned char
#define port P2
uchar code cc[]={0x3f,0x06,0x5b,0x4f,0x66,0x6d,0x7d,0x07,0x7f,0x6f};
uchar wei_buffer[]={0xfe,0xfd,0xfb,0xf7};     //位选开关值
uchar dis_buffer[]={0x40,0x40,0x40,0x40};    //全局变量，存储待显数据，初始 4 个 “-”
sbit smg_w=P3^1;                              //控制位
sbit smg_d=P3^0;                              //控制段
uchar count=0,sec=0;

void wei_switch(uchar i)                      //数码位选函数
{
        port=wei_buffer[i];
        smg_w=1;
        smg_w=0;
}
```

```
void dis_switch(uchar dat)
{
	port=dat;
	smg_d=1;
	smg_d=0;
}

void clear(void)                          //清屏
{
	port=0;
	smg_d=1;
	smg_d=0;

	port=0xff;
	smg_w=1;
	smg_w=0;
}

void display(void)                        //数码管显示
{
	static uchar i=0;
	clear();
	dis_switch(dis_buffer[i]);
	wei_switch(i);
	if(++i==4)i=0;
}

void TimerInit(void)                      //定时器初始化
{
	TMOD=0x01;                            //定时器工作在方式 1
	TH0 = -50000/256;
	TL0 = -50000%256; //50ms
	TR0=1;
	ET0=1;
	EA=1;
}

void main(void)
```

```
{
    clear();
    TimerInit();                    //定时器初始化
    while(1)
        display();                  //数码管显示函数;
}

void Time_Isr() interrupt 1         //定时器 0 中断服务
{
    count++;
    if(count==20)
    {
        count=0;
        sec++;
        dis_buffer[0]=cc[sec/1000];            //分离千位;
        dis_buffer[1]=cc[sec/100%10];          //分离百位
        dis_buffer[2]=cc[(sec/10)%10];         //分离十位
        dis_buffer[3]=cc[sec%10];              //分离个位
    }
    if(sec==9999)sec=0;
}
```

效果如图 3-5-4 所示，该方法解决了闪烁问题。

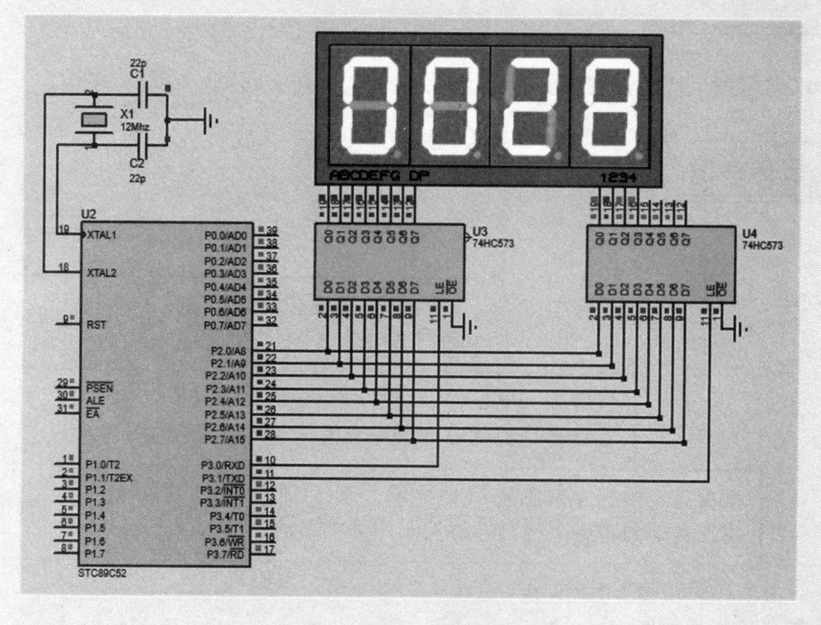

图 3-5-4　实现效果

项目四 计时控制——分秒必争

导 学

知识目标

- 单片机接口技术：模数转换、温度传感器 DS18B20。
- 单片机中断系统：中断优先级。
- 单片机定时/计数器：定时/计数器构成、工作原理、工作方式、定时/计数器的控制、初值计算。

技能目标

- 秒表（无按键 LED 显示）、秒表（有按键 LED 显示）、电子钟（LCD 显示温度）的硬件电路设计、软件程序编写、调试。

职业能力

- 自我学习、信息处理、团队分工协作、解决问题、改进创新。

任务梯度

任务	梯度
任务四：交通灯设计（选修） 程序设计方法的综合运用	难度增加
任务三：电子钟（LCD 显示温度）设计 在任务二的基础上增加温度显示（模数转换技术）	知识点增加
任务二：秒表（有按键 LED 显示）设计 在任务一的基础上增加按键控制（外部中断）	难度增加
任务一：秒表（无按键 LED 显示）设计 定时计数器的初步应用	

知识导图

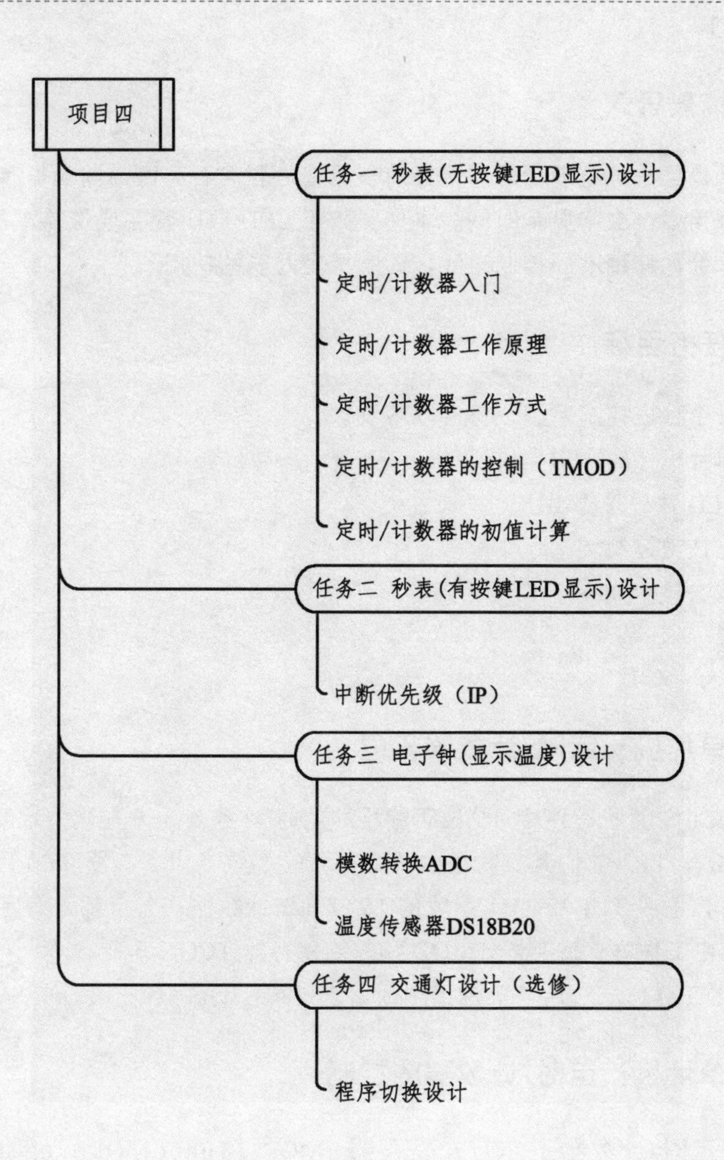
项目四
任务一 秒表(无按键LED显示)设计
定时/计数器入门
定时/计数器工作原理
定时/计数器工作方式
定时/计数器的控制（TMOD）
定时/计数器的初值计算
任务二 秒表(有按键LED显示)设计
中断优先级（IP）
任务三 电子钟(显示温度)设计
模数转换ADC
温度传感器DS18B20
任务四 交通灯设计（选修）
程序切换设计

任务一　秒表（无按键 LED 显示）设计

【任务描述】

一、情景导入

电子秒表是一种电子计时器，目前一般都是利用石英振荡器的振荡频率作为时间基准，采用多位数字显示时间。本任务采用 LED 数码管完成最简单的秒表设计，目的就是学会如何精准的控制时间，即掌握定时器的使用。

二、任务目标

设计一个秒表控制系统，符合以下要求：

（1）单片机 AT89C51 控制。

（2）LED 数码管输出。

（3）无按键控制。

（4）依次显示 00～60，之后归零重新计时。

【关联知识】

定时/计数器入门

一、单片机：定时/计数器入门

AT89C51 单片机有两个 16 位可编程的定时/计数器，分别称为定时/计数器 T0 和定时/计数器 T1。它们其实就是由两个独立的 8 位专用寄存器 TL0（低 8 位）和 TH0（高 8 位）或 TL1 和 TH1 组成的 16 位加法计数器，各自都兼有定时和计数的功能，分别由工作方式寄存器 TMOD 和控制寄存器 TCON 对定时/计数器的工作方式、启停及溢出中断请求进行控制。

定时/计数器控制

二、单片机：定时/计数器的控制

（一）定时/计数器工作方式寄存器 TMOD（Timer MODe register）

TMOD 的作用是对 T0 和 T1 的功能、工作方式及启动方式进行控制，地址为 89H，其各位的含义如表 4-1-1 所示。其中，高 4 位控制 T1，低 4 位控制 T0，高 4 位与低 4 位作用类似，下面以低 4 位控制 T0 为例进行说明。

表 4-1-1　定时/计数器工作方式寄存器 TMOD

位	D7	D6	D5	D4	D3	D2	D1	D0
位符号	GATE	$C/\overline{T}$	M1	M0	GATE	$C/\overline{T}$	M1	M0

1．GATE：门控位

GATE=0——定时/计数器 T0 仅受 TR0（TCON 中的 TR0）控制，当 TR0=1 时，定时/计数器 T0 开始工作，此时称为软启动。

GATE=1——只有 $\overline{\text{INT0}}$（单片机外部引脚 P3.2）为高电平且 TR0=1 时，定时/计数器 T0 才开始工作，此时称为硬启动，如果两个信号中有一个为低电平，则定时/计数器 T0 不工作。

2．C/$\overline{\text{T}}$：功能选择位

C/$\overline{\text{T}}$=0——T0 用作定时器。此时 T0 对机器周期进行计数，当启动控制位 TR0=1 时，T0 就从某一初始值开始计数，每一机器周期 T0 加 1，当计数值达到最大值时计数溢出，将 T0 的溢出标志位 TF0 置 1 并提出一次中断要求：如允许 T0 中断的话，将产生一次 T0 中断，进行 T0 溢出中断服务处理；如采用查询方式进行 T0 溢出处理的话，则程序查询到 TF0 位为 1 时，就进行相应的 T0 溢出处理操作。

C/$\overline{\text{T}}$=1——T0 用作计数器。此时 T0 对外部计数脉冲（外部引脚 P3.4 输入的计数脉冲信号）进行计数，每来一个外部输入脉冲信号 T0 加 1。在 T0 用作计数器时，单片机每个机器周期对外部引脚 T0（P3.4）电平进行一次采样，当在某一机器周期采样到高电平，在下一机器周期采样到低电平时，则在再下一机器周期将 T0 加 1；所以 T0 用作计数器时是对外部输入的负脉冲进行计数，T0 每次加 1 需用 2 个机器周期，则计数脉冲信号的最高工作频率为机器周期信号频率的 1/2。当启动控制位 TR0=1 时，T0 就从某一初始值开始计数，每来一个外部计数脉冲 T0 加 1，当计数值达到最大值时，计数溢出，将 T0 的溢出标志位 TF0 置 1 并提出一次中断要求：如允许 T0 中断的话，将产生一次 T0 中断，进行 T0 溢出中断服务处理；如采用查询方式进行 T0 溢出处理的话，则程序查询到 TF0 位为 1 时，就进行相应的 T0 溢出处理操作。

3．M1、M0：工作方式选择位

M0 与 M1 组合可以定义 4 种工作方式，如表 4-1-2 所示。

表 4-1-2　定时/计数器控制工作方式选择

M1	M0	工作方式	功能描述
0	0	方式 0	13 位
0	1	方式 1	16 位
1	0	方式 2	8 位、自动重装初始值
1	1	方式 3	T0：两个 8 位；T1：停止计数

（二）定时/计数器控制寄存器 TCON（Timer CONtrol register）

TCON 寄存器用于控制定时/计数器的启动、停止、溢出中断请求、外部中断请

求和触发方式，如表 4-1-3 所示。其中只有高 4 位 TF1、TR1、TF0、TR0 与定时/计数器有关，其他低 4 位用于单片机的中断控制，已在前面中断系统中介绍过。

TCON 可按字节操作，字节地址为 88H，也可按位操作，8 个位地址为 88H～8FH。

表 4-1-3　定时/计数器控制寄存器 TCON

位地址	8FH	8EH	8DH	8CH	8BH	8AH	89H	88H
位符号	TF1	TR1	TF0	TR0	IE1	IT1	IE0	IT0

1．TF0：定时/计数器 T0 的溢出中断请求标志位

T0 启动后，在计数脉冲的控制下从初值开始加 1 计数，当计数器满产生溢出后由硬件自动将 TF0 置 1，向 CPU 发出中断请求。CPU 响应中断后，由硬件自动将 TF0 清零。若没有开放 T0 中断，也可以用程序查询 TF0 位的状态以检测定时或计数是否满，并由软件将 TF0 清零。

2．TFl：定时/计数器 T1 的溢出中断请求标志位

功能与 TF0 位相似。

3．TR0：定时/计数器 T0 的启动控制位

与 GATE 和外部中断引脚共同控制定时器运行。当 $TR0 \bullet (\overline{GATE} + \overline{INT0}) = 1$时，定时器 T0 才运行。

4．TRl：定时/计数器 T1 的启动控制位

功能与 TR0 位相似。

定时/计数器工作方式

三、单片机：定时/计数器工作方式

51 单片机的定时/计数器的工作方式是可编程的，即通过改写 TMOD、TCON 寄存器的数据就可以设置其工作在定时还是计数模式、参与计数的位数、初始值是否自动重装等。定时/计数器工作方式共有 4 种：方式 0、方式 1、方式 2、方式 3，由于 T1 与 T0 的工作原理完全一样，下面以 T0 为例进行说明。

（一）方式 0

方式 0 是 13 位计数结构的工作方式，其计数器由 TH0 全部 8 位和 TL0 的低 5 位构成，TL0 高 3 位未使用。定时/计数器 T0 工作在方式 0 的逻辑结构如图 4-1-1 所示。

当 $C/\overline{T}=0$ 时，多路转换开关接通振荡器的 12 分频输出，13 位计数器对此脉冲信号（即机器周期）进行计数。计数器从某一计数初始值开始每个机器周期加 1，

当加了 N 个 1 时计数器从初值计数到最大值，则所用时间为 N 个机器周期。所以改变不同的计数值 N（因最大值是固定，通过改变计数初值来实现），可以实现不同的定时时间，这就是定时/计数器的定时工作原理。定时时间为

$$T=\text{计数值}\ N\times\text{机器周期}\ T_M=(\text{最大值}-\text{初始值})\times\text{机器周期}\ T_M=(2^{13}-\text{初值})\times T_M$$

当 $C/\overline{T}=1$ 时，多路转换开关接通计数引脚 T0（P3.4），计数脉冲由外部输入，当计数脉冲发生负跳变时，计数器加 1，从而实现对外部信号的计数功能。不管是定时或计数功能，当 13 位计数发生溢出时，硬件自动把 13 位计数器清零，同时硬件将溢出标志位 TF0 置 1。

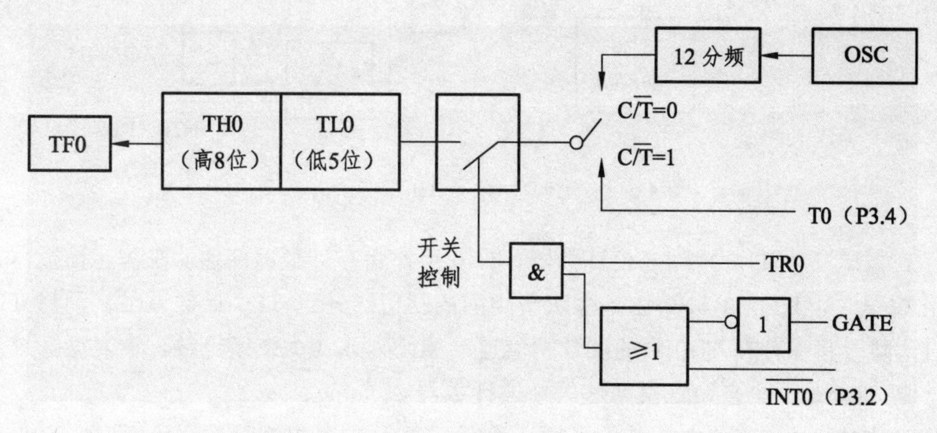

图 4-1-1　定时/计数器 T0 工作于方式 0

（二）方式 1

方式 1 是 16 位计数结构的工作方式，其计数器由 TH0 全部 8 位和 TL0 的全部 8 位构成。其逻辑电路（见图 4-1-2）和工作情况与方式 0 完全相同，所不同的只是计数器的位数。定时时间为

$$T=(2^{16}-\text{初值})\times T_M$$

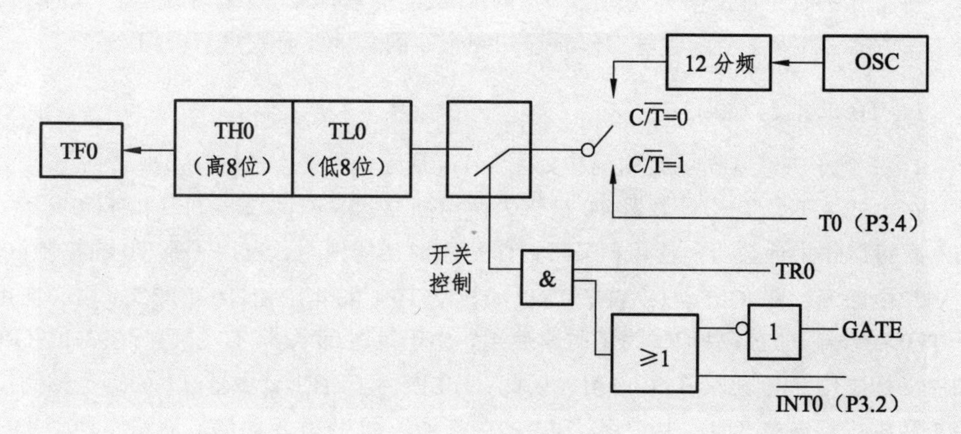

图 4-1-2　定时/计数器 T0 工作于方式 1

（三）方式 2

方式 2 为具有初值重装功能的 8 位计数器，其结构如图 4-1-3 所示。

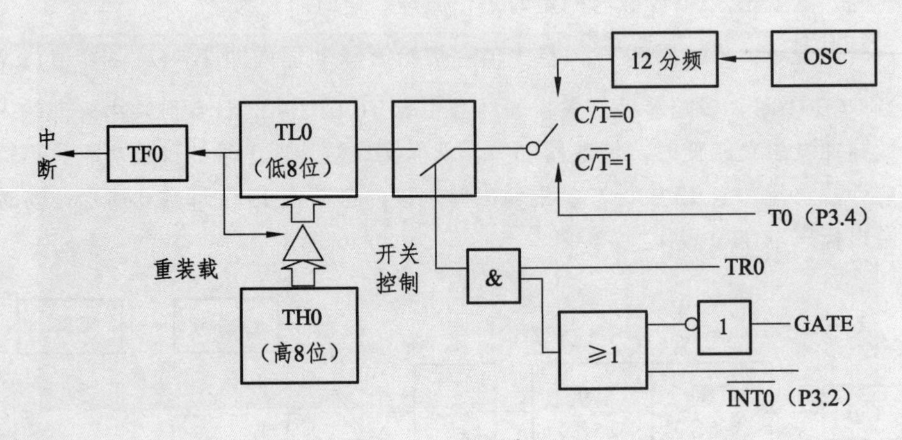

图 4-1-3　定时/计数器 T0 工作于方式 2

在方式 2 中 TL0 用作 8 位计数器，TH0 用作保存计数器初值。在程序计数器初始化编程时，TL0 和 TH0 由指令赋予相同的初值。一旦 TL0 计数溢出，则将 TF0 置 1，同时将保存在 TH0 中的计数初值自动重装入 TL0，继续计数，重复循环该过程，即 TL0 是一个自动恢复初值的 8 位计数器。

在方式 0、方式 1 中，若用于循环重复定时/计数，每次计数满溢出时，T0（或 T1）全部清零，下一次计数还得重新装入计数初值。这样不仅在编程时更麻烦，而且会影响定时时间精度。而方式 2 有自动恢复初值功能，避免了上述缺陷，适合用于精确的定时场合。定时时间为

$$T=(2^8-\text{初值})\times T_{\mathrm{M}}$$

（四）方式 3

前面介绍的 3 种工作方式对 2 个定时/计数器而言，工作原理是完全一样的。但在工作方式 3 下，2 个定时器工作原理却完全不同，因此分别进行介绍。

1．T0 工作于方式 3

T0 工作于方式 3 时的逻辑结构如图 4-1-4 所示。

在方式 3 下，定时/计数器 T0 被拆为两个独立的 8 位计数器 TL0 和 TH0。其中 TL0 既可以作为计数功能使用，又可以作为定时功能使用，占用了原 T0 的控制位、引脚和中断源，即 $C/\overline{T}$，GATE，TR0，TF0，T0（P3.4），$\overline{\text{INT0}}$（P3.2）引脚均用于 TL0 的控制。TH0 只能作为定时器使用，由于定时/计数器 T0 的运行控制位 TR0 和溢出标志位 TF0 已被 TL0 占用，因此 TH0 占用了定时/计数器 T1 的运行控制位 TR1 和溢出标志位 TF1，并占用了 T1 的中断源，即 TH0 定时的启动和停止受 TR1 的状态控制，而计数溢出时则置位 TF1。

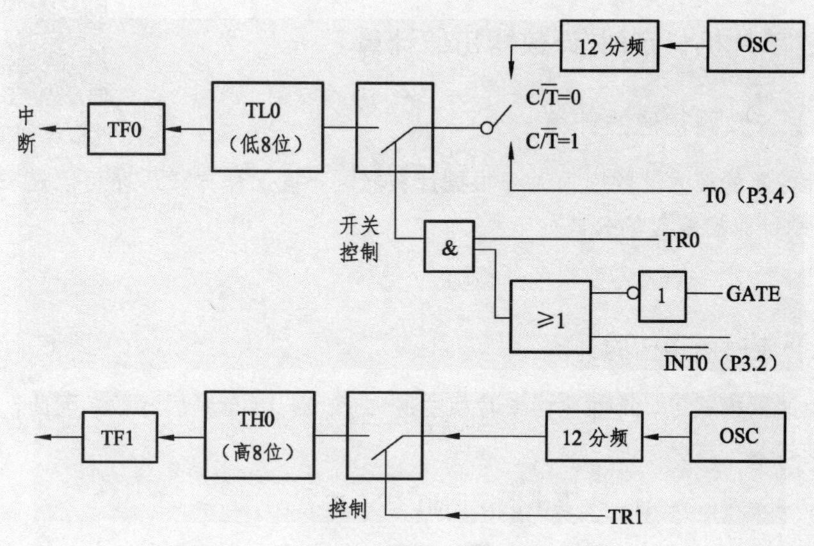

图 4-1-4　定时/计数器 T0 工作于方式 3

2．T0 工作于方式 3 时 T1 的工作情况

当定时/计数器 T0 工作在方式 3 时，定时/计数器 T1 可工作在方式 0、方式 1 和方式 2，此时 T1 的结构如图 4-1-5（a）、（b）所示。由于 TR1，TF1 和 T1 中断源均被定时/计数器 T0 占用，此时仅有控制位 C/$\overline{T}$ 切换其定时或计数工作方式，计数溢出时，只能将输出送入串行口。在这种情况下定时/计数器 T1 只能作为波特率发生器使用，以确定串行通信的速率。只要设置好工作方式，T1 便可自动运行。如果要停止工作，只需要把定时/计数器 T1 设置在工作方式 3 即可。通常把定时/计数器 T1 设置为方式 2 作为波特率发生器比较方便。

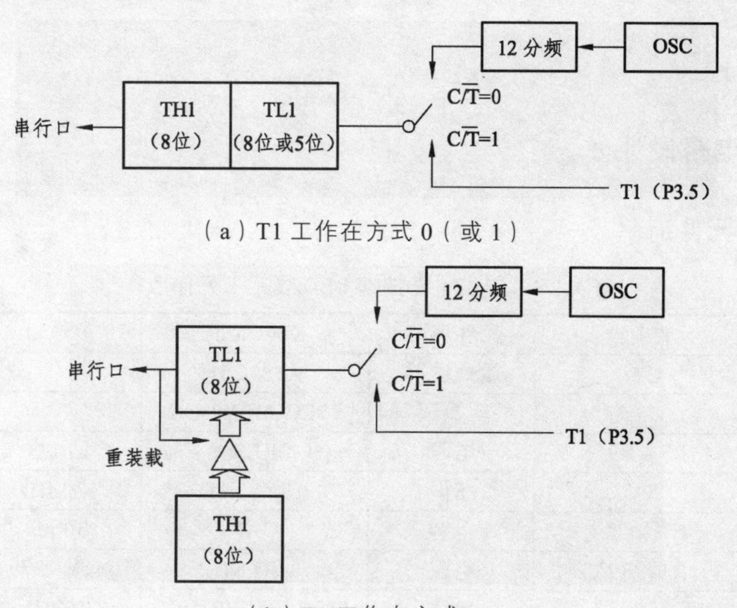

（a）T1 工作在方式 0（或 1）

（b）T1 工作在方式 2

图 4-1-5　定时/计数器 T0 工作于方式 3 时定时/计数器 T1 的工作方式

四、单片机：定时/计数器初值计算

定时/计数器初值计算

（一）计数器初值的计算

设计数器的最大计数值为 M（根据计数器的不同工作方式，M 可以是 2^{13}、2^{16} 或 2^{8}），则计算初值 X 的公式如下：

$$X=M-\text{要求的计数值}$$

（二）定时器初值的计算

在定时器模式下，计数器由单片机主脉冲 f_{osc} 经 12 分频后计数。因此，定时器定时初值计算公式为：

$$X=M-（\text{要求的定时值}）/（12/f_{osc}）$$

式中，M 为定时器模值（根据定时器的不同工作方式，M 可以是 2^{13}、2^{16} 或 2^{8}）。

例 4.1.1 单片机晶振为 12 MHz，定时器工作于方式 0，求 1 ms 定时的初值。

12 MHz 经 12 分频为 1 MHz（1 000 000 Hz），即 1 s=1 000 000 机器周期，1 ms=1 s/1 000=1 000 个机器周期。

初值=8 192（2^{13}）– 1 000=7 192，因为方式 0 为 13 位，低字节只用低 5 位（容量 2^5=32），也就是逢 32 进位，TH0=7 192/32=0xE0，TL0=7 192%32=0x18。

例 4.1.2 单片机晶振为 11.059 2 MHz，定时器工作于方式 1，求 50 ms 定时的初值。

11.059 2 MHz（11 059 200 Hz）经 12 分频为 921 600 Hz，即 1 s=921 600 个机器周期，50 ms = 1 s/20=46 080 个机器周期。

初值=65 536（2^{16}）– 46 080=19 456（0x4c00），TH0=0x4c，TL0=0x00。

【任务实施】

一、电路设计

（一）元件清单

表 4-1-4　秒表（无按键 LED 显示）元件清单

功能块	元件标号	元件名称	Keywords	参数值	数量
主控	U1	微处理器	AT89C51		1
输出		共阴数码管	7SEG-MPX2-CC		1
	R3 ~ R9	电阻	RES	270 Ω	7
时钟	X1	晶振	CRYSTAL	12 MHz	1
	C1 ~ C2	电容	CAP	30 pF	2
复位	R1、R2	电阻	RES	10 kΩ、270 Ω	2
	C3	电容	PCELECT10U50V	10 μF	1
		按键	BUTTON		1

（二）电路图

秒表（无按键 LED 显示）电路如图 4-1-6 所示。

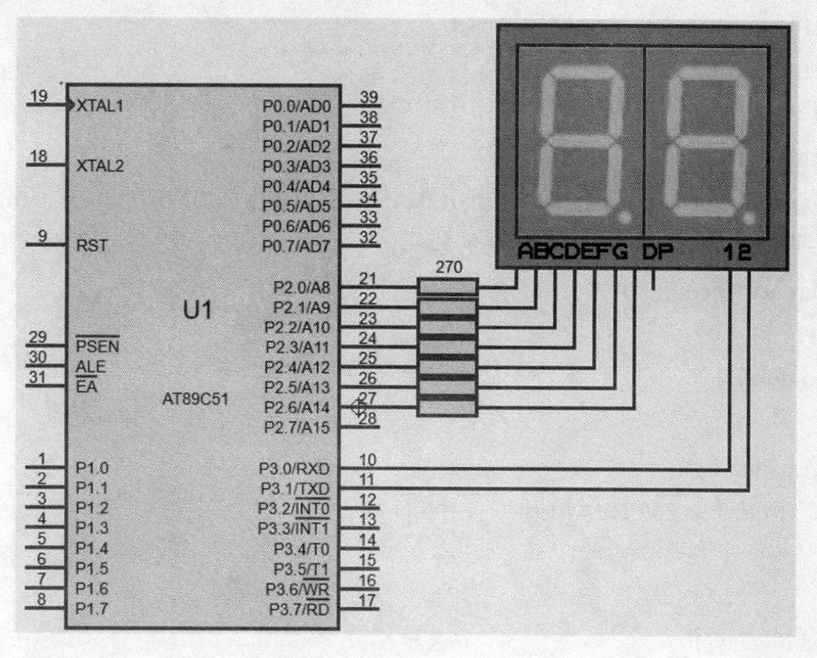

图 4-1-6　秒表（无按键 LED 显示）电路图

提示：① 为方便起见，本图没有绘制时钟电路与复位电路，但实际制作产品时，时钟电路不可或缺；② 若采用片内程序存储器 ROM，虽然仿真时对 $\overline{\text{EA}}$ 没有要求，但实际制作产品时，必须接+5 V 电源（参考航标灯）。

二、程序设计

（一）程序流程

程序流程如图 4-1-7 所示。

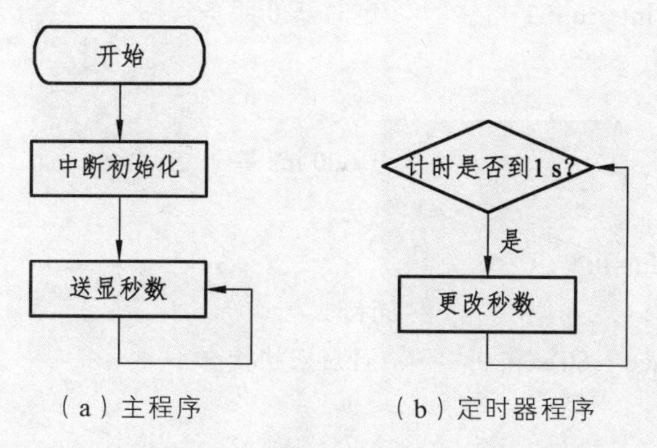

（a）主程序　　（b）定时器程序

图 4-1-7　秒表（无按键 LED 显示）程序流程图

（二）程序代码

```
#include "reg51.h"
#define uchar unsigned char
#define out P2
sbit zuo=P3^0;
sbit you=P3^1;
uchar code cc[10]={0x3F,0x06,0x5B,0x4F,0x66,0x6D,0x7D,0x07,0x7F,0x6F};
//共阴数码管 0 1 2 3 4 5 6 7 8 9 的段码
uchar sec=0,count=0;

void delay()                    //延时函数
{
    uchar i,j;
    for(i=0;i<200;i++) for(j=0;j<100;j++);
}

void display()                  //送显函数
{
    zuo=0;   you=1;             //打开数码管第 1 位 关闭数码管第 2 位
    out=cc[sec/10];             //送显十位
    delay();
    zuo=1;   you=0;             //关闭数码管第 1 位 打开数码管第 2 位
    out=cc[sec%10];             //送显个位
    delay();
}

void timer0() interrupt 1       //定时器 0 服务程序
{
    count++;
    if(count==20)               //1 000 ms 等于 20 个 50 ms，故需循环 20 次
    {
        count=0;
        sec++;                  //计时
        if(sec==60)sec=0;       //回归初始状态
    }
}
```

```
void main()
{
    TMOD=0x01;                      //选定定时器 0 的工作方式 1
    TH0=(65536-50000)/256;          //定时器 0 预装初值，计时 50 ms
    TL0=(65536-50000)%256;          //定时器 0 预装初值，计时 50 ms
    EA=1;                           //打开中断总开关
    ET0=1;                          //打开定时器 0 开关
    TR0=1;                          //启动定时器 0 计时
    while(1) display();             //循环送显
}
```

三、仿真效果

仿真效果如图 4-1-8 所示。

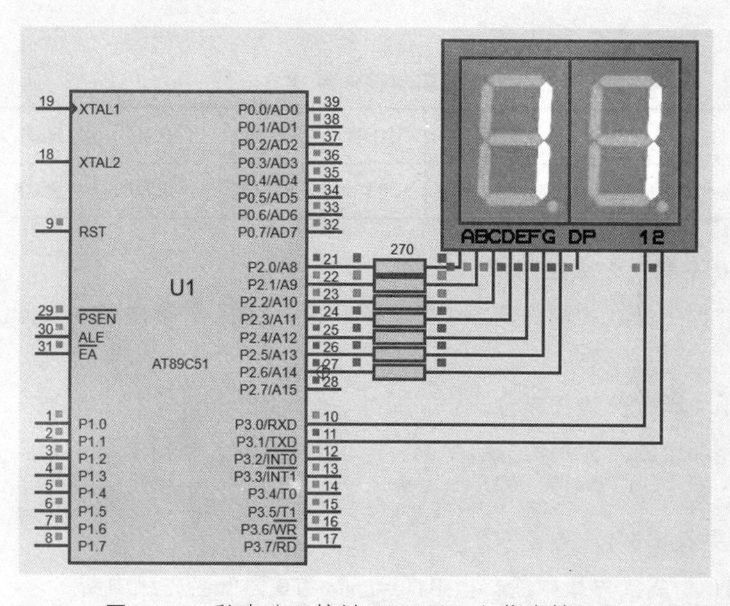

图 4-1-8 秒表（无按键 LED 显示）仿真效果图

秒表（无按键 LED 显示）仿真效果

任务二 秒表（有按键 LED 显示）设计

【任务描述】

一、情景导入

在任务一设计的秒表基础上增加启动/暂停、复位功能，满足更多的要求。

二、任务目标

设计一个秒表控制系统，符合以下要求：

（1）单片机 AT89C51 控制。

（2）LED 数码管输出。

（3）独立按键控制启动/暂停、复位。

（4）依次显示 00 ~ 60 s。

【关联知识】

中断优先级

单片机：中断优先级

8051 单片机具有高和低两个中断优先级，每个中断源都可通过中断优先级寄存器 IP（Interrupt Priority register）设置为高优先级或低优先级中断。

IP 可按字节操作，字节地址为 B8H，也可按位操作，8 个位地址为 B8H ~ BFH，结构如表 4-2-1 所示。

表 4-2-1　中断优先级控制寄存器 IP

位地址	BFH	BEH	BDH	BCH	BBH	BAH	B9H	B8H
位符号	-	-	-	PS	PT1	PX1	PT0	PX0

PX0：外部中断 0 中断优先级控制位。

当 PX0 = 1 时，外部中断 0 为高优先级中断；当 PX0 = 0 时，外部中断 0 为低优先级中断。

PXl：外部中断 1 中断优先级控制位。

当 PXl = 1 时，外部中断 1 为高优先级中断；当 PXl = 0 时，外部中断 1 为低优先级中断。

PT0：T0 中断优先级控制位。

当 PT0 = 1 时，T0 为高优先级中断；当 PT0=0 时，T0 为低优先级中断。

PT1：T1 中断优先级控制位。

当 PTl = 1 时，TI 为高优先级中断；当 PTl = 0 时，T1 为低优先级中断。

PS：串行接口中断优先级控制位。

当 PS = 1 时，串行接口为高优先级中断；当 PS=0 时，串行接口为低优先级中断。

当系统复位后，IP 寄存器的复位值为 × × ×00000B，所有中断源设置为低优先级中断。

高优先级中断可以中断正在执行的低优先级中断服务程序，实现二级中断嵌套，除非在执行低优先级中断服务程序时关闭 CPU 总中断或禁止了高优先级中断。而同级或低优先级中断在任何情况下都不能中断正在执行的中断服务程序。

为了实现这两个中断处理规则，中断系统内部有两个对用户不透明且用户不可访问的中断优先级状态触发器。高优先级触发器指示某一高优先级中断服务正在进行，其他后来的中断请求都被禁止。低优先级触发器指示正在进行低优先级服务，所有同级中断都被禁止，而高优先级中断能够被响应。CPU 响应中断请求，进入中断服务程序时自动将相应的触发器置位，中断服务完成后由 RETI 指令将相应的触发器复位。

系统工作过程中，如果几个同一优先级的中断源同时发出中断请求，CPU 只能响应其中的一个，此时中断系统通过硬件查询的方式，按照自然优先级的顺序决定响应哪个中断请求。自然优先级是单片机设计时对 5 个中断源确定的优先级顺序，用户不能改变。自然优先级由高到低的顺序为：

外部中断 0→定时/计数器 0 中断→外部中断 1→定时/计数器 1 中断→串行接口中断。

【任务实施】

一、电路设计

（一）元件清单

表 4-2-2　秒表（有按键 LED 显示）元件清单

功能块	元件标号	元件名称	Keywords	参数值	数量
主控	U1	微处理器	AT89C51		1
输出		共阴数码管	7SEG-MPX2-CC		1
	R3 ~ R9	电阻	RES	270 Ω	7
输入		按键	BUTTON		2
时钟	X1	晶振	CRYSTAL	12 MHz	1
	C1 ~ C2	电容	CAP	30 pF	2
复位	R1、R2	电阻	RES	10 kΩ、270 Ω	2
	C3	电容	PCELECT10U50V	10 μF	1
		按键	BUTTON		1

（二）电路图

秒表（有按键 LED 显示）电路如图 4-2-1 所示。

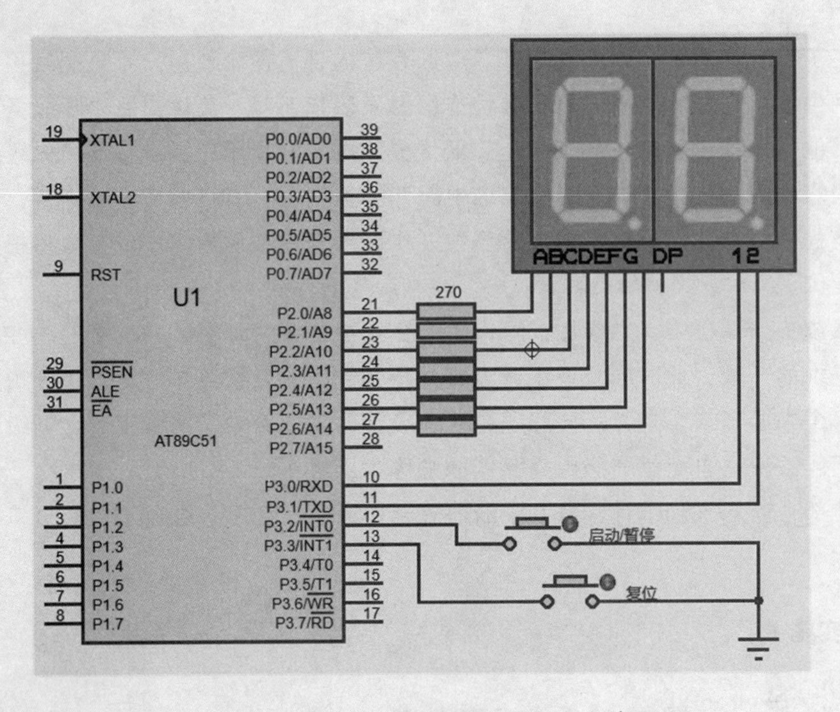

图 4-2-1　秒表（有按键 LED 显示）电路图

提示：① 为方便起见，本图没有绘制时钟电路与复位电路，但实际制作产品时，时钟电路不可或缺；② 若采用片内程序存储器 ROM，虽然仿真时对 $\overline{EA}$ 没有要求，但实际制作产品时，必须接+5 V 电源（参考航标灯）。

二、程序设计

（一）程序流程

程序流程如图 4-2-2 所示。

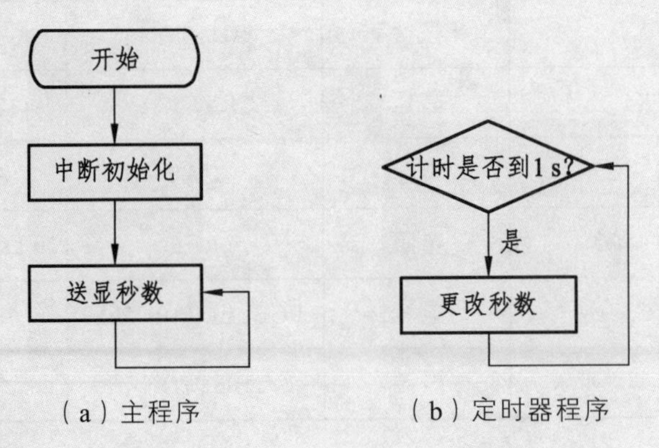

（a）主程序　　　　（b）定时器程序

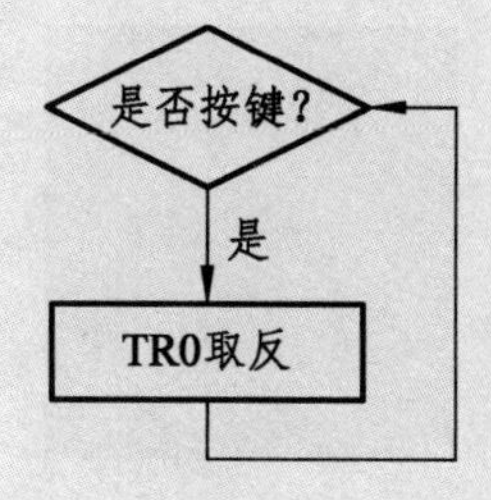

（c）启动/暂停中断程序

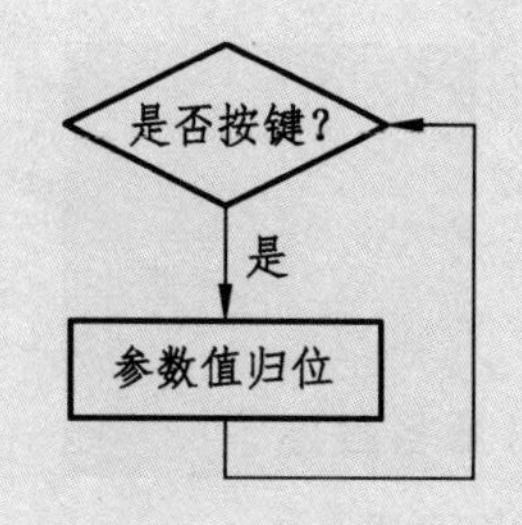

（d）复位中断程序

图 4-2-2　秒表（有按键 LED 显示）程序流程图

（二）程序代码

```
#include_"reg51.h"
#define_uchar unsigned char
#define out P2
sbit zuo=P3^0;            //用于选定数码管第 1 位，即左边位
sbit you=P3^1;            //用于选定数码管第 2 位，即右边位
sbit zt=P3^2;             //启动/暂停键
sbit fw=P3^3;             //复位键
uchar code cc[10]={0x3F,0x06,0x5B,0x4F,0x66,0x6D,0x7D,0x07,0x7F,0x6F};
//共阴数码管 0   1 2 3 4 5 6 7 8 9 的段码
uchar_sec=0,count=0;

//延时函数
void delay()
{
        uchar i,j;
        for(i=0;i<200;i++)
              for(j=0;j<100;j++);
}

//送显函数
void display()
{
        zuo=0;                    //打开数码管第 1 位
        you=1;                    //关闭数码管第 2 位
        out=cc[sec/10];           //送显十位
        delay();
        zuo=1;                    //关闭数码管第 1 位
        you=0;                    //打开数码管第 2 位
```

```
    out=cc[sec%10];         //送显个位
    delay();
}

//外部中断 0 服务程序
void ex0() interrupt 0
{
    TR0=~TR0;                   //启动/暂停功能互换
    while(zt==0);               //等待按键释放消抖
}

//定时器 0 服务程序
void timer0() interrupt 1
{
    count++;
    if(count==20)               //1 000 ms 等于 20 个 50 ms，故需循环 20 次
    {
        count=0;
        sec++;                  //计时
        if(sec==60)sec=0;       //回归初始状
    }
}

//外部中断 1 服务程序
void ex1() interrupt 2
{
    TR0=0;                      //停止计时
    sec=0;                      //秒数回归 0
    count=0;
    while(fw==0);               //等待按键释放消抖
}

void main()
{
    TMOD=0x01;                  //选定定时器 0 的工作方式 1
    TH0=(65536-50000)/256;      //定时器 0 预装初值，计时 50 ms
    TL0=(65536-50000)%256;      //定时器 0 预装初值，计时 50 ms
    EA=1;                       //打开中断总开关
```

```
    EX0=1;                          //打开外部中断 0 开关
    EX1=1;                          //打开外部中断 1 开关
    ET0=1;                          //打开定时器 0 开关
    TR0=0;                          //停止定时器 0 计时
    while(1)
        display();                  //循环送显
}
```

秒表（有按键 LED 显示）仿真效果

（三）仿真效果

仿真效果如图 4-2-3 所示。

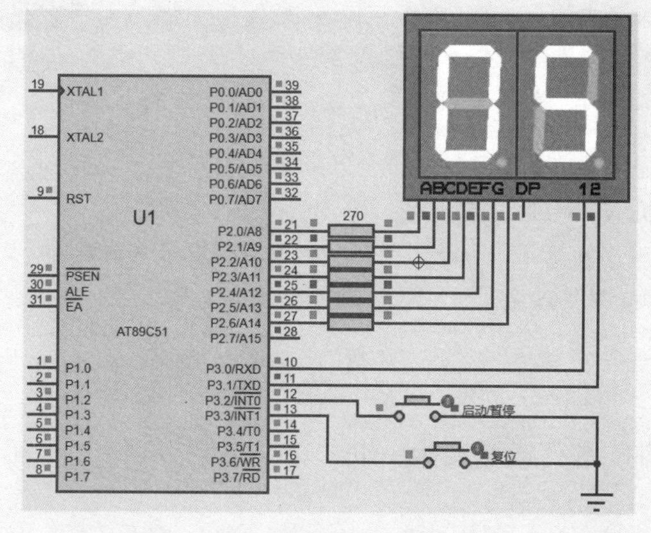

（a）启动状态

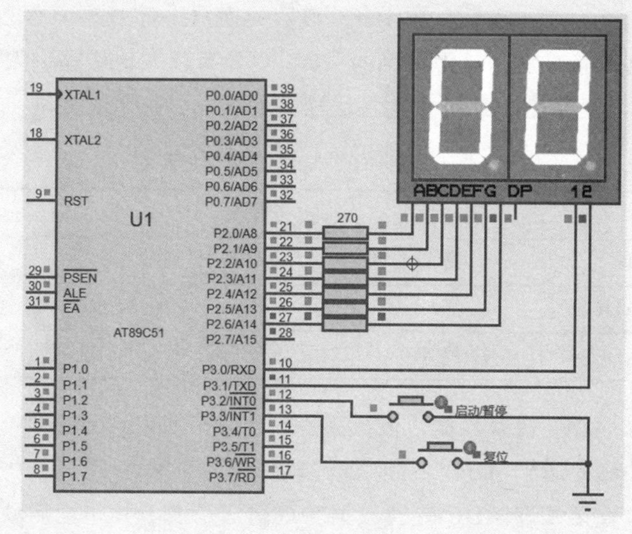

（b）复位状态

图 4-2-3　秒表（有按键 LED 显示）仿真效果图

任务三　电子钟（显示温度）设计

【任务描述】

一、情景导入

电子钟亦称数显钟，是一种用电子技术实现时、分、秒计时的装置，与机械时钟相比，直观性为其主要的特点；且因非机械驱动，具有更长的使用寿命；相较石英钟的石英机芯驱动，更具准确性。电子钟已成为人们日常生活中的常用物品，广泛用于个人家庭以及车站、码头、剧院、办公室等公共场所，给人们的生活、学习、工作、娱乐带来了方便。

二、任务目标

设计一个显示温度的电子钟，符合以下要求：

（1）单片机 AT89C51 控制。

（2）LCD 输出：第 1 行显示当前时间，第 2 行显示当前温度。

（3）AD 模块采集温度。

【关联知识】

一、接口技术：模数转换 ADC

（一）简　介

ADC（Analog-to-Digital Converter，模数转换器）芯片型号很多，在精度、速度和价格方面也千差万别，较为常见的 ADC 主要有逐次比较型、双积分型和电压-频率变换器（V-F 变换器）三种，各自优缺点如表 4-3-1 所示。

表 4-3-1　三种常用 ADC 比较

	精　度	抗干扰性	价　格	转换速度
双积分型 ADC	高	好	低	慢
逐次比较型 ADC	高	好	高	快
V-F 变换型 ADC	高	好	低	慢

单片机读取 ADC 转换数据，多数采用定时、查询和中断 3 种方法。定时法是在单片机把启动命令送到 ADC 之后，通过软件延时，等待 T_c（T_c 为 ADC 转换所需时间）时间后，直接读取 ADC 转换数据。查询法是在单片机把启动命令送到 ADC 之后，一直对 ADC 的状态进行监视，以检查 ADC 转换是否已经结束，如转换已结束，则读入变换数据。中断控制法是在启动信号送到 ADC 之后，单片机执行其他

程序，当 ADC 转换结束并向单片机发出中断请求信号时，单片机响应此中断请求，读入变换数据，并进行必要的数据处理，然后返回到原程序。采用这种方法的单片机无须进行转换时间的管理，CPU 效率高，所以特别适合于变换时间较长的 ADC。

（二）性能指标

选用 ADC 芯片及分析或设计 ADC 接口电路时，需要弄清它们的性能指标，ADC 主要的性能指标如下。

1．分辨率

ADC 的分辨率是 ADC 对微小输入量变化的敏感程度，定义为基准电压与 2^n 之比值。其中，n 为 ADC 的数据位数。分辨率是 ADC 的静态指标，目前常用的 ADC 芯片有 8 位、10 位、12 位，对于这几种位数的 ADC 在给定基准电压 V_{REF}=5.12 V 时，分辨率分别为 20 mV、5 mV 和 1.25 mV。实质上，分辨率就是 ADC 在给定基准电压下数据最低有效位（LSB）所对应的电压值，即 1LSB。上述定义与基准电压相关，另一种与基准电压无关的定义是 LSB 与最大输入数字 2^n 之比值的百分数，即 $2^{-n}\times 100\%$，称为相对分辨率。上述 3 种位数的 ADC 对应的相对分辨率分别为 0.390 6%、0.097 6% 和 0.024 4%。ADC 的分辨率与位数的对应关系如表 4-3-2 所示。

表 4-3-2　ADC 的分辨率与位数的关系

位　数	分辨率	
n	分　数	%满刻度（近似）
8	1/256	0.4
10	1/102 4	0.1
11	1/204 8	0.05
12	1/409 6	0.024
14	1/163 84	0.006
15	1/327 68	0.003
16	1/655 36	0.001 5

2．量化误差

量化误差是由 ADC 的有限分辨率而引起的误差。图 4-3-1 所示为 8 位 ADC 的转移特性曲线，在不计其他误差的情况下，一个分辨率有限 ADC 的阶梯状转移特性曲线与具有无限分辨率的 ADC 转移特性曲线（直线）之间的最大偏差，称为量化误差。对于图 4-3-1（a），由于在零刻度处适当地偏移了 1/2LSB，故量化误差为 1/2LSB；对于图 4-3-1（b），由于没有加入偏移量，故量化误差为 1LSB。例如，现有一个如图 4-3-1（a）所示的 12 位 ADC，则量化误差可表示为 1/2LSB，或为 0.0122% 满刻度（相对误差）；而对于 8 位 ADC 的量化误差则为 0.195% 满刻度（相对误差）。因此，分辨率高的 ADC 具有较小的量化误差。

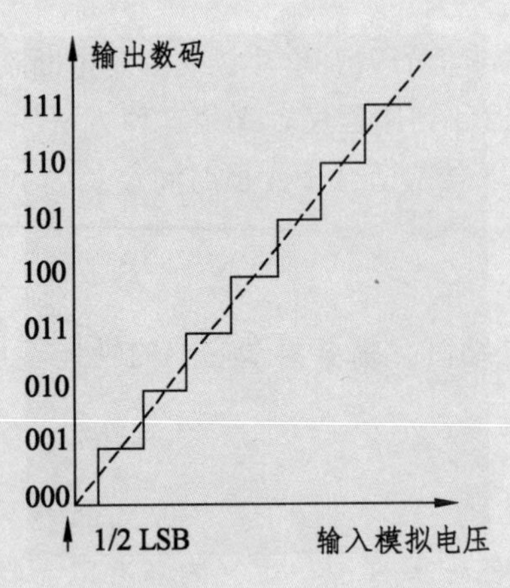

（a）在零刻度有 1/2LSB 偏移的 ADC 转移特性曲线

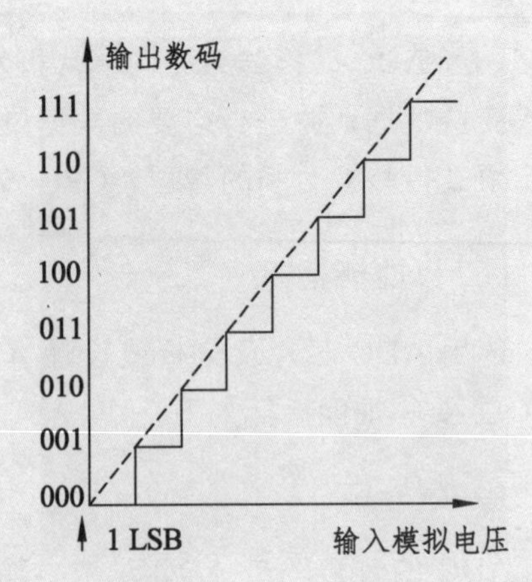

（b）没有偏移的 ADC 转移特性曲线

图 4-3-1　ADC 转移特性曲线

3．偏移误差

偏移误差是指输入信号为零时，输出信号不为零的值，所以有时又称为零值误差。测量 ADC 的偏移误差非常简单，只要从零不断增加输入电压的幅值，并观察 ADC 输出数码的变化，当发现输出数码从 00…0 跳至 00…1 时，停止增加电压输入，并记下此时的输入电压值。这个输入电压值与 1/2LSB 的理想输入电压值之差，便是所求的偏移误差。在理想情况下，即具有零值偏移误差的情况下，上述数码从 00…0 至 00…1 跳变的时刻所测得的电压值应等于 1/2LSB 的电压值。

偏移误差通常是由于放大器或比较器输入的偏移电压或电流引起的。一般在 ADC 外部加一个作为调节使用的电位器即可使偏移误差调节至最小。

4．满刻度误差

满刻度误差又称为增益误差（Gain Error）。ADC 的满刻度误差是指满刻度输出数码所对应的实际输入电压与理想输入电压之差。满刻度误差可能由参考电压、T 型电阻网络的阻值或放大器的误差引起，一般满刻度误差的调节在偏移误差调整后进行。

5．线性度

线性度有时也用非线性度（Non-linearity）表示，它是指转换器实际的转移函数与理想直线的最大偏移，其典型值是 1/2LSB。理想直线可以通过理想的转移函数的所有点来画出，为方便起见，也可以通过两个端点连接而成。注意：线性度不包括量化误差、偏移误差与刻度误差。

6．精　度

ADC 的精度分为绝对精度和相对精度两种。

绝对精度：在一个转换器中，任何数码相对应的实际模拟电压与其理想的电压值之差并非是一个常数，把这个差的最大值定义为绝对精度。它包括所有的误差，也包括量化误差。

相对精度：它与绝对精度相似，所不同的是把这个最大偏差表示为满刻度模拟电压的百分数，或者用二进制分数来表示相对应的数字量。相对误差通常不包括能被用户消除的刻度误差。

7. 转换时间

ADC 完成一次转换所需要的时间叫作转换时间。ADC 能够重复进行数据转换的速度，即在 1 s 内完成转换的次数叫作转换速率。转换时间是转换速率的倒数。

8. 失调温度系数

ADC 的失调温度系数定义为当环境温度变化 1 °C 引起量化过程产生的相对误差，一般以 ppm/°C 为单位符号表示。

ADC 的种类繁多，特性各异，用户从中选择时，应根据需要，合理选择技术指标，如转换速度、精度及分辨率等满足设计任务所要求的 ADC。但应该注意，一般情况下，位数愈多，精度愈高，ADC 转换的时间越长；如果既要高速度又要高精度，则芯片价格也更昂贵。

二、接口技术：温度传感器 DS18B20

DS18B20 是美国 DALLAS 半导体公司推出的数字温度传感器，传感器与相关的数字转换电路被集成到了一起，外形如同一只三极管。与传统的热敏电阻相比，它能够直接读出被测温度并且可根据实际要求通过简单的编程实现 9 ~ 12 位的数字读数方式；可以分别在 93.75 ms 和 750 ms 内完成 9 位和 12 位的数字量；从 DS18B20 读出信息或向 DS18B20 写入信息通过一根口线（单线接口）即可完成；温度变换功率来源于数据总线，总线本身也可以向所挂接的 DS18B20 供电，无须额外电源。因此，使用 DS18B20 可使系统结构更加简单，可靠性更高，在测温精度、转换时间、传输距离、分辨率等方面都能达到满意的效果。

（一）DS18B20 的主要特点

（1）独特的单线接口方式：DS18B20 与微处理器连接时仅需要一根口线即可实现微处理器与 DS18B20 的双向通信。

（2）在使用中不需要任何外围元件。

（3）可用数据线供电，电压范围：+3.0 ~ +5.5 V。

（4）测温范围： − 55 ~ +125 °C。

（5）通过编程可实现 9 ~ 12 位的数字读数方式。

（6）用户可设定非易失性的报警上下限值。

（7）支持多点组网功能，多个 DS18B20 可以并联在唯一的三线上，实现多点测温。

（8）具有负压特性，电源极性接反时，温度计不会因发热而烧毁，但不能正常工作。

（二）单线（1-wire）技术

单线技术采用单信号线，既可传输时钟，也能传输数据，而且是双向传输。该技术适用于单主机系统，主机能够控制一个或多个从机设备，通过一个漏极开路或三态端口连至该数据线，以允许设备在不发送数据时能释放该线，而让其他设备使用。单线通常要求外接一个 5 kΩ 的上拉电阻，当该线空闲时，其状态为高电平。

主机和从机之间的通信分 3 个步骤：

（1）初始化单线元件。

（2）识别单线元件。

（3）单线数据传输。

单线协议由复位脉冲、应答脉冲、写 0、写 1、读 0、读 1 这几种信号类型实现，这些信号中除了应答脉冲其他都由主机发起，并且所有指令和数据字节都是低位在前。

（三）DS18B20 的引脚

DS18B20 的引脚如图 4-3-2 所示。

DQ：数据输入/输出引脚。在数据总线供电方式，该引脚可给传感器提供电源。

VDD：可选的电源电压引脚。

DS18B20 有两种供电方式：数据总线供电方式和外部供电方式。若采用数据总线供电方式，VDD 应接地，这样可省一根线，但测温的时间较长。

GND：电源地引脚。

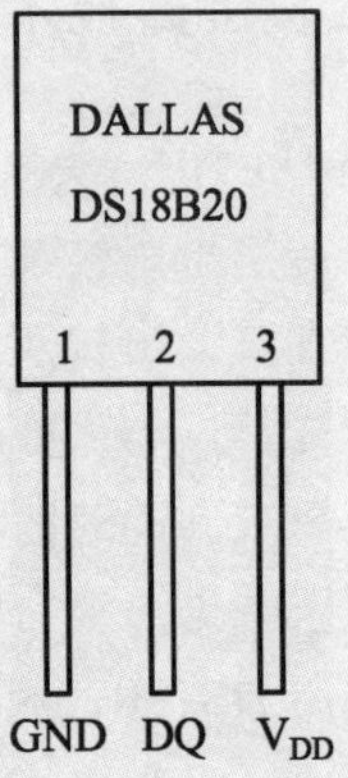

图 4-3-2　DS18B20 引脚图

（四）DS18B20 的时序

DS18B20 主要有 4 个内部部件：64 位激光 ROM、温度传感器、非易失性温度告警触发器（TH 和 TL）和配置寄存器。每片 DS18B20 均有一个唯一的产品序列号，固化在内部 64 位激光 ROM 中，格式如下：

8 位 CRC 校验码	48 位序列号	8 位工厂代码

MSB　　　　LSB

低 8 位是产品的工厂代码，中间是每个元件唯一的 48 位序列号，高 8 位是针对前面 56 位的 CRC 校验码，这使得多片 DS18B20 可以采用一条数据线进行通信，只要单片机用匹配命令即可访问总线上指定的 DS18B20。

DS18B20 内部有 9 个字节的暂存器，开始两个暂存器（TMSB、TLSB）存放当前测到的温度值，以 16 位补码形式表示 12 位温度读数，分辨率为 1/16℃（内部配置寄存器可以设置温度数据的位数为 9 ~ 12 位，出厂时设置成 12 位），高位是温度值的符号扩展，单片机发出温度转换命令后，DS18B20 将测得的温度值保存在 TMSB 和 TLSB 中，供单片机读取。温度与数字量的对应关系如表 4-3-3 所示。

表 4-3-3　温度与数字量的对应关系

温度值/°C	输出数字量（二进制）	对应十六进制
+125	0000　0111　1101　0000	07D0H
+25.0625	0000　0001　1001　0001	0191H
+0.5	0000　0000　0000　1000	0008H
0	0000　0000　0000　0000	0000H
− 0.5	1111　1111　1111　1000	FFF8H
− 25.0625	1111　1110　0110　1111	FE6FH
− 55	1111　1100　1001　0000	FC90H

DS18B20 与单片机之间的数据传送是靠严格的时序来实现的。

1. 初始化时序

如图 4-3-3 所示，与 DS18B20 通信前，必须对其初始化，由单片机在 t_0 时刻发出最短为 480 μs 的低电平有效的复位脉冲，在 t_1 时刻释放总线并进入接收状态，DS18B20 检测到总线变高后，等 15 ~ 60 μs，在 t_2 时刻发出低电平有效的存在脉冲响应。

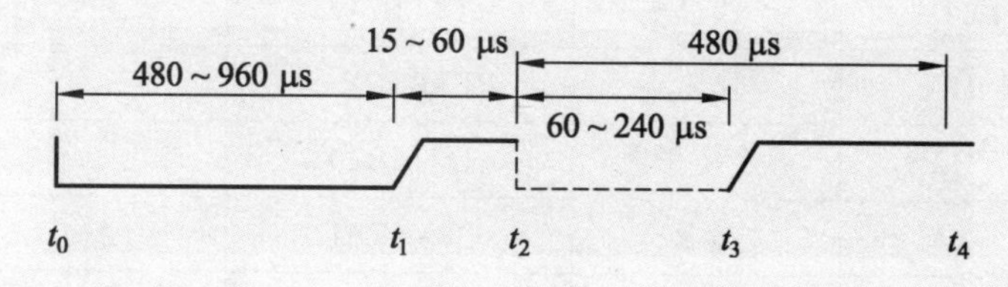

图 4-3-3　初始化时序

2. 写时序

如图 4-3-4 所示，单片机在 t_0 时刻将总线拉至低电平，从 t_0 时刻开始的 15 μs 之内应将要写的数据位送到总线上，DS18B20 在 t_0 后的 15 ~ 60 μs 内对总线采样，若为低电平，写入的是 0；若为高电平，写入的是 1。连续写两位之间的间隙应大于 1 μs。

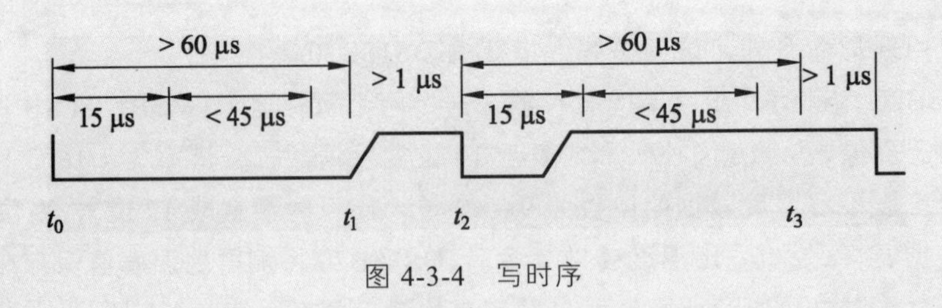

图 4-3-4 写时序

3. 读时序

如图 4-3-5 所示，单片机在 t_0 时刻将总线从高拉至低电平，保持 1 μs 后，在 t_1 时刻将总线拉高，释放总线，DS18B20 通过保持总线为高发送“1”，将总线拉低发送“0”，并在 t_2 时刻释放总线。单片机必须在 t_2 之前读取总线状态。

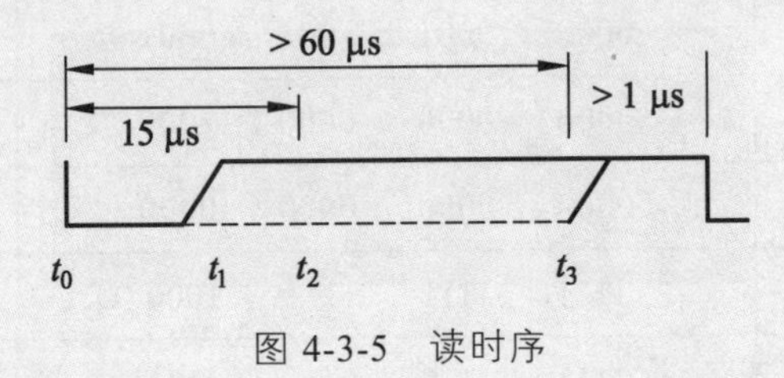

图 4-3-5 读时序

【任务实施】

一、电路设计

（一）元件清单

表 4-3-4 电子钟（显示温度）元件清单

功能块	元件标号	元件名称	Keywords	参数值	数量
主控	U1	微处理器	AT89C51		1
输出	LCD1	液晶	LM016L		1
	RP1	排阻	RESPACK-8		1
输入	U2	温度传感器	DS18B20		1
时钟	X1	晶振	CRYSTAL	12 MHz	1
	C1 ~ C2	电容	CAP	30 pF	2
复位	R1、R2	电阻	RES	10 kΩ、270 Ω	2
	C3	电容	PCELECT10U50V	10 μF	1
		按键	BUTTON		1

（二）电路图

电子钟（显示温度）电路如图 4-3-6 所示。

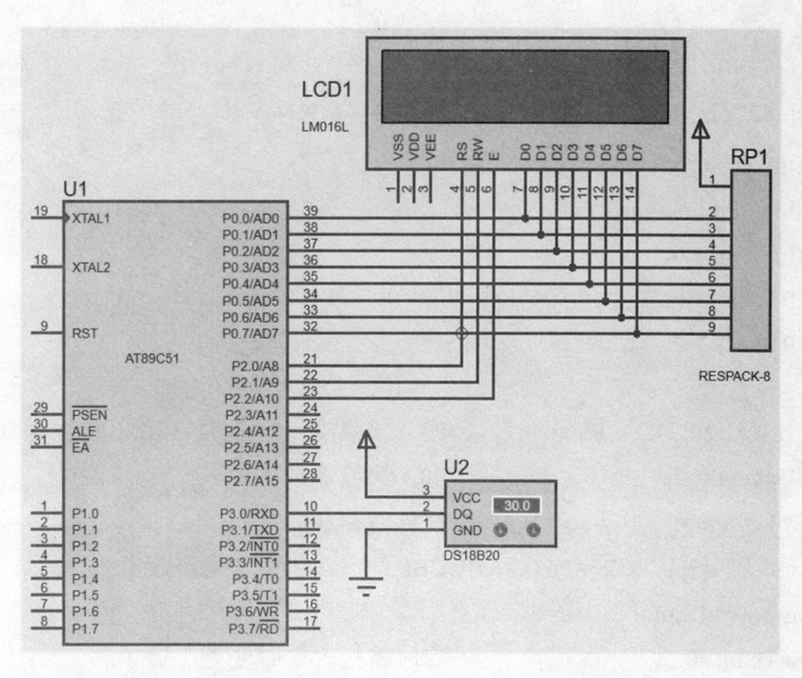

图 4-3-6　电子钟（显示温度）电路图

提示：① 为方便起见，本图没有绘制时钟电路与复位电路，但实际制作产品时，时钟电路不可或缺；② 若采用片内程序存储器 ROM，虽然仿真时对 $\overline{EA}$ 没有要求，但实际制作产品时，必须接+5 V 电源（参考航标灯）。

二、程序设计

（一）程序流程

程序流程如图 4-3-7 所示。

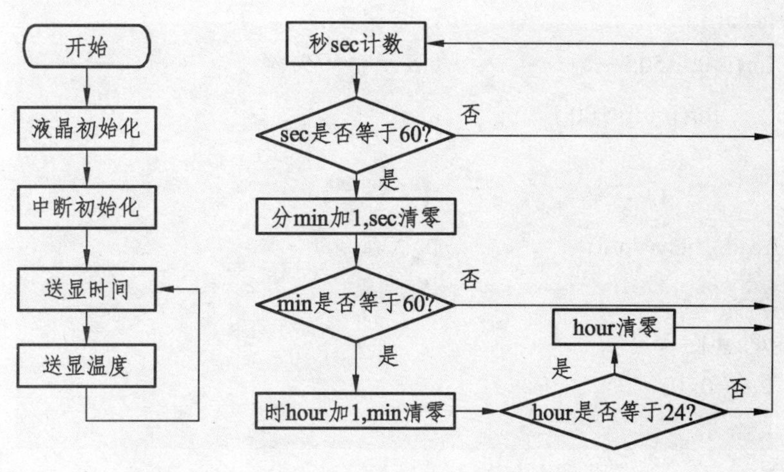

（a）主程序　　　　（b）定时器程序

图 4-3-7　电子钟（显示温度）程序流程图

（二）程序代码

```
#include "reg51.h"                  //调用 51 头文件
#define uchar unsigned char
#define uint unsigned int
#define Port P0
sbit RS = P2^0;
sbit RW = P2^1;
sbit E = P2^2;
sbit DS18B20_DQ = P3^0;             //P3.0 接温度传感器 DS18B20 的数据端
sbit Busy=P0^7;                     //P0.7 为液晶读忙位
uchar keytemp;                      //按键值存放变量
uchar code str[]="0123456789ABCDEF ";       //定义显示数据
uchar hour=12,min=0,sec=0;                  //存放时、分、秒
uchar count=0;                      //定时器临时计时变量（计 1 s）
uchar maxtemp=20;                   //温度报警值，初值为 20 °C

void Delayus(uchar i)               //用于 18B20 延时的微秒级函数
{
      while(--i);
}

void delay()                        //延时函数
{
      uchar i,j;                    //延时变量
      for(i=0;i<50;i++)             //t 表示循环次数
           for(j=0;j<100;j++) ;
}

void Read_Busy(void)                //忙状态判断
{
      uchar k=255;
      Port=0xff;
      RS = 0;
      RW = 1;
      E = 1;
```

```
    while((k--)&&(Busy));
    E = 0;
}

void Write(bit x,uchar y)              //写函数
{
    Read_Busy( );                      //读忙
    RS = x;                            //x=0 为指令，x=1 为数据
    RW = 0;                            //写
    E = 1;                             //开启端口输入
    Port=y;                            //数据或指令送至 LCD
    E = 0;                             //禁止端口输入
}

//初始化 LCD
void Init_LCD(void)
{
    delay();                           //延时，等待 LCD 进入工作状态
    Write(0,0x38);                     //8 位 2 行 5*7
    Write(0,0x0c);                     //显示开/关
    Write(0,0x01);                     //清显示
}

void t0(void) interrupt 1 using 1      //T0 50 ms 中断函数
{
    TH0 = (65536-50000)/256;           //定时器 0 高位赋初值（50 ms 定时）
    TL0 =(65536 -50000)%256;           //定时器 0 高位赋初值（50 ms 定时）
    count++;                           //计数等待 1 s 时间到
    if(count == 20)                    //定时 1 s 时间到
    {
        count = 0;                     //计时变量清零
        sec++;                         //秒计数
        if(sec == 60)                  //1 min 时间到
        {
            sec = 0;                   //秒清零
            min++;                     //分计数
```

```
                if(min == 60)             //1 h 时间到
                {
                    min = 0;              //分清零
                    hour++;               //时计数
                }
            }
        }
}

void showtime( )                          //LCD 显示时间
{
        Write(0,0x84);                    //在第一行显示
        Write(1,str[hour/10]);            //显示时的十位
        Write(1,str[hour%10]);            //显示时的个位
        Write(1,':');                     //显示：
        Write(1,str[min/10]);             //显示分的十位
        Write(1,str[min%10]);             //显示分的个位
        Write(1,':');                     //显示：
        Write(1,str[sec/10]);             //显示秒的十位
        Write(1,str[sec%10]);             //显示秒的个位
}

bit RESET_DS18B20(void)           //18B20 复位函数
{
        DS18B20_DQ = 1;                   //18B20 的数据口写 1
        DS18B20_DQ = 0;                   //18B20 的数据口写 0
        Delayus(247);                     //时序要求延时 499 μs
        DS18B20_DQ = 1;                   //18B20 的数据口为 1
        Delayus(27);                      //时序要求延时 59 μs
        if(DS18B20_DQ==0)                 //当 18B20 的数据口读出为 0
        {
            while(DS18B20_DQ == 0);         //等待电平变高
            return 0;                       //函数返回值为 0
        }
        else
        {
```

```
        return 1;                        //否则函数返回值为 1
    }
}

void Write_DS18B20(uchar Value)          //写 18B20 的数据函数
{
    uchar i=0;
    for(i = 0; i < 8; i ++)              //写入 8 位 18B20 的寄存器
    {
        DS18B20_DQ = 1;                  //18B20 的数据口写 1
        DS18B20_DQ = 0;                  //18B20 的数据口写 0
        Delayus(5);                      //时序要求延时 20 μs
        DS18B20_DQ = Value&0x01;         //Value 按位写入 DS18B20
        Delayus(20);                     //时序要求延时 50 μs
        DS18B20_DQ = 1;                  //18B20 的数据口写 1
        Value >>= 1;                     //Value 右移一位
    }
}

uchar Read_DS18B20(void)                 //读 18B20 的数据函数
{
    uchar i = 0;
    uchar Value = 0;
    for(i = 0; i < 8; i ++)              //读入 8 位 18B20 的寄存器
    {
        DS18B20_DQ = 1;                  //18B20 的数据口写 1
        DS18B20_DQ = 0;                  //18B20 的数据口写 0
        Delayus(1);                      //时序要求延时 7 μs
        DS18B20_DQ = 1;                  //18B20 的数据口写 1
        Delayus(1);                      //时序要求延时 7 μs
        if(DS18B20_DQ)                   //当 DS18B20 数据口读出为 1 时
        {
            Value|= 0x01 << i;           //该位合成到 Value 中
        }
        Delayus(17);                     //时序要求延时 39 μs
        DS18B20_DQ = 1;                  //18B20 的数据口写 1
```

```
    }
    return Value;                           //返回 Value
}

uchar Read_DS18B20_TEMP(void)               //18B20 的温度读取函数
{
    uchar Temp_L = 0;                       //定义温度低位
    uchar Temp_H = 0;                       //定义温度高位
    uchar Temp = 0;                         //温度存放
    bit ZF = 0;
    RESET_DS18B20( );                       //复位 18B20
    Write_DS18B20(0xCC);                    //写入跳过序列号命令字
    Write_DS18B20(0x44);                    //写入温度转换命令字
    RESET_DS18B20( );                       //复位 18B20
    Write_DS18B20(0xCC);                    //写入跳过序列号命令字
    Write_DS18B20(0xBE);                    //写入读取数据命令字
    Temp_L = Read_DS18B20( );               //读低 8 位温度
    Temp_H = Read_DS18B20( );               //读高 8 位温度
    Temp_L >>= 4;                           //右移四位
    Temp_H <<= 4;                           //左移四位
    Temp = Temp_H | Temp_L;                 //高低位温度整合一起存入 Temp
    if(Temp&0x80)                           //当温度为零下时
    {
        Temp&=0x7F;
        ZF=1;
    }
    return Temp;                            //返回温度值 Temp
}

void showtemp( )                            //显示温度
{
    uchar Temp=0;
    Temp = Read_DS18B20_TEMP( );            //Temp 为 18B20 读取的温度
    Write(0,0xC1);                          //在第二行显示
    Write(1,'C');
    Write(1,'u');
```

```
    Write(1,'r');
    Write(1,'r');
    Write(1,'e');
    Write(1,'n');
    Write(1,'t');
    Write(1,':');
    Write(1,' ');
    Write(1,str[Temp/100]);           //显示温度百位
    Write(1,str[Temp/10%10]);         //显示温度十位
    Write(1,str[Temp%10%10]);         //显示温度个位
    Write(1,0xDF);                    //显示“ 0 ”
    Write(1,'C');                     //显示“C”
}

void main(void)                       //主函数
{
    TMOD = 0x01;                      //定义定时器 0 为工作方式 1
    TH0  = -50000/256;                //定时器 0 高位赋初值（50 ms 定时）
    TL0  = -50000%256;                //定时器 0 低位赋初值（50 ms 定时）
    ET0  = 1;                         //开定时器中断控制位
    EA   = 1;                         //开总中断控制位
    TR0  = 1;                         //定时器 0 启用控制位（1 为开启）
    Init_LCD( );                      //LCD 初始化
    while(1)
    {
        showtime( );                  //显示时间
        showtemp( );                  //显示温度
    }
}
```

三、仿真效果

仿真效果如图 4-3-8 所示。

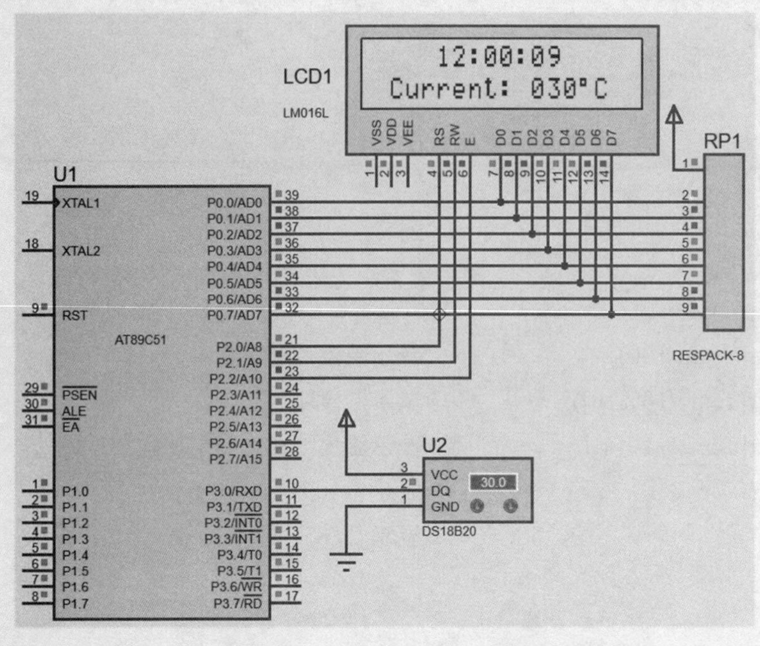

图 4-3-8　电子钟（显示温度）仿真效果图

电子钟（显示温度）仿真效果

任务四　交通灯设计（选修）

【任务描述】

一、情景导入

交通灯是由红、黄、绿（绿为蓝绿）三种颜色灯组成用来指挥交通通行的信号灯，是城市交通的重要指挥系统，为人们道路出行提供安全、可靠、便捷的有力保障。

二、任务目标

设计一个交通灯控制系统，符合以下要求：

（1）单片机 AT89C51 控制。

（2）东西和南北两条交叉道路上的车辆交替运行，每次通行时间设为 30 s，即绿灯 25 s，黄灯 5 s 且每秒闪烁一次。每一个方向剩下 8 s 后，用 LED 数码管倒计时显示。

【关联知识】

程序切换设计

程序切换是用来使单片机执行不同的程序段以实现不同的功能，其切换是需要条件的。

（一）程序切换条件

切换条件包括外部条件（如按键触发）和内部条件（如定时器触发）。按键触发又包括多按键触发和单按键触发，多按键触发编程简单，但占用硬件资源；单按键节省资源，但编程复杂。

（二）程序切换的实现

1．多按键触发

```
程序段 1；
程序段 2；
…
程序段 n；
main()
{
    while(1)
    {
        按键 1 被按下
            调用程序段 1；
        按键 2 被按下
            调用程序段 2；
        …
        按键 n 被按下
            调用程序段 n；
    }
}
```

2．单按键触发

```
char type=1；        //全局变量
程序段 1；
…
程序段 n；
keyscan（ ）
{
    按键按下 type 加 1；
    当 type 值等于 n+1 时，type 值归 1;
}
```

```
char type=1；        //全局变量
程序段 1；
…
程序段 n；
keyscan（ ）interrupt 0
{
    type 加 1；
    当 type 值等于 n+1 时，type 值归 1;
}
```

```
main()
{
    while(1)
    {
        keyscan ( );
        type 值等于 1
            调用程序段 1;
        …
        type 值等于 n
            调用程序段 n;
    }
}
        查询方式
```

```
main()
{
    EA=1; EX0=1;
    while(1)
    {
        type 值等于 1
            调用程序段 1;
        …
        type 值等于 n
            调用程序段 n;
    }
}
        中断方式
```

3．定时器触发

```
程序段 1;
程序段 2;
…
程序段 n;
t0 ( ) interrupt 1
{
    更改 type 值;
    当 type 值等于 n+1 时，type 值归 1;
}
main()
{
    定时器初始化;
    while(1)
    {
        type 值等于 1
            调用程序段 1;
        type 值等于 2
            调用程序段 2;
        …
        type 值等于 n
            调用程序段 n;
    }
}
```

本任务应用定时器内部条件触发。

【任务实施】

一、电路设计

（一）元件清单

表 4-4-1　交通灯元件清单

功能块	元件标号	元件名称	Keywords	参数值	数量
主控	U1	微处理器	AT89C51		1
显示		共阳极数码管	7SEG-COM-AN		1
		交通灯	TRAFFIC		4
	RP1	排阻	RESPACK-8		1
时钟	X1	晶振	CRYSTAL	12 MHz	1
	C1 ~ C2	电容	CAP	30 pF	2
复位	R1、R2	电阻	RES	10 kΩ、270 Ω	2
	C3	电容	PCELECT10U50V	10 μF	1
		按键	BUTTON		1

（二）电路图

交通灯电路如图 4-4-1 所示。

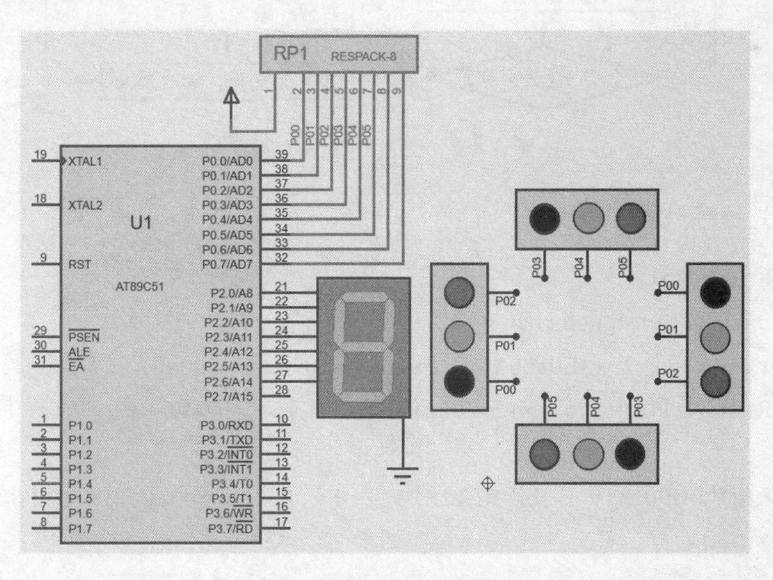

图 4-4-1　交通灯电路图

提示：① 为方便起见，本图没有绘制时钟电路与复位电路，但实际制作产品时，时钟电路不可或缺；② 若采用片内程序存储器 ROM，虽然仿真时对 $\overline{EA}$ 没有要求，但实际制作产品时，必须接+5 V 电源（参考航标灯）。

二、程序设计

（一）程序流程

程序流程如图 4-4-2 所示。

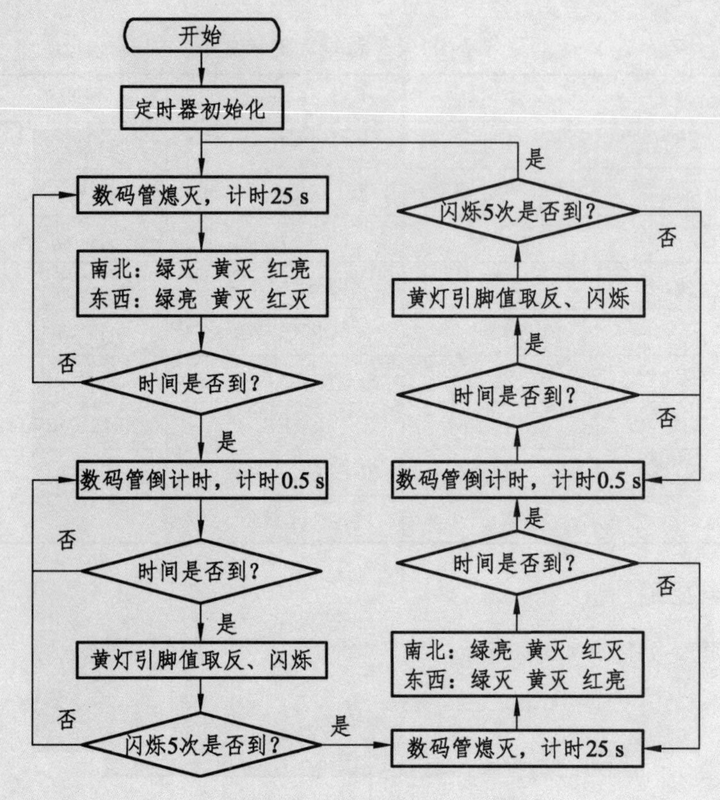

图 4-4-2 交通灯程序流程图

（二）程序代码

```
#include<reg51.h>
#define uchar unsigned char
uchar code cc[]={0x3f,0x06,0x5b,0x4f,0x66,0x6d,0x7d,0x07,0x7f,0x6f};
sbit RED_A=P0^0;      sbit YELLOW_A=P0^1;      sbit GREEN_A=P0^2;
                              //东西向指示灯
sbit RED_B=P0^3;      sbit YELLOW_B=P0^4;      sbit GREEN_B=P0^5;
                              //南北向指示灯
uchar flash=0,type=1;         //闪烁次数，操作类型变量
int count=0;                  //延时倍数
void T0_INT() interrupt 1     //定时器 0 中断函数
{
```

```
TH0=(65536-50000) /256;        //定时器初值，计时 50 ms
TL0=(65536-50000) %256;        //定时器初值，计时 50 ms
switch(type)
{
    case 1:                    //东西向绿灯与南北向红灯亮 5 s
        P2=0X00;
        RED_A=0;YELLOW_A=0;GREEN_A=1;
        RED_B=1;YELLOW_B=0;GREEN_B=0;
        if(++count!=500) break;    //25 s（500*50 ms）切换
        count=0;
        type=2;
        break;
    case 2:                        //东西向黄灯开始闪烁，绿灯关闭
        P2=cc[5-flash/2];
        if(++count!=10) break;     //0.5 s 后闪烁
        count=0;
        YELLOW_A=~YELLOW_A;GREEN_A=0;    //闪烁
        if(++flash!=10) break;     //5 s 后闪烁结束
        flash=0;
        type=3;
        break;
    case 3:                        //东西向红灯与南北向绿灯亮 5 s
        P2=0X00;
        RED_A=1;YELLOW_A=0;GREEN_A=0;
        RED_B=0;YELLOW_B=0;GREEN_B=1;
        if(++count!=500) break;    //25 s（500*50 ms）切换
        count=0;
        type=4;
        break;
    case 4:                        //南北向黄灯开始闪烁，绿灯关闭
        P2=cc[5-flash/2];
        if(++count!=10) break;     //0.5 s 后闪烁
        count=0;
        YELLOW_B=~YELLOW_B;GREEN_B=0;//闪烁
        if(++flash!=10) break;     //5 s 后闪烁结束
        flash=0;
        type=1;
```

```
            break;
        }
}
//主程序
void main()
{
    TMOD=0x01; //T0 方式 1
    IE=0x82;
    TH0=(65536-50000) /256;          //定时器初值，计时 50 ms
    TL0=(65536-50000) %256;          //定时器初值，计时 50 ms
    TR0=1;
    while(1);
}
```

三、仿真效果

交通灯仿真效果

仿真效果如图 4-4-3 所示。

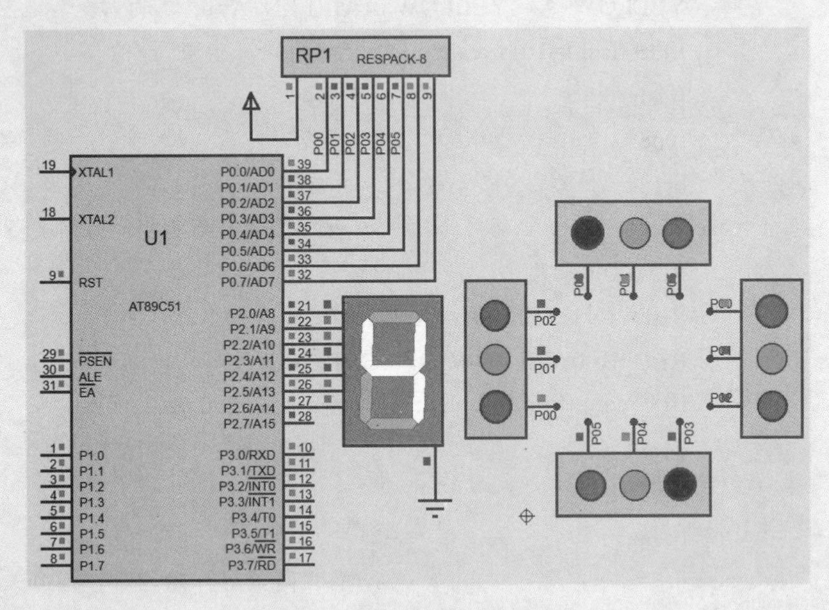

图 4-4-3　交通灯仿真效果图

授业解惑

一、定时器初值计算的优化

以定时器 T0 在工作方式 1 计时 50 ms 为例，常用的初值计算代码如下：

TH0=(65536-50000)/256;　即 TH0=+15536/256;

TL0=(65536-50000)%256;　即 TL0=+15536%256;

对于上述代码，我们可以进行两个方面的优化。

（一）优化一

正向思维：往空杯子里加入 15 536 滴水；逆向思维：从满杯子中减去 50 000 滴水。效果如图 4-5-1 所示。这两种方法的效果一样吗？当然一样。所以

TH0=15536/256;
TL0=15536%256;

与

TH0=-50000/256;
TL0=-50000%256

是等效的。

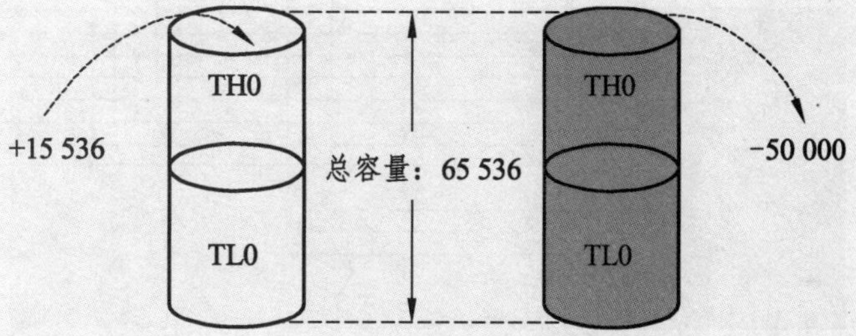

图 4-5-1　正逆向思维效果图

（二）优化二

在功能相同的前提下，单片机程序设计尽可能采用运算量最小的方法。

（1）用移位替代乘除运算。

左移 1 位等同乘以 2，右移 1 位等同除以 2，所以 TH0=-50000/256;可以优化为 TH0=-50000>>8；

（2）用位操作替代求余（%）运算。

任意整数 A 可以表示为二进制数：

$a_n a_{n-1} \cdots a_8 a_7 a_6 a_5 a_4 a_3 a_2 a_1 a_0 = a_n 2^n + a_{n-1} 2^{n-1} + \cdots + a_8 2^8 + a_7 2^7 + a_6 2^6 + a_5 2^5 + a_4 2^4 + a_3 2^3 + a_2 2^2 + a_1 2^1 + a_0 2^0$

其中，a_0、a_1、a_2、…、a_{n-1}、a_n 为 0 或 1。

除以 256（即 2^8）后的余数等于 $a_7 2^7 + a_6 2^6 + a_5 2^5 + a_4 2^4 + a_3 2^3 + a_2 2^2 + a_1 2^1 + a_0 2^0$，相当于只需保留 2^8 位后的数，将 A 同二进制数 11111111（十进制：255，十六进制：0xff）做“按位与”逻辑运算即可得到结果，也就是说 TL0=-50000%256；可以优化为 TL0=-50000&255；

综合（1）、（2），得：

TH0=(65536-50000)/256;
TL0=(65536-50000)%256;

可优化为

TH0=-50000>>8;
TL0=-50000&255;

二、字符串显示技巧

在抢答器、记分牌、秒表等采用 LCD 液晶显示的项目中，针对不同的字符串，我们分别定义了不同的送显函数。但是如果利用数组传输的话，只要定义一个送显函数就可以了，这样大大减少了程序量。下面举例说明。

预期目标：每按键一次，显示内容依次更换，如图 4-5-2 所示。

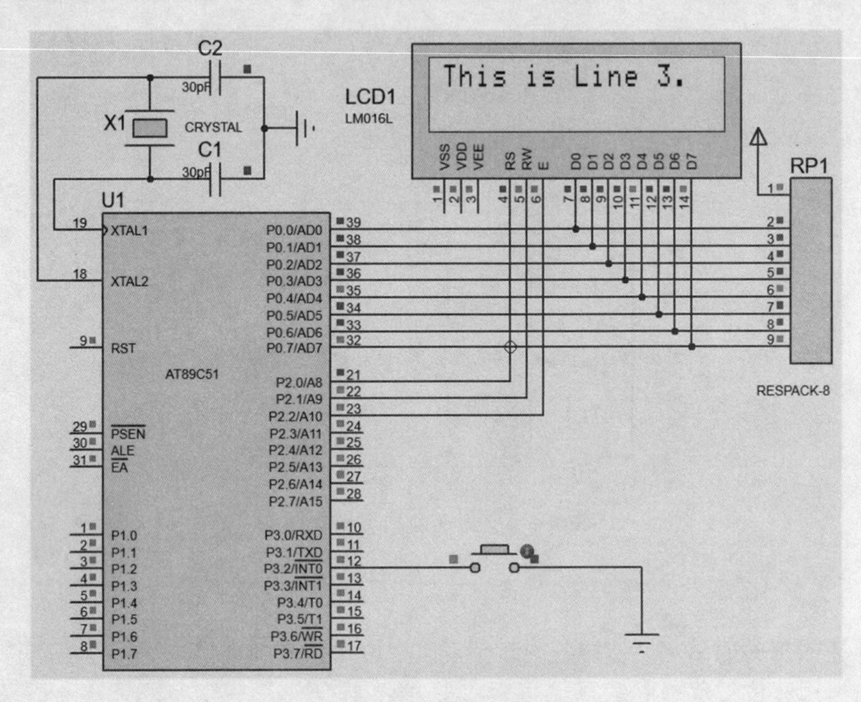

图 4-5-2　按键显示电路图

```
#include "reg51.h"
#define uchar unsigned char
#define Port P0 //定义 LCD 数据端口
sbit RS=P2^0;
sbit RW=P2^1;
sbit E=P2^2;
sbit Busy=P0^7;
sbit button=P3^2;
uchar num=0;
uchar code str2[6][16]={"This is Line 1.","This is Line 2.","This is Line 3.",
                        "This is Line 4.","This is Line 5.","This is Line 6."};
//将要显示的字符串以数组的形式存放

void Read_Busy(void)            //读忙信号判断
```

```
{
    uchar k=255;
    Port=0xff;
    RS=0;
    RW=1;
    E=1;
    while((k--)&&(Busy));
    E=0;
}

void Write_Comm(uchar lcdcomm)      //写指令函数
{
    Read_Busy( );                   //先读忙
    RS=0;                           //端口定义为写指令
    RW=0;                           //端口写入使能
    E=1;                            //端口输入总使能
    Port=lcdcomm;                   //数据端送指令
    E=0;                            //端口输入总禁止
}

void   Write_Chr(uchar lcddata)     //写数据函数
{
    Read_Busy( );                   //先读忙
    RS=1;                           //端口写数据使能
    RW=0;                           //端口写入使能
    E=1;                            //端口总输入使能
    Port=lcddata;                   //数据端口送数据
    E=0;                            //端口总输入禁止
}

void display(uchar a,uchar b[6][16])
{
    uchar k;
    Write_Comm(0x80);               //定位
    for(k=0;k<16;k++)               //循环送显 str2 十六个字符
        Write_Chr(b[a][k]);
}
```

```
void INT() interrupt 0
{
      num++;                          //更改要显示的行号
      if(num==6) num=0;
      while(button==0);               //消抖
}

//初始化 LCD
void Init(void)
{
      EA=1;
      EX0=1;
      Write_Comm(0x38);               //8 位 2 行 5*7
      Write_Comm(0x0c);               //打开显示、隐藏光标、关闭闪烁
      Write_Comm(0x01);               //清屏
      Write_Comm(0x02);               //光标归位
}

void main()
{
      Init();                         //初始化
      while(1)
      {
            display(num，str2);       //传递行号和字符串数组名
      }
}
```

当然，在定义数组时，要注意内存溢出问题。

远程控制——天涯比邻

导 学

知识目标

- 单片机通信技术：通信方式、串行通信的制式、串行通信的控制。
- 红外通信技术：红外通信原理、红外接收头 LF0038Q。
- 超声波通信技术：超声波测距原理、超声波测距模块 HC-SR04。

技能目标

- 双机通信、红外遥控、超声波测距的硬件电路设计、软件程序编写、调试。

职业能力

- 自我学习、信息处理、团队分工协作、解决问题、改进创新。

任务梯度

任务	
任务四：LED 滚动屏设计（选修） 点阵显示、译码器与缓存器的使用	知识点增加
任务三：超声波测距设计 在任务二基础上换超声波通信	知识点增加
任务二：红外遥控设计 在任务一基础上换红外通信	知识点增加
任务一：双机通信设计 单片机通信技术的初步应用	

知识导图

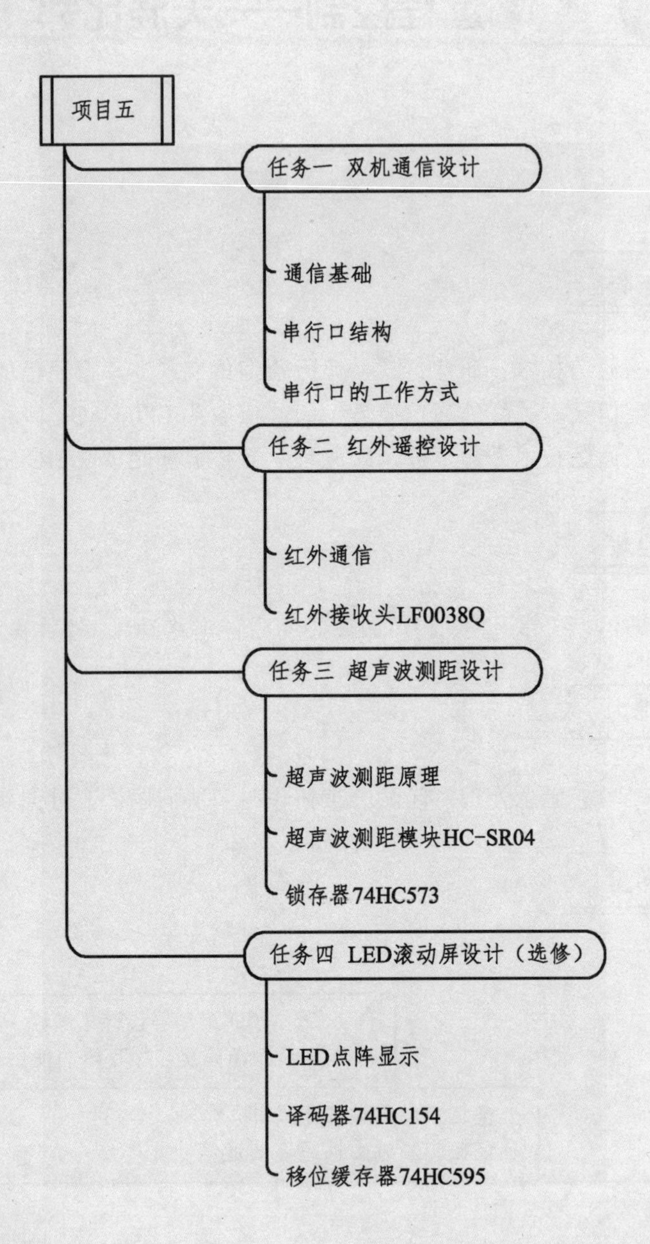

项目五
任务一 双机通信设计
通信基础
串行口结构
串行口的工作方式
任务二 红外遥控设计
红外通信
红外接收头LF0038Q
任务三 超声波测距设计
超声波测距原理
超声波测距模块HC-SR04
锁存器74HC573
任务四 LED滚动屏设计（选修）
LED点阵显示
译码器74HC154
移位缓存器74HC595

任务一　双机通信设计

【任务描述】

一、情景导入

移动电话、个人计算机、微信、支付宝、网上购物、抖音短视频、高铁、飞机以及智能家居的控制等各种应用或设备，都离不开通信技术。本任务实现最基础的：双机通信。

二、任务目标

设计一个双机通信控制系统，符合以下要求：

（1）两个单片机 AT89C51 的控制。

（2）LED 数码管输出。

（3）8 个独立按键输入。

（4）利用**串行口方式 1** 进行通信，通过甲机连接的 8 个按键开关控制乙机外接的 LED 数码管的显示，如“3”号键按下时，数码管上显示“3”。

【关联知识】

一、单片机：通信基础

通信方式

（一）通信基本概念

在实际应用中，单片机往往需要与专门负责某个功能的外部设备进行信息、数据的交换，而有时候单片机之间也需要进行数据交换。我们把数据处理设备之间的信息交换称为数据通信。基本的通信方式有两种：并行通信和串行通信。

并行通信：所传送数据的各位同时进行发送或接收。如图 5-1-1（a）所示，并行方式传输一个字节需要 8 条数据线，而且 8 条数据线上的数据传送是同时进行的。这种方式通信速度快，但所需要的传输线多，长距离传输时线材成本较高，适合近距离通信。

串行通信：所传送数据的各位按顺序一位一位地发送或接收。如图 5-1-1（b）所示，串行方式传输一个字节只需要一条数据线，该字节的 8 个位按排序先后通过该数据线传送。这种方式通信速度慢，但数据传输线少，线路结构简单，抗干扰能力强，适用于远距离通信。

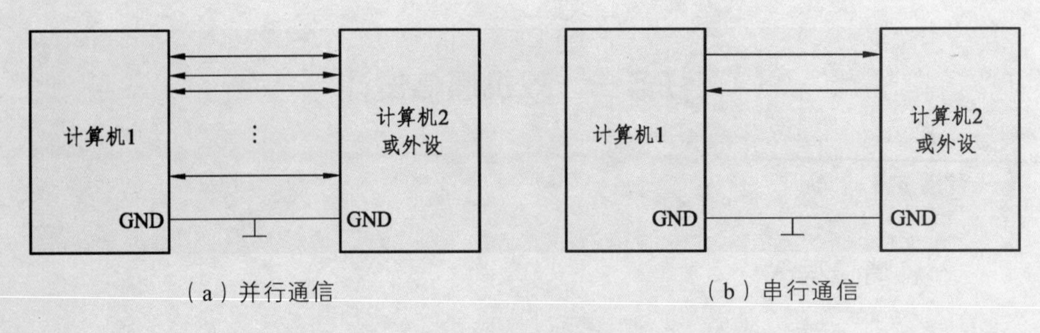

（a）并行通信　　（b）串行通信

图 5-1-1　两种基本的通信方式

（二）串行通信的分类

串行通信有两种通信方式，即同步串行传输方式和异步串行传输方式。

1．同步串行传输

同步串行传输方式是指串行数据的传送与接收是同步进行的。为了实现同步就需要同步信号，该同步信号在进行数据传输的同时由串行数据发送设备向接收设备发出。

同步串行传输的数据传输格式如图 5-1-2 所示。

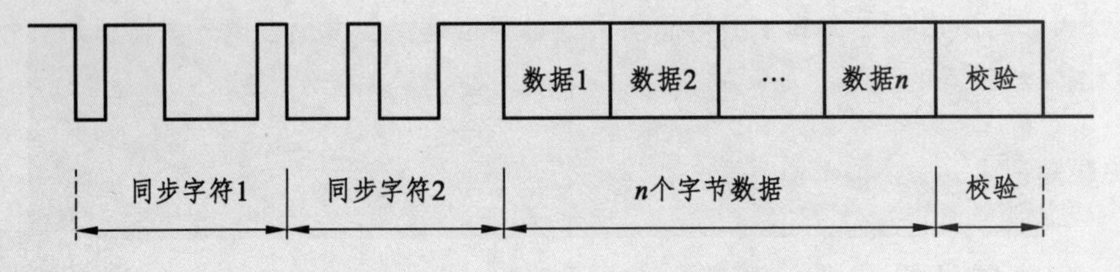

图 5-1-2　同步串行数据传输格式

在进行同步串行传输方式传输数据时，首先要在数据头加上一个或两个同步字符，该同步字符是数据发送设备与接收设备之间约定好的，在同步字符之后就是所要传输的连续的数据块。当数据接收设备接收到同步字符之后就开始对后面的数据进行接收。

同步串行传输的速度比较快，不过由于在进行数据传输时需要准确的同步时钟信号，因此对硬件的要求比较高。

2．异步串行传输

异步串行传输方式并不要求数据的传输是连续的，即不需要同步时钟信号。在该方式下，数据是以字符为单位进行传输的，即每次传输一个字符，而不同字符的传输是可以有间隔的。

异步串行传输的数据传输格式如图 5-1-3 所示。

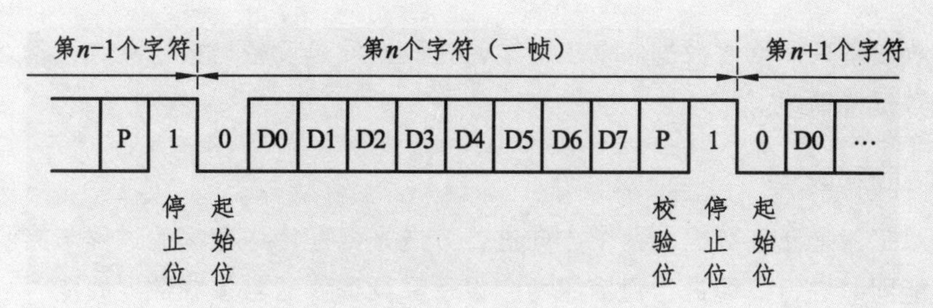

图 5-1-3　异步串行数据传输格式

如图 5-1-3 所示，每一个字符都由起始位、数据位、奇偶校验位与停止位四部分组成，它们组合在一起称为一帧。帧的第 1 位是起始位，为 0 信号，标志着一帧数据的开始。在起始位之后为数据位，就是所需要传输的串行数据，其中低位数据在先，高位数据在后。在数据位之后为奇偶校验位，此位可有可无，并不是必需的。最后是停止位，为 1 信号，表示一帧数据的结束。对于字符的编码形式、数据位的位数、奇偶校验位的形式和停止位的位数，需要在进行串行传输之前由通信双方约定好。

在进行串行数据传输过程中，数据发送设备将逐帧发送数据，不过帧与帧之间并不要求连续。如果帧不连续，那么需要在两帧之间加入空闲位，即连续的 1 信号，以表示目前没有数据进行传输。

在无数据传输时，由于数据发送端总是保持信号 1，因此当数据接收设备侦测到信号 0，即一帧的起始位后便开始接收数据。当数据位与奇偶校验位全部传输完毕后，数据接收端将收到停止位信号 1，表示该帧数据传输完毕，之后数据接收设备将等待下一帧的起始位。由于在异步传输过程中，每一个字符都需要使用起始位与停止位作为开始与结束的标志，占了一定的时间，因此相对于同步传输方式，异步传输方式的速度比较慢，不过对硬件要求较低。

异步数据传输的一个重要指标是波特率。波特率为每秒钟传送二进制数码的位数，也称比特数，单位为位/秒（b/s）。波特率用于表示数据传输的速度，波特率越高，数据传输的速度也越快。通常，异步通信的波特率为 50 ~ 19 200 b/s。

（三）串行通信的制式

串行通信的制式

在串行通信中，数据是在两个站之间进行传送的。按照数据传送方向，串行通信可分为三种制式：单工、半双工与全双工。三种制式的示意图如图 5-1-4 所示。

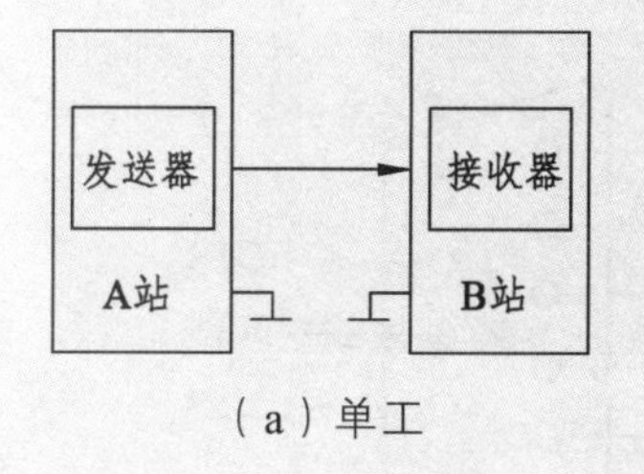

（a）单工

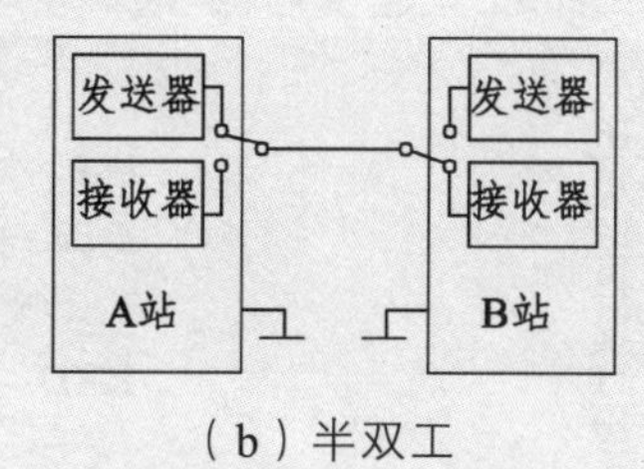

（b）半双工

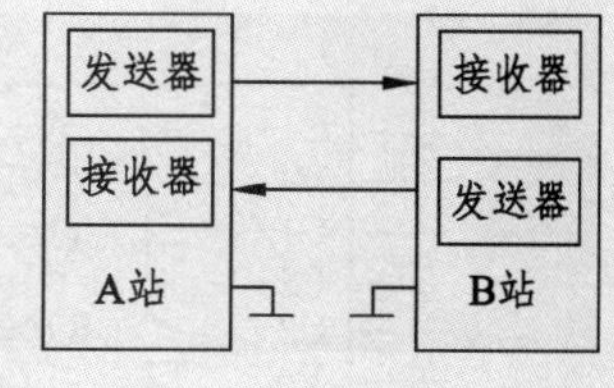

（c）全双工

图 5-1-4　串行通信的制式

1. 单　工

单工就是只允许数据向一个方向进行传送，即数据发送设备只能发送数据，而数据接收设备只能接收数据。单工传输时在数据发送设备与数据接收设备之间只需要一条数据传输线。

2．半双工

半双工就是允许数据向两个方向进行传送，但是传送数据的过程与接收数据的过程不能同时进行。即进行通信的两个设备都具备传送与接收数据的能力，但是在同一时刻只能一个设备进行数据传送，而另一个设备进行数据接收。

3．全双工

全双工就是允许数据向两个方向进行传送，并且传送数据的过程与接收数据的过程可以同时进行。即进行通信的两个设备都具备传送与接收数据的能力，而且在同一时刻两个设备均可以发送与接收数据。

（四）RS-232 标准及其接口

RS-232C 是计算机系统中使用最早、应用最多的一种异步串行通信总线标准。它是美国电子工业协会（EIA）为了利用电话线及调制解调器进行数据通信，于 1962 年公布，1969 年最后修订而成的。

RS-232 主要用来定义计算机系统的一些数据终端设备（DTE）和数据电路终端设备（DCE）之间的电气性能。RS-232C 有 25 针 D 型连接器和 9 针 D 型连接器两种规格，目前 PC（个人计算机）机采用的都是 9 针的 D 型连接器，如 CRT、打印机等与 CPU 的通信接口。MCS-51 单片机与 PC 机的通信也是采用该种类型的接口。

RS-232C 采用的是 EIA 电平，信号线上的电压为负逻辑关系。

逻辑 0：+3 ~ +15 V

逻辑 1：−3 ~ −15 V

其他电压都是没有意义的。因此 RS-232C 的不能和 TTL 电平直接相连，否则将使 TTL 电路烧坏。为了实现与 TTL 元件的连接，必须在 EIA 电平与 TTL 电平之间进行电平转换。目前常见的电平转换模块有 TI 公司推出的 MAX232，另有 TSC232、ICL232 等，它们的引脚与特性是兼容的。

MAX232 的引脚结构和 9 针 D 型连接器的引脚结构如图 5-1-5 所示。

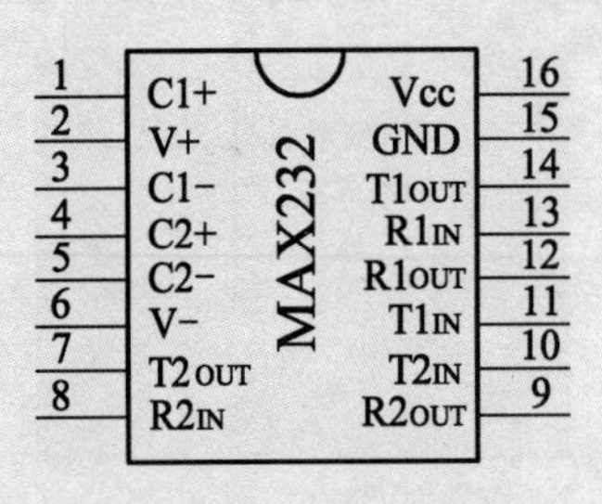

（a）MAX232 引脚结构

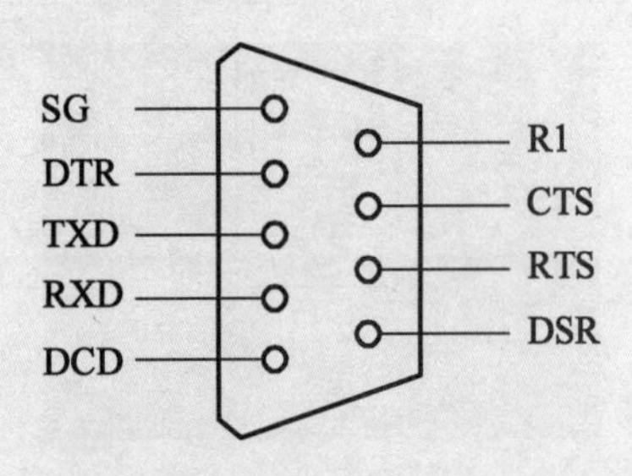

（b）9 针 D 型连接器引脚结构

图 5-1-5　MAX232 与 9 针 D 型连接器的引脚图

在许多应用场合，由单片机构成的自动控制系统往往需要与 PC 机进行数据通信。PC 机提供的两个 RS-232 串行口 COM1、COM2 是 EIA 电平，而单片机的串行数据收发线 RXD、TXD 都是 TTL 电平，因此单片机需使用 MAX232 芯片进行电平转换，通过串行电缆线与 PC 机相连接，如图 5-1-6 所示。MAX232 芯片内部具有电压倍增电路，只需+5 V 电源供电，外接 4 个电容，使用非常方便。

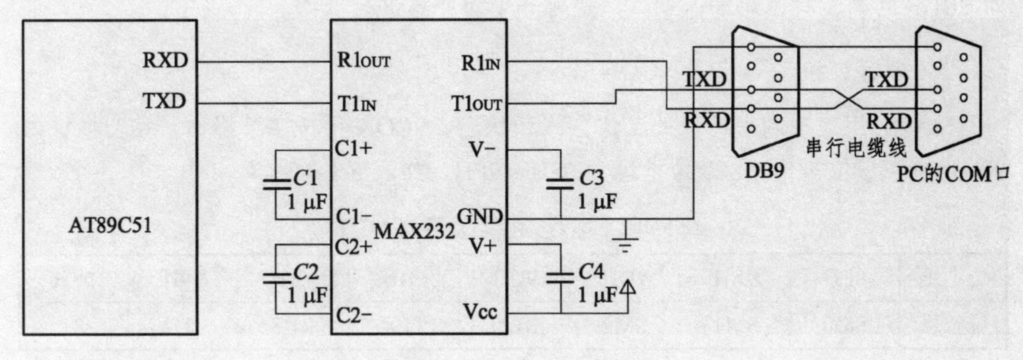

图 5-1-6　MAX232 接口

二、单片机：串行口结构

MCS-51 系列单片机的串行口是一个可编程的全双工串行通信接口，通过软件编程可作为通用异步接收\发送器（UART），也可以通过外接移位寄存器后扩展并行 I/O 口。MCS-51 串行口有 4 种工作方式，帧格式有 8 位、10 位和 11 位，并能设置各种波特率，使用灵活方便。

AT89C51 单片机的串行口内部结构如图 5-1-7 所示。

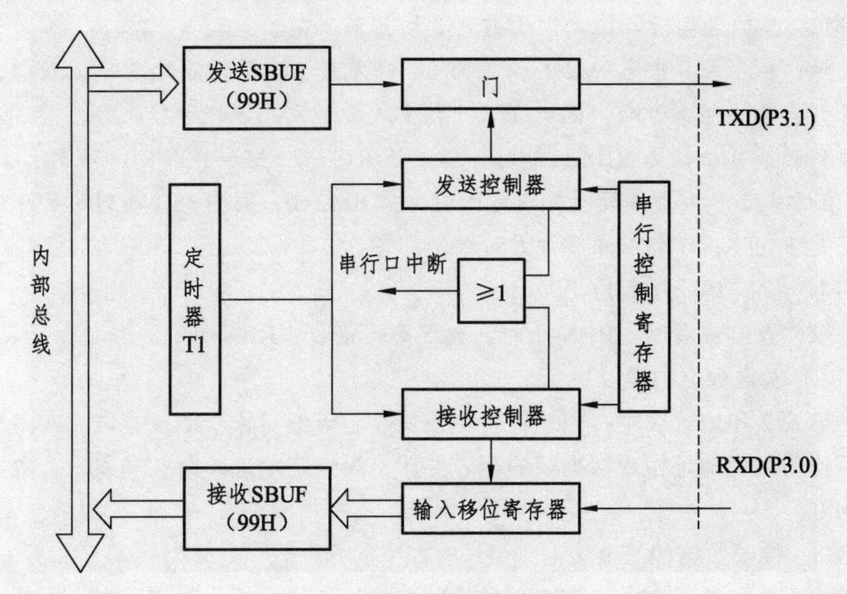

图 5-1-7　串行口内部结构图

串行通信的控制

下面分别对串行口的控制寄存器进行介绍。

1．串行口数据缓冲器 SBUF

SBUF 是两个在物理上独立的接收、发送寄存器，一个用于存放接收到的数据，另一个用于存放待发送的数据。两者共用一个地址 99H，通过对 SBUF 的读、写语句来识别具体是哪一个缓冲器进行操作。

2．串行口控制寄存器 SCON

SCON 用来控制串行口的工作方式和状态，SCON 可按字节操作，字节地址为 98H，也可按位操作，8 个位地址为 98H ~ 9FH，如表 5-1-1 所示。

表 5-1-1 串行口控制寄存器 SCON

位地址	9FH	9EH	9DH	9CH	9BH	9AH	99H	98H
位符号	SM0	SM1	SM2	REN	TB8	RB8	TI	RI

SM0、SM1：用于选择串行口工作方式，如表 5-1-2 所示。

表 5-1-2 串行口工作方式

SM0	SM1	工作方式	功 能	波特率
0	0	0	8 位移位寄存器	$f_{osc}/12$
0	1	1	10 位异步串行通信 UART	可变
1	0	2	11 位异步串行通信 UART	$f_{osc}/64$ 或 $f_{osc}/32$
1	1	3	11 位异步串行通信 UART	可变

SM2：多机通信控制位，用于方式 2 和方式 3 中。

提示：在方式 0 中，SM2 应设置为 0。在方式 1 处于接收时，若 SM2=1，则只有当收到有效的停止位后，RI 才置 1。在方式 2 和方式 3 处于接收时，若 SM2=1，且接收到的第 9 位数据 RB8 为 0 时，不激活 RI；若 SM2=1 且 RB8=1 时，则使 RI 置 1。在方式 2 和方式 3 处于发送方式时，若 SM2=0，则不论接收到的第 9 位 RB8 为 0 还是 1，TI、RI 都以正常方式被激活。

REN：允许串行接收位。

由软件置位或清零，REN=1 时，允许串行接收；REN=0 时，禁止串行接收。

TB8：发送数据的第 9 位。

在方式 2 和方式 3 中，由软件置位或清零。一般可作奇偶校验位。在多机通信中，可作为区别地址帧或数据帧的标志位，一般约定地址帧时 TB8 为 1，数据帧时 TB8 为 0。

RB8：接收数据的第 9 位。

在方式 2 和方式 3 中，RB8 存放接收到的第 9 位数据，对应于发送方的 TB8。

TI：发送中断标志位。

在方式 0 中，发送完第 8 位数据后，该位由硬件置 1。在其他方式中，发送停止位前由硬件置 1。因此该标志为 1 时表示一帧数据已发送结束，其状态可供程序查询，也可请求中断。TI 必须用软件清零。

RI：接收中断标志位。

在方式 0 中，接收完第 8 位数据后，该位由硬件置 1。在其他方式中，当接收到停止位时由硬件置 1。因此该标志为 1 时表示一帧数据已接收完毕，其状态可供程序查询，也可请求中断。TI 必须用软件清零。

PCON：电源及波特率选择寄存器。

PCON 只有最高位与串行口通信有关，其他位用于电源管理。其只能按字节操作，字节地址为 87H，结构如表 5-1-3 所示。

表 5-1-3　串行口控制寄存器 PCON

D7H	D6H	D5H	D4H	D3H	D2H	D1H	D0H
SMOD	—	—	—	GF1	GF0	PD	IDL

SMOD：为波特率倍增位。在方式 1、2、3 中，串行通信的波特率与 SMOD 有关。当 SMOD=1 时，通信波特率加倍。

三、单片机：串行口工作方式

AT89C51 单片机的串行口有 4 种工作方式，可通过 SCON 中的 SM1 和 SM0 位来设置。下面对 4 种工作方式进行说明。

方式 0：串行口用作同步移位寄存器，其波特率为固定的 $f_{osc}/12$。串行数据从 RXD 端输入或输出，在 TXD 端输出移位脉冲。这种方式通常用于扩展 I/O 端口。

方式 1：串行口为波特率可调的 10 位异步串行通信 UART，发送或接收的一帧信息包括 1 位起始位“0”，8 位数据位和 1 位停止位“1”，其中起始位和停止位是由硬件电路自动插入的。其帧格式如图 5-1-8 所示。

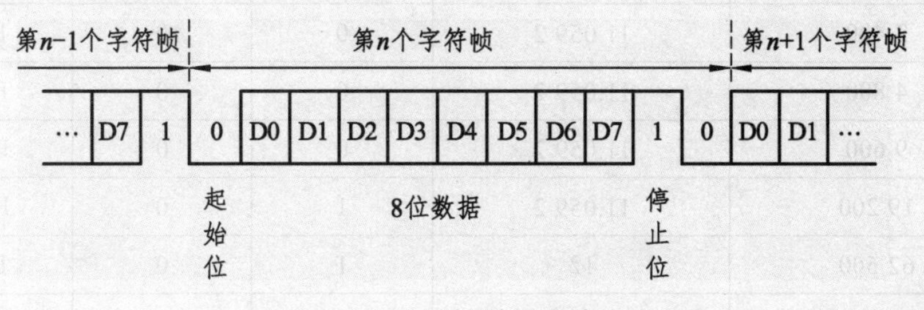

图 5-1-8　方式 1 数据传输格式

在方式 1 下，波特率由定时器 T1 的溢出率和 SMOD 共同决定，其计算公式如下：

$$波特率=\frac{2^{SMOD}}{32}\times 定时器\ T1\ 溢出率$$

当定时器 T1 作为波特率发生器时，为避免通过程序反复装入初值所引起的误差，使波特率更加稳定，通常选用具有定时的方式 2。

方式 2：串行口为 11 位异步串行通信 UART，发送或接收的一帧信息包括 1 位起始位“0”，9 位数据位、1 位可编程位（校验位）和 1 位停止位“1”，其中起始位和停止位是由硬件电路自动插入的。其帧格式如图 5-1-9 所示。

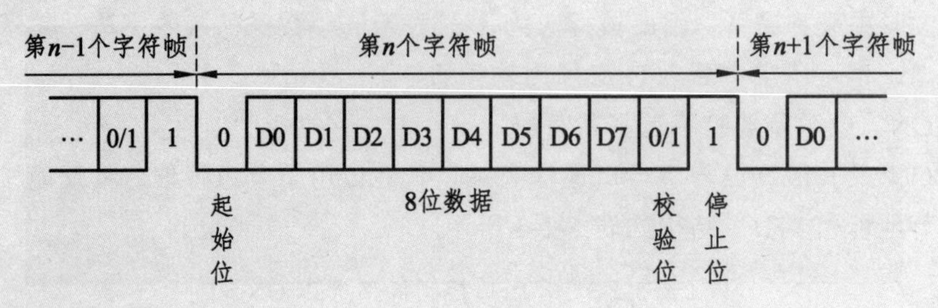

图 5-1-9　方式 2 数据传输格式

方式 2 的波特率与 SMOD 有关，计算公式如下：

$$波特率=\frac{2^{SMOD}}{64}\times f_{osc}$$

方式 3：串行口为波特率可调的 11 位异步串行通信 UART，除了波特率可调之外，该方式与方式 2 相同，其波特率计算公式如下：

$$波特率=\frac{2^{SMOD}}{32}\times 定时器\ T1\ 溢出率$$

表 5-1-4 给出了定时器 T1 作为波特率发生器，工作于方式 2 定时器应用时，常用标准波特率与定时器的相应参数。

表 5-1-4　常用标准波特率与定时器的相应参数

波特率/（b/s）	振荡频率/MHz	SMOD	$C/\overline{T}$	T1 初值
1 200	11.059 2	0	0	E8H
2 400	11.059 2	0	0	F4H
4 800	11.059 2	0	0	FAH
9 600	11.059 2	0	0	FDH
19 200	11.059 2	1	0	FDH
62 500	12	1	0	FFH
1 200	6	0	0	F3H
2 400	6	0	0	FAH
4 800	6	0	0	FDH
9 600	6	1	0	FDH

【任务实施】

一、电路设计

（一）元件清单

表 5-1-5　双机通信元件清单

功能块	元件标号	元件名称	Keywords	参数值	数量
主控	U1	微处理器	AT89C51		2
输出		共阳极数码管	7SEG-COM-AN		1
输入	S1 ~ S8	按键	BUTTON		8
时钟	X1	晶振	CRYSTAL	12 MHz	1
	C1 ~ C2	电容	CAP	30 pF	2
复位	R1、R2	电阻	RES	10 kΩ、270 Ω	2
	C3	电容	PCELECT10U50V	10 μF	1
		按键	BUTTON		1

（二）电路图

双机通信电路如图 5-1-10 所示。

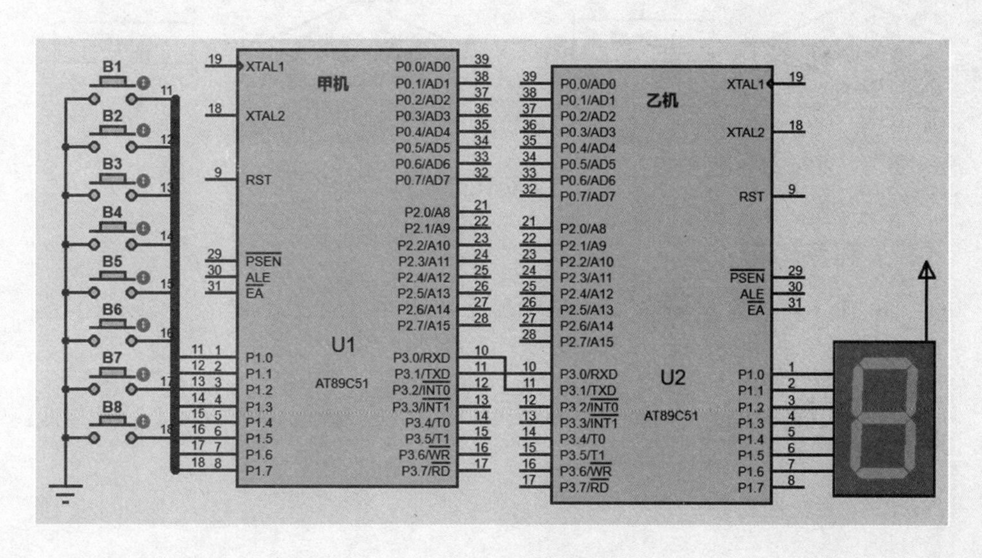

图 5-1-10　双机通信电路图

提示：① 为方便起见，本图没有绘制时钟电路与复位电路，但实际制作产品时，时钟电路不可或缺；② 若采用片内程序存储器 ROM，虽然仿真时对 $\overline{EA}$ 没有要求，但实际制作产品时，必须接+5 V 电源。（参考航标灯）

二、程序设计

（一）程序流程

程序流程如图 5-1-11 所示。

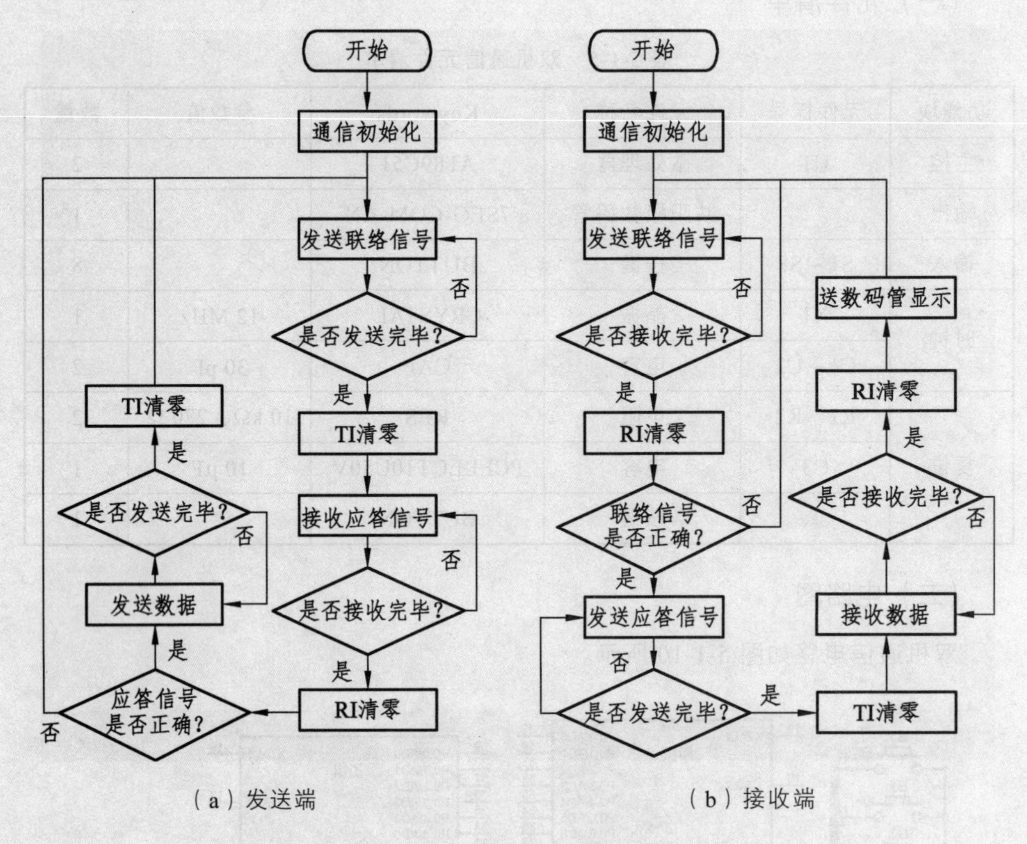

（a）发送端　　　　　　　　　　　（b）接收端

图 5-1-11　双机通信程序流程图

（二）程序代码

1．双机通信发送端程序

```
#include "reg51.h"
char ca[]={0xc0,0xf9,0xa4,0xb0,0x99,0x92,0x82,0xf8,0x80,0x90};   //共阳数码管段码

void fs() //发送函数
{
    do
    {
        SBUF=0x01;                //联络信号
        while(TI==0);             //等待发送完毕
```

```
            TI=0;              //发送标志位清零
            while(RI==0);      //等待接收完毕
            RI=0;              //接收标志位清零
        }while(SBUF!=0x02);    //应答信号为 0x02 时转下一步
        SBUF=P1;               //待发送数据
        while(TI==0);          //等待发送完毕
        TI=0;                  //发送标志位清零
}

void SerialInit(void)          //串口初始化
{
        SCON=0x50;             //串口工作在方式 1 且允许数据接收
        PCON=0x00;             //波特率不加倍
        TMOD=0x20;             //定时器设为工作方式 2 即 8 位自动重装模式
        TH1=0xfd;          //2^8-11.0592*1000000/12/32/9600（其中 9600 为波特率）
        TL1=0xfd;          //2^8-11.0592*1000000/12/32/9600（其中 9600 为波特率）
        TR1=1;             //开启定时器 T1
}

void main()
{
        SerialInit();
        while(1)
            fs();          //循环调用发送函数
}
```

2．双机通信接收端程序

```
#include "reg51.h"
char ca[]={0xc0,0xf9,0xa4,0xb0,0x99,0x92,0x82,0xf8,0x80,0x90};
                       //共阳数码管段码
void js()              //接收函数
{
        do
        {
            while(RI==0);      //等待接收完毕
            RI=0;              //接收标志位清零
```

```
    }while(SBUF!=0x01);               //联络信号为 0x01 时转下一步
    SBUF=0x02;                        //应答信号
    while(TI==0);                     //等待发送完毕
    TI=0;                             //发送标志位清零
    while(RI==0);                     //等待接收完毕
    RI=0;                             //接收标志位清零
    switch(SBUF)                      //对接收到的信号判断
    {
        case 0xfe:P1=ca[1];break;     //数码管显示 1
        case 0xfd:P1=ca[2];break;     //数码管显示 2
        case 0xfb:P1=ca[3];break;     //数码管显示 3
        case 0xf7:P1=ca[4];break;     //数码管显示 4
        case 0xef:P1=ca[5];break;     //数码管显示 5
        case 0xdf:P1=ca[6];break;     //数码管显示 6
        case 0xbf:P1=ca[7];break;     //数码管显示 7
        case 0x7f:P1=ca[8];break;     //数码管显示 8
    }
}

void SerialInit(void)     //串口初始化
{
    SCON=0x50;        //串口工作在方式 1 且允许数据接收
    PCON=0x00;        //波特率不加倍
    TMOD=0x20;        //定时器设为工作方式 2 即 8 位自动重装模式
    TH1=0xfd;         //2^8-11.0592*1000000/12/32/9600（其中 9600 为波特率）
    TL1=0xfd;         //2^8-11.0592*1000000/12/32/9600（其中 9600 为波特率）
    TR1=1;            //开启定时器 T1
}

void main()
{
    SerialInit();
    while(1)
        js();         //循环调用接收函数
}
```

三、仿真效果

仿真效果如图 5-1-12 所示。

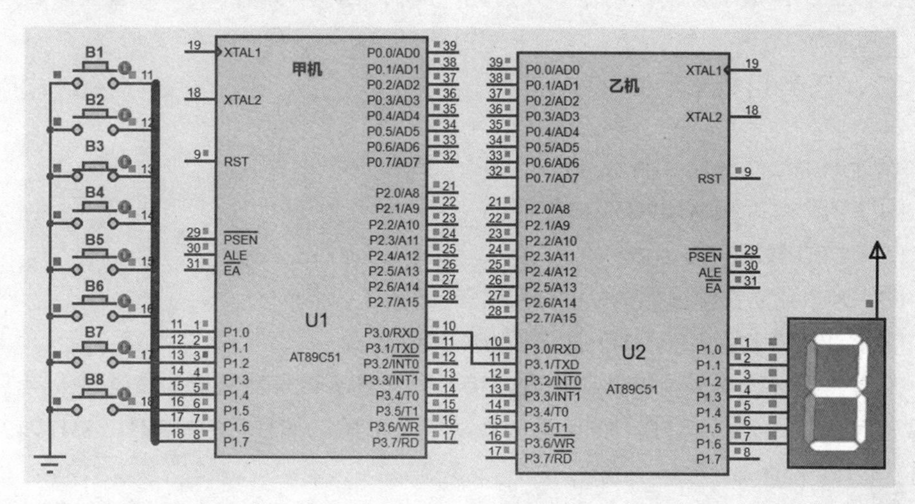

（a）按下第 3 键

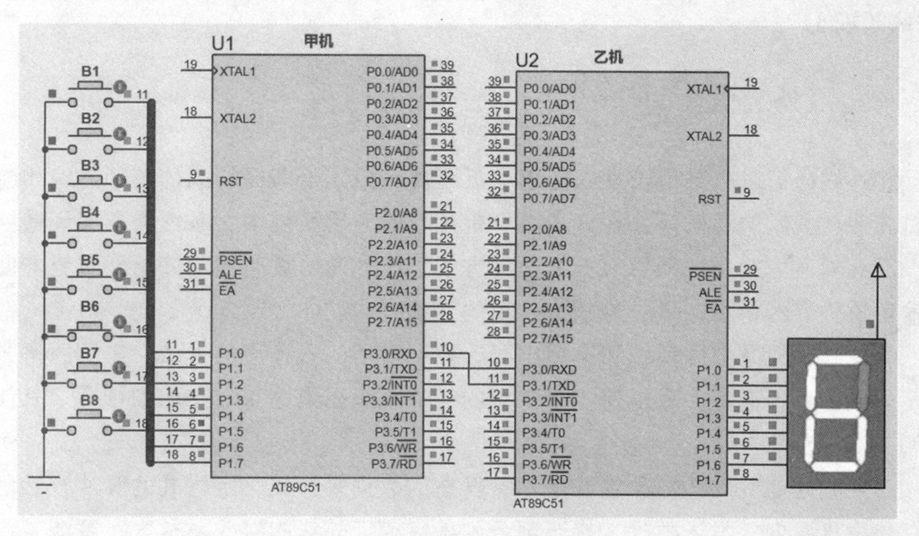

（b）按下第 6 键

图 5-1-12　双机通信仿真效果图

双机通信仿真效果

任务二　红外遥控设计

【任务描述】

一、情景导入

如今广泛使用的家电遥控器几乎都是采用的红外线传输技术。作为无线局域网的传输方式之一，红外线传输方式的最大优点是不受无线电干扰，且它的使用不受国家无线管理委员会的限制。虽然红外线对非透明物体的透过性较差，导致传输距离受限制，但是学会设计制作红外遥控产品仍然是学习单片机的必备技能之一。

二、任务目标

设计一个红外遥控控制系统，符合以下要求：

（1）两个单片机 AT89C51 的控制。

（2）LED 数码管输出。

（3）8 个独立按键输入。

（4）红外接收头 LF0038Q 通信。

（5）发送端连接 8 个按键，接收端接数码管显示，当发送端的按键从上向下依次按键时，经过红外通信后，接收端的数码管分别显示 11H、21H、41H、81H、12H、22H、42H、82H。

【关联知识】

一、红外通信

红外线通信可广泛用于室内通信、近距离遥控、沿海岛屿间的辅助通信和航天飞机内宇航员间的通信等。在许多基于单片机的应用系统中，系统需要实现遥控功能，而红外通信则是被采用较多的一种方法。红外通信具有控制简单、实施方便、传输可靠性高的特点，是一种较为常用的通信方式。

红外线编码是数据传输和家用电器遥控中常用的一种通信方法，其实质是一种脉宽调制的串行通信。家电遥控中常用的红外线编码电路有 μPD6121G 型、HT622 型和 7461 型等。

红外线通信的发送部分主要是把待发送的数据转换成一定格式的脉冲，然后驱动红外发光管向外发送数据。接收部分则是完成红外线的接收、放大、解调，还原成与同步发射格式相同但高、低电位刚好相反的脉冲信号。这些工作通常由一体化的接收头来完成，主要输出 TTL 兼容电平。最后通过解码把脉冲信号转换成数据，从而实现数据的传输。

二、红外接收头 LF0038Q

（一）简　介

LF0038Q 内含高速高、灵敏度 PIN 光电二极管和低功耗、高增益前置放大 IC，采用环氧树脂塑封封装及内置屏蔽抗干扰设计，在红外遥控系统中作为接收器使用。

（二）特　性

（1）小体积环氧塑封封装及内置屏蔽抗干扰设计。

（2）宽工作电压，2.7 ~ 5.5 V。

（3）低功耗，宽角度及长距离接收。

（4）抗干扰能力强，能有效抵挡环境干扰。

（5）输出匹配 TTL、CMOS 电平，低电平有效。

（三）应　用

（1）视听器材（车载 MP3、MP4、硬盘播放器等）。

（2）游戏（遥控飞机、汽车，车载游戏机等）。

（3）其他红外线遥控产品。

（四）应用电路图

LF0038Q 应用电路如图 5-2-1 所示。

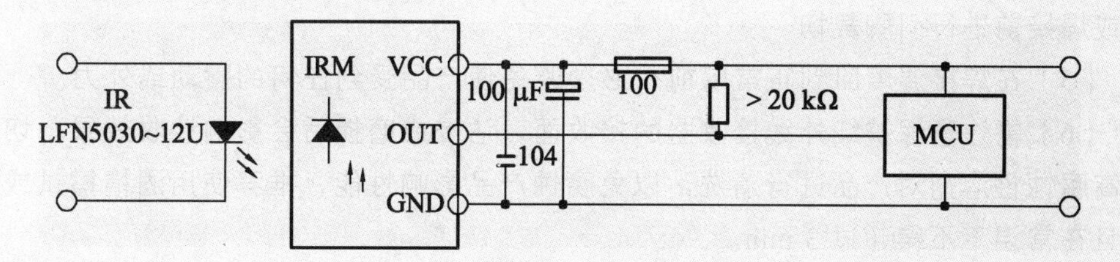

图 5-2-1　LF0038Q 应用电路图

（五）光电参数（T=25 °C，V_{cc}=5.0 V，f_0=38 kHz）

表 5-2-1　LF0038Q 光电参数

参数	符号		测试条件	Min	Type	Max	单位符号
工作电流	I_{cc}		VDD=5 V	0.11	0.27	0.43	mA
接收距离	L	0°	※	12	14		m
	L	左 35°	※	6	7		m
	L	右 35°	※	6	7		m
载波频率	f_0				37.9		kHz
BPF 宽度	f_{BW}		– 3 dB Bandwidth, V_{in}=30 μV_{p-p}	4	7	10	kHz
低电平输出	V_{CL}		I_{sink}=2.0 mA		0.2	0.4	V
高电平输出	V_{CH}			4.7	5.0	-	V
输出脉冲宽度	T_{PW}		Burst wave V_{in}=50 mV_{p-p}	400	600	800	μs
最小脉冲宽度	T_{burst}		V_{in}=50 mV_{p-p}	300			μs
最小间隔时间	$T_{burst\ gap}$		V_{in}=50 mV_{p-p}	350			μs
编码停顿时间	T_{pause}		V_{in}=50 mV_{p-p}	35			ms

※ 发射为 LFN5030-12U

（六）注意事项

（1）焊接条件。

波峰焊或浸锡炉：需在 260 °C 且 5 s 以内一次焊接完成，同时应避免树脂胶体浸入锡槽内，焊点需离引脚与树脂胶体根部 2 mm 以上。

烙铁：用 30 W 的烙铁，其尖端温度不得高于 350 °C，且在 3 s 以内一次焊接完成，焊点需离引脚与树脂胶体根部 2 mm 以上。

回流焊：不适用。

备注：焊接时勿对产品施加外力，注意避免引脚遭受腐蚀或变色,否则会造成焊接困难，建议尽早及时使用。

（2）线路板上的安装孔间距需与产品脚间距离保持一致，否则经过焊接后会有造成内部线路损伤的风险。

（3）引脚弯折成形条件：① 弯折离树脂胶体根部 2 mm 以上；② 必须在焊接前完成。

（4）产品在高温状态下进行引脚裁切容易产生性能不良，需在产品恢复至常温下或焊接前进行引脚裁切。

（5）在焊接温度回到正常以前，必须避免使产品受到任何的震动或外力。

（6）需注意保护红外线接收器的接收面，沾浸或磨损后会影响接收效果，切勿用高腐蚀性溶剂对产品进行清洗，以免腐蚀产品影响性能，推荐使用酒精擦拭或浸渍且在常温下不得超过 3 min。

（7）静电防护：产品为静电敏感元件，在使用时需要注意静电的电涌会损坏或破坏产品；与产品接触的工作台需用导电的台垫通过电阻接地；烙铁的尖端一定要接地；推荐使用离子发生器。

【任务实施】

一、电路设计

（一）元件清单

表 5-2-2　红外遥控发送端元件清单（仿真用）

功能块	元件标号	元件名称	Keywords	参数值	数量
主控	U1	微处理器	AT89C51		1
输入	S1 ~ S8	按键	BUTTON		8
时钟	X1	晶振	CRYSTAL	12 MHz	1
	C1 ~ C2	电容	CAP	30 pF	2
复位	R1、R2	电阻	RES	10 kΩ、270 Ω	2
	C3	电容	PCELECT10U50V	10 μF	1
		按键	BUTTON		1

表 5-2-3　红外遥控接收端元件清单

功能块	元件标号	元件名称	Keywords	参数值	数量
主控	U1	微处理器	AT89C51		1
输出		数码管	7SEG-MPX4-CA		1
	R4 ~ R7	电阻	RES	1 kΩ	4
	RP1	排阻	RESPACK	4.7 kΩ	1
	Q1 ~ Q4	三极管	TIP36		4
输入		红外接收头		LF0038Q	1
	C4	电容	仿真不用	100 nF	1
	R3	电阻		100 Ω	1
时钟	X1	晶振	CRYSTAL	12 MHz	1
	C1 ~ C2	电容	CAP	30 pF	2
复位	R1、R2	电阻	RES	10 kΩ、270 Ω	2
	C3	电容	PCELECT10U50V	10 μF	1
		按键	BUTTON		1

（二）电路图

红外遥控仿真电路如图 5-2-2 所示。

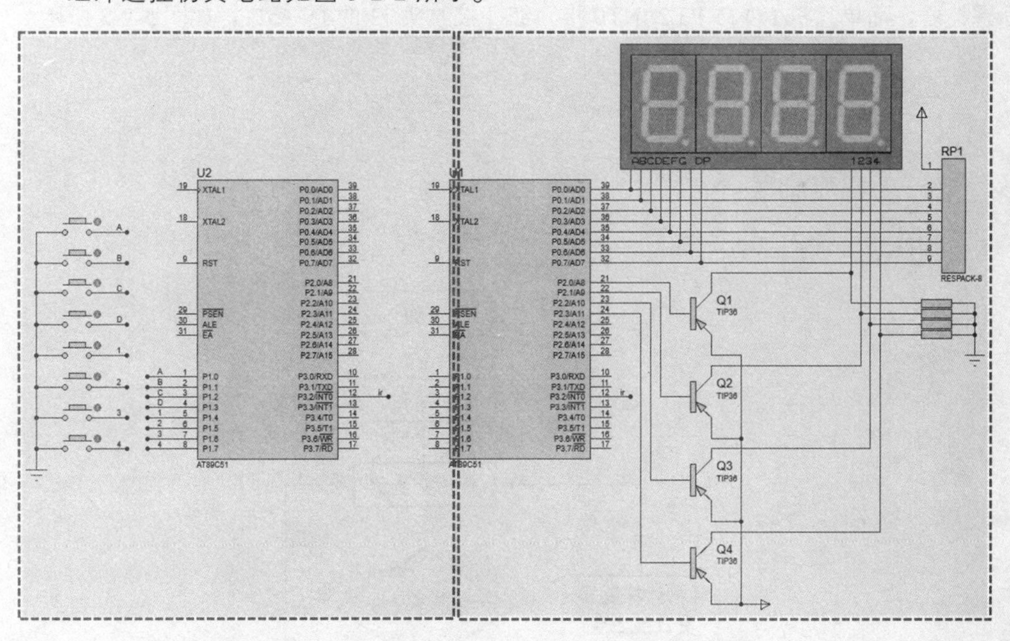

（a）发送端　　　　（b）接收端

图 5-2-2　红外遥控仿真图

提示：① 为方便起见，本图没有绘制时钟电路与复位电路，但实际制作产品时，时钟电路不可或缺；② 若采用片内程序存储器 ROM，虽然仿真时对 $\overline{EA}$ 没有要求，但实际制作产品时，必须接+5 V 电源（参考航标灯）。

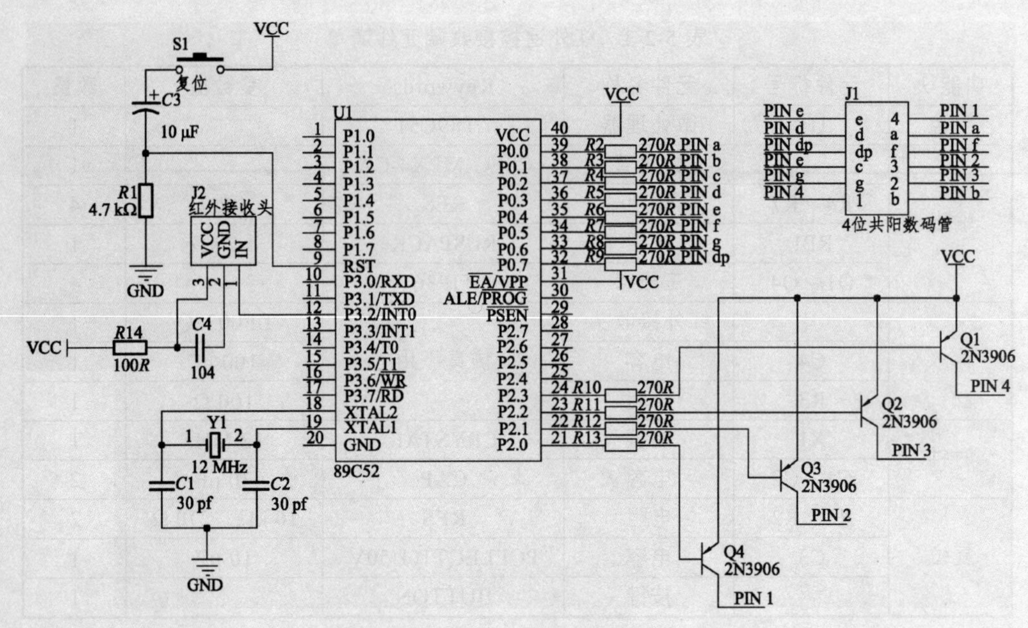

图 5-2-3　红外遥控电路图

图 5-2-2 所示电路用于仿真。在实际应用中，红外发射器可以使用市场已有的红外遥控器，而单片机 I/O 口 P3.2/INT0 接入红外接收头 J2 的 IN 接口，如图 5-2-3 所示。

二、程序设计

（一）程序流程

程序流程如图 5-2-4 所示。

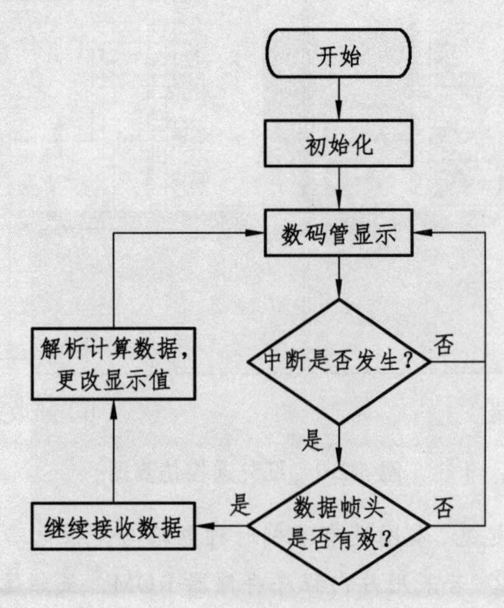

图 5-2-4　红外遥控程序流程图

（二）程序代码

1．发送端程序

```
#include <reg51.h>
#define uchar unsigned char
#define uint unsigned int
#define key_group P1                          //按键端口
enum state{L0,L1,L2,L3,L4,L5}state_tr;        //发送数据状态，enum 为枚举变量
enum state_1{i0,i1,i2,i3} state_key;          //按键状态
int key_temp,key_test,key_test1;              //按键变量
int key=0;                                    //按键值
uchar count=0;                                //按键扫描计时
uint count_tr = 0;                            //发送、接收计时
long int tr_cnt = 0;                          //数据位
long int tr_data ;                            //发送数据变量
bit flag_f;                                      //发送标志位
bit flag_f_h;                                 //发送高电平标志位
sbit Synch=P3^2;                              //通信口
/**************函数声明***********/
void Send();                                  //数据发送函数
void Initi_0();                               //定时器初始化函数
void keys();                                  //按键处理

void main()                                   //主函数
{
    Initi_0();                                //定时器初始化
    while(1)
    {
        keys();                               //按键处理
        Send();                               //数据发送
    }
}

void Timer0() interrupt 1                     //定时器中断 1
{
    TH0=(65536-100)/256;                      //装载定时常数 65436(ff9c) 100 μs
    TL0=(65536-100)%256;
```

```
        count++;                        //按键扫描计数
        if(count_tr<200)                //红外计时，count_tr
            count_tr++;                 //在小于 200 范围内加 1，超过则不加也不清零
}

void Initi_0()                          //定时器初始化
{
        TMOD=0X01;                      //定时/计数器 0 工作于方式 1
        EA=1;                           //开总中断
        ET0=1;                          //定时/计数器 0 允许中断
        TR0=1;                          //启动定时/计数器 0
        EX0=1;                          //外部中断允许位
        IT0=1;                          //下降沿触发
}

void keys()                             //按键处理
{
        switch (state_key)              //按键状态
        {
            case i0:
                key_temp=(key_group&0xff);    //按键值赋给 key_temp;
                if(key_temp!=0xff)            //判断 key_temp 是否有改变;
                {
                    count=0;state_key=i1;     //count 计数清零,显示状态转换到 1
                }
                break;                        //跳转到下一个状态：i1
            case i1:
                if(count>=50)                 //判断 count 计数是否为 5 ms
                {
                    key_test1=(key_group&0xff);    //按键值赋值
                    if(key_temp==key_test1)   //确认按键值是否等于 key_temp;
                        state_key=i2;         //显示状态转换到 2
                    else                      //否则
                        state_key=i0;         //显示状态转换到 0
                }
                break;                        //跳转到下一个状态：i2
            case i2:                          //输出按键值
```

```
if(key_temp==0xfe)   //key_temp 为 0xfe 时
{
    key=1;                          //输出键值 1
    tr_data|=0x000011ee;            //编码数据 0x000011ee
    flag_f=1;                       //发送标志位为 1
}
else if(key_temp==0xfd)             //key_temp 为 0xfd 时
{
    key=2;                          //输出键值 2
    tr_data|=0x000021de;            //编码数据 0x000021de
    flag_f=1;                       //发送标志位为 1
}
else if(key_temp==0xfb)             //key_temp 为 0xfb 时
{
    key=3;                          //输出键值 3
    tr_data|=0x000041be;            //编码数据 0x000041be
    flag_f=1;                       //发送标志位为 1
}
else if(key_temp==0xf7)             //key_temp 为 0xf7 时
{
    key=4;                          //输出键值 4
    tr_data|=0x0000817e;            //编码数据 0x0000817e
    flag_f=1;                       //发送标志位为 1
}
else if(key_temp==0xef) //key_temp 为 0xef 时
{
    key=5;                          //输出键值 5
    tr_data|=0x000012ed;            //编码数据 0x000012ed
    flag_f=1;                       //发送标志位为 1
}
else if(key_temp==0xdf)             //key_temp 为 0xdf 时
{
    key=6;                          //输出键值 6
    tr_data|=0x000022dd;            //编码数据 0x000022dd
    flag_f=1;                       //发送标志位为 1
}
else if(key_temp==0xbf)             //key_temp 为 0xbf 时
```

```
            {
                key=7;                          //输出键值 7
                tr_data|=0x000042bd;            //编码数据 0x000042bd
                flag_f=1;                       //发送标志位为 1
            }
            else if(key_temp==0x7f)             //key_temp 为 0x7f 时
            {
                key=8;                          //输出键值 8
                tr_data|=0x0000827d;            //编码数据 0x0000827d
                flag_f=1;                       //发送标志位为 1
            }
            else                                //否则
            {
                key_temp=0xff;                  //key_temp 为 0xff
                state_key=i0;                   //状态回到 i0
                key=0;                          //输出键值清零
                break;
            }
            state_key=i3;                       //状态跳转 i3
            break;                              //跳出
        case i3:                                //判断按键是否松开
            key_test= (key_group & 0xff);
            //当 key_test 等于 P1 端口任意一个按键按下时
            if(key_test==0xff)                  //判断 key_test 等于 0xff
            {
                key_temp=0xff;                  //key_temp 等于 0xff 时
                 state_key=i0;                  //state_key 状态回到 i0
                break;
            }
            break;
        }
}

void Send()                                     //数据发送函数
{
    if(flag_f == 1)
    {
```

```
switch(state_tr)
{
    case L0:
        ount_tr = 0; tr_cnt = 0; state_tr = L1;
        break;
    case L1:                                //头码低电平 9 ms
        Synch=0;
        if(count_tr >= 90) {count_tr = 0; state_tr = L2;}
        break;
    case L2:                                //头码高电平 4 ms
        Synch=1;
        if(count_tr >= 40) {count_tr = 0; state_tr = L3;}
        break;
    case L3:                                //低电平 0.6 ms
        Synch=0;
        if(count_tr >= 6) {count_tr = 0; state_tr = L4;}
        break;
    case L4:
        Synch=1;
        if(tr_cnt < 32)                     //32 位数据
        {
            if(tr_data & 0x80000000)
                flag_f_h = 1;
            else
                flag_f_h = 0;
            tr_data = tr_data<<1;   //数据左移
            tr_cnt++;
            state_tr = L5;
        }
        else
            {
                state_tr = L0;
                flag_f=0;
            }
        break;
    case L5:
        if(flag_f_h)
```

```
                if(count_tr >= 17)      //高电平 1.7 ms
                {
                    count_tr = 0;
                    state_tr = L3;
                }
            else
                if(count_tr >= 6)       //高电平 0.6 ms
                {
                    count_tr = 0;
                    state_tr = L3;
                }
            break;
        }
    }
}
```

2．接收端程序

```
#include <reg51.h>
#define uchar unsigned char
#define uint unsigned int
uchar code wei[] = {0xfe,0xfd,0xfb,0xf7};       //数码管位码
uchar code ca[] = {0xc0,0xf9,0xa4,0xb0,0x99,0x92,0x82,0xf8,0x80,
        0x90,0x88,0x83,0xc6,0xa1,0x86,0x8e,0x89};       //共阳数码管 0 ~ F;
long int ir_cnt=0;                  //红外数据的位数 32 位
long int ir_data=0;                 //红外数据
uint count_ir=0;                    //红外计数
uchar t=0;                          //数码管位选计数
uint flag_ir=0;                     //红外解码标志位
uint state_ir=0;                    //红外状态
uchar state_dis=0;                  //显示状态
uint IrValue_A;
uchar IrValue_C,IrValue_B;

void Initi_0();
void display4();
void main()                         //主函数
```

```
{
    Initi_0();                      //定时器 0 初始化
    EX0=1;                          //外部中断 0 中断允许
    IT0=1;                          //下降沿触发
    while(1)
        display4();                 //遥控键值显示
}

void Initi_0(void)                  //定时器 0 初始化
{
    TMOD = 0x01;                    //定时/计数器 0 工作于方式 1
    TH0=(65536-100)/256;            //装载定时常数 65436(ff9c) 100us
    TL0=(65536-100)%256;
    EA = 1;                         //开总中断
    ET0 = 1;                        //定时/计数器 0 允许中断
    TR0 = 1;                        //启动定时/计数器 0
}

void Timer0() interrupt 1           //定时器 0 函数
{
    TH0=(65536-100)/256;            //装载定时常数 65436(ff9c) 100us
    TL0=(65536-100)%256;
    t++;                            //数码管位选计数
    if(t==10)                       //1ms 等于 10 个 100us，故需循环 10 次
    {
        if(state_dis<4)             //数码管位选循环
            state_dis++;            //显示状态（state_dis 加 1）
        else
            state_dis=0;            //否则显示状态归 0
        t=0;                        //计数 t 清零
    }
    if(count_ir<200)                //红外计数
    {
        count_ir++;                 //红外计数+1
    }
}
```

```
void Read_ir() interrupt 0            //红外接收
{
    switch(state_ir)                  //红外线状态
    {
        case 0:                       //判断头码
            if((count_ir>110)&&(count_ir<180))        //两个下降沿间时间
            {
                ir_cnt=0;       //ir_cnt 清零
                ir_data=0;      //ir_data 清零
                state_ir=1;
            }
            count_ir=0;        //红外计数清零
            break;
        case 1:                       //判断客户码 1、2；操作码、操作反码
            if((count_ir>=15)&&(count_ir<25))  //判断 1 高电平时间
                ir_data+=1;                    //数据+1
            else if((count_ir>5)&&(count_ir<15))//判断 0 低电平时间
                ir_data+=0;                //数据+0
            else                           //判断干扰
                state_ir=0;                //红外状态清零
            count_ir=0;                    //红外计数清零
            if(ir_cnt<31)                  //32 位数
            {
                ir_data=ir_data<<1;        //数据左移
                ir_cnt++;                  //数据位 +1
            }
            else
            {
                flag_ir=1;                 //红外接收完成标志位
                state_ir=0;
            }
            break;
    }
    if(flag_ir==1)        //解码
    {
        IrValue_A=ir_data&0x0000ffff; //ir_data 取低 16 位赋值给 IrValue_A
        IrValue_B=(IrValue_A>>8)&0xff;
```

```
        //IrValue_A 右移 8 位后取低 8 位  赋值给 IrValue_B
        IrValue_C=IrValue_A&0xff;        //IrValue_A 直接取低 8 位 赋值给 IrValue_C
        if(IrValue_B!=~IrValue_C)        //判断 B 不等于取反的 C
            state_ir=0;                  //清零
        flag_ir=0;                       //清零
    }
}

void display4()                          //红外遥控显示函数
{
    switch(state_dis)
    {
        case 0:
            P0=0xff;                     //数码管消隐
            P2=0xfe;                     //数码管选位
            //P0=ca[min/10];
            //P0=0xff;
            break;
        case 1:                          //十位
            P0=0xff;                     //数码管消隐
            P2=0xfd;
            P0=ca[IrValue_B/16];
            break;
        case 2:                          //个位
            P0=0xff;                     //数码管消隐
            P2=0xfb;
            P0=ca[IrValue_B%16];
            break;
        case 3:                          //十六进制符号
            P0=0xff;                     //数码管消隐
            P2=0xf7;
            P0=ca[16];                   //显示“H”
            break;
    }
}
```

三、仿真效果

红外遥控仿真效果

仿真效果如图 5-2-5 所示。

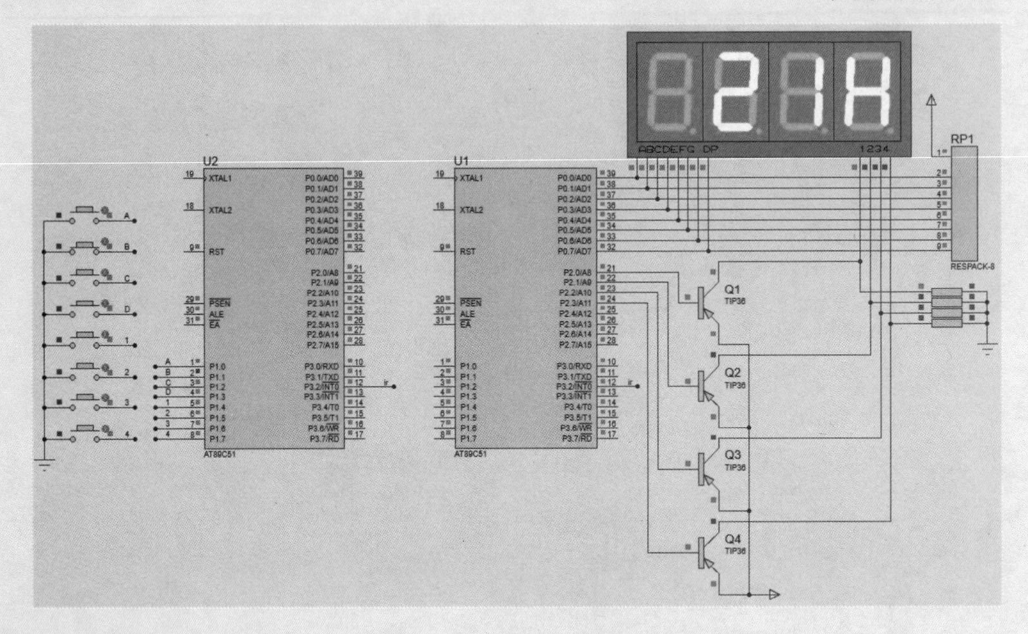

图 5-2-5　红外遥控仿真效果图

任务三　声波测距设计

【任务描述】

一、情景导入

超声波是一种频率高于 20 000 Hz 的声波，它的方向性好，反射能力强，易于获得较集中的声能，在水中传播距离比空气中远，可用于测距、测速、清洗、焊接、碎石、杀菌消毒等，在医学、军事、工业、农业上有很多的应用。本任务设计一个简单的超声波测距仪。

二、任务目标

设计一个超声波测距系统，符合以下要求：

（1）单片机 AT89C51 控制。

（2）LED 数码管输出。

（3）使用超声波模块 HC-SR04 完成距离测量，在数码管上显示出来。

【关联知识】

一、超声波测距原理

声波测距作为一种典型的非接触测量方法，在汽车倒车测距、工业自动控制、建筑工程测量和机器人视觉识别等很多场合得到了广泛的应用。和其他方法（如激光测距、微波测距等）相比，由于声波在空气中传播速度远远小于光线和无线电波的传播速度，对于时间测量精度的要求远小于激光测距、微波测距等系统，因而超声波测距系统电路易实现、结构简单、造价低，且超声波在传播过程中不受烟雾、空气能见度等因素的影响，在各种场合均得到广泛应用。

超声波测距原理是在超声波发射装置发出超声波，然后通过接收器接收到超声波，再计算二者之间的时间差，与雷达测距原理相似。超声波发射器向某一方向发射超声波，在发射时刻的同时开始计时，超声波在空气中传播，途中碰到障碍物就立即返回来，超声波接收器收到反射波就立即停止计时。超声波在空气中的传播速度为 340 m/s，根据计时器记录的时间 t（秒），就可以计算出发射点距障碍物的距离 s，即：$s=340t/2$。

总体上讲，超声波发生器可以分为两大类：一类是用电气方式产生超声波，另一类是用机械方式产生超声波。电气方式包括压电型、磁致伸缩型和电动型等；机械方式有加尔统笛、液哨和气流旋笛等。它们所产生的超声波的频率、功率和声波特性各不相同，因而用途也各不相同。较为常用的是压电式超声波发生器。

超声波指向性强，在介质中传播的距离较远，因而超声波经常用于距离的测量，如测距仪和物位测量仪等都可以通过超声波来实现。利用超声波检测往往比较迅速、方便，易于做到实时控制，并且在测量精度方面能达到工业实用的要求，因此在移动机器人的研制上也得到了广泛的应用。

二、超声波测距模块 HC-SR04

（一）引　脚

HC-SR04 引脚结构如图 5-3-1 所示。具体说明如下：

VCC：5 V 电源；

GND：接地引脚；

TRIG：触发信号输入；

ECHO：回响信号输出。

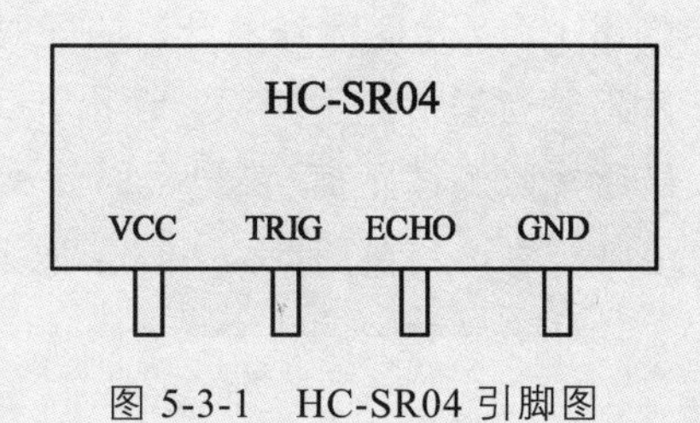

图 5-3-1　HC-SR04 引脚图

（二）特　点

HC-SR04 超声波测距模块可提供 2 ~ 400 cm 的非接触式距离感测功能，测距精度可达高到 3 mm；模块包括超声波发射器、接收器与控制电路。

（三）使　用

（1）利用 I/O 口 TRIG 触发测距，给出至少 10 μs 的高电平信号。

（2）模块自动发送 8 个 40 kHz 的方波，自动检测是否有信号返回。

（3）有信号返回，通过 I/O 口 ECHO 输出一个高电平，高电平持续的时间就是超声波从发射到返回的时间。测试距离=[高电平时间*声速(340 m/s)]/2。

（四）电气参数

表 5-3-1　HC-SR04 电气参数

电气参数	HC-SR04 超声波模块
工作电压	DC 5 V
工作电流	15 mA
工作频率	40 Hz
最远射程	4 m
最近射程	2 cm
测量角度	15°
输入触发信号	10 μs 的 TTL 脉冲
输出回响信号	输出 TTL 电平信号，与射程成比例
规格尺寸	45 mm × 20 mm × 15 mm

（五）超声波时序图

HC-SR04 时序如图 5-3-2 所示。初始化时将 TRIG 和 ECHO 端口都置低，首先向给 TRIG 发送至少 10 μs 的高电平脉冲（模块自动向外发送 8 个 40 kHz 的方波），然后等待并捕捉 ECHO 端输出上升沿，捕捉到上升沿的同时，打开定时器开始计时，再次等待捕捉 ECHO 的下降沿，当捕捉到下降沿，读出计时器的时间，这就是超声波在空气中运行的时间，最后按照测试距离=高电平时间×声速（340 m/s）/2 就可以算出超声波到障碍物的距离。建议测量周期为 60 ms 以上，以防止发射信号对回响信号的影响。

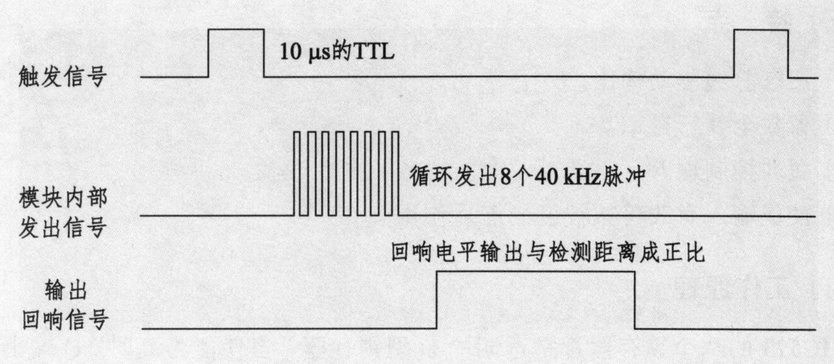

图 5-3-2　HC-SR04 时序图

三、锁存器 74HC573

74HC573 包含八路 3 态输出的非反转透明锁存器（也就是说输出同步），是一种高性能硅栅 CMOS 器件。

74HC573 跟 LS/AL573 的管脚是一样的。器件的输入是和标准 CMOS 输出兼容的，加上拉电阻能和 LS/ALSTTL 输出兼容。

（一）接线图

74HC573 接线引脚结构如图 5-3-3 所示。

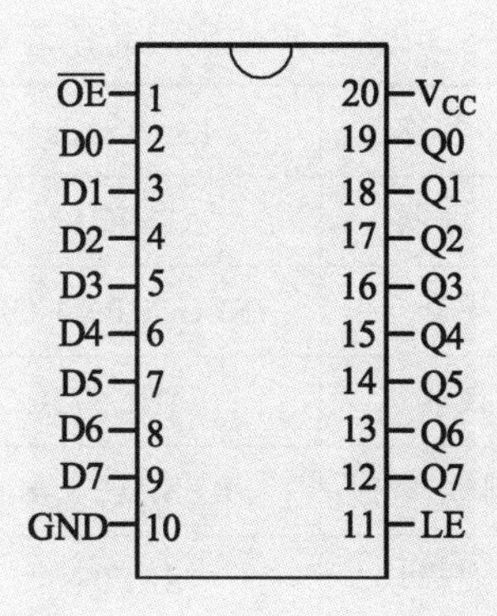

图 5-3-3　74HC573 引脚图

（二）引脚说明

（1）$\overline{OE}$（第 1 脚）：3 态输出使能输入（低电平）。

（2）D0～D7（第 2～9 脚）：数据输入。

（3）Q0～Q7（第 12～19 脚）：3 态锁存输出。

（4）LE（第 11 脚）：锁存使能输入。

（5）GND（第 10 脚）：接地。

（6）V_{CC}（第 20 脚）：接+5 V 电源。

（三）特　点

（1）三态总线驱动输出。

（2）置数全并行存取。

（3）缓冲控制输入。

（4）使能输入有改善抗扰度的滞后作用。

（四）工作原理

74HC573 的八个锁存器都是透明的 D 型锁存器，当使能为高时。Q 输出将随数据（D）输入而变，当使能为低时，将输出锁存在已建立的数据电平上。输出控制不影响锁存器的内部工作，即之前的数据可以保持，甚至当输出被关闭时，新的数据也可以置入。这种电路可以驱动大电容或低阻抗负载，可以直接与系统总线接口连接并驱动总线，而不需要外接口，特别适用于缓冲寄存器、I/O 通道、双向总线驱动器和工作寄存器。

【任务实施】

一、电路设计

（一）元件清单

表 5-3-2　超声波测距元件清单

功能块	元件标号	元件名称	Keywords	参数值	数量
主控	U2	微处理器	AT89C52		1
输出		数码管	7SEG-MPX4-CA		1
	U3 ~ U4	锁存器	74HC573		2
	RP1	排阻	RESPACK-8		1
输入	U1	超声波模块	SRF04		1
时钟	X1	晶振	CRYSTAL	12 MHz	1
	C1 ~ C2	电容	CAP	30 pF	2
复位	R1、R2	电阻	RES	10 kΩ、270 Ω	2
	C3	电容	PCELECT10U50V	10 μF	1
		按键	BUTTON		1

（二）电路图

超声波测距电路如图 5-3-4 所示。

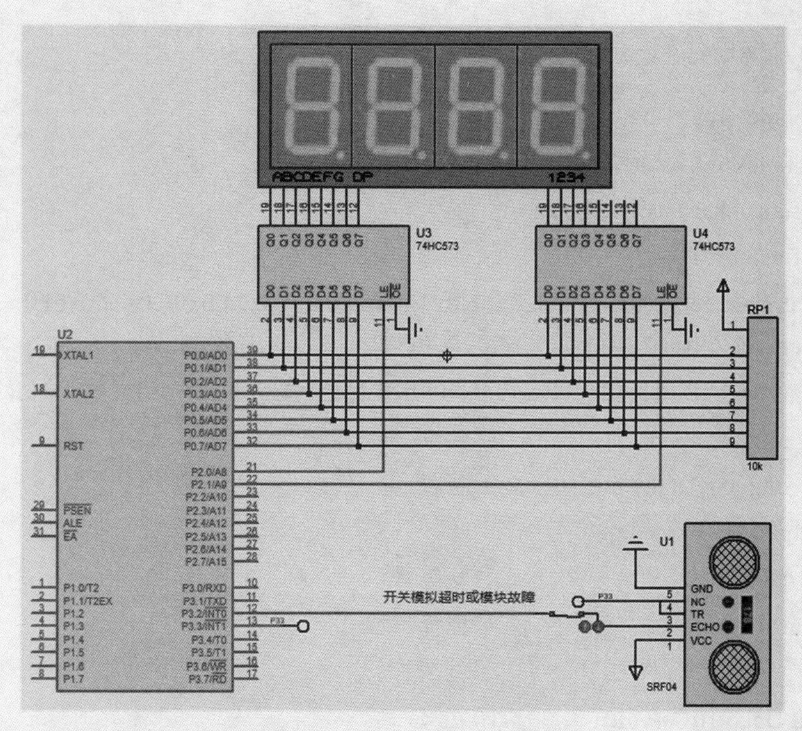

图 5-3-4　超声波测距电路图

提示：① 为方便起见，本图没有绘制时钟电路与复位电路，但实际制作产品时，时钟电路不可或缺；② 若采用片内程序存储器 ROM，虽然仿真时对 $\overline{EA}$ 没有要求，但实际制作产品时，必须接+5 V 电源（参考航标灯）。

二、程序设计

（一）程序流程

程序流程如图 5-3-5 所示。

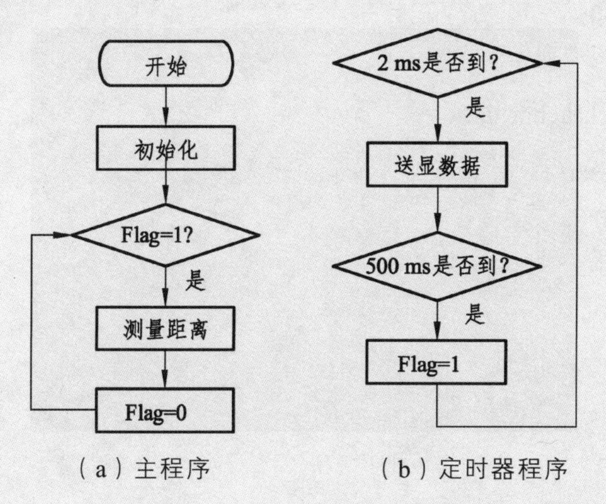

（a）主程序　　（b）定时器程序

图 5-3-5　超声波测距程序流程图

（二）程序代码

```
#include <reg51.h>
#include <intrins.h>
#define uchar unsigned char
#define port P0
uchar code cc[]={0x3f,0x06,0x5b,0x4f,0x66,0x6d,0x7d,0x07,0x7f,0x6f};
uchar wei_buffer[]={0xfe,0xfd,0xfb,0xf7};   //位选开关值
uchar dis_buffer[]={0x40,0x40,0x40,0x40}; //全局变量，存放待显数据，初始4个“-”
sbit smg_w=P2^1;            //控制位
sbit smg_d=P2^0;            //控制段
sbit ECHO=P3^2;
sbit TR=P3^3;               //触发信号
uchar Flag;                 //测量标志位 0.5 s 触发一次

void Delay10Us(void)        //10 μs 延时
{
    _nop_();_nop_(); _nop_();_nop_(); _nop_();_nop_();_nop_();_nop_();
}

void wei_switch(uchar i)    //数码位选函数
{
    port=wei_buffer[i];
    smg_w=1;
    smg_w=0;
}
void dis_switch(uchar dat)
{
    port=dat;
    smg_d=1;
    smg_d=0;
}

void clear(void)            //清屏
{
```

```
    port=0;
    smg_d=1;
    smg_d=0;
    port=0xff;
    smg_w=1;
    smg_w=0;
}

void display(void)                          //数码管显示
{
    static uchar i=0;
    clear();
    dis_switch(dis_buffer[i]);
    wei_switch(i);
    if(++i==4)i=0;
}

void Measure(void)                          //距离测量
{
    uchar Err;                              //错误标记
    unsigned long distance,time;            //距离、时间变量
    Err=0;
    TR=1;                                   //TR 保持 10 μs 高电平触发模块测距
    Delay10Us();
    TR=0;
    TH0=0;
    TL0=0;
    while(ECHO==0);                         //等待 ECHO 变为高
    TR0=1;                                  //启动定时器，外部高电平触发
    while(ECHO==1)                          //等待超声波回应超时
    {
        time=TH0*256+TL0;
        if(time>40000)                      //时间超时
        {
```

```
                Err=1;
                break;
            }
        }
        TR0=0;                        //关闭定时器
        time=TH0*256+TL0;             //获取时间
        if(time<59)                   //测量距离小于 2 cm
            Err=1;
        if(Err==0)
        {
            distance=(time*173)/10000; //time*346/1000000/2=time*0.0173
                                      //仿真的环境温度为 25 °C，声速为 346 m/s
            if(distance>400)          //仿真有效值只到 331 cm
                Err=1;
            else
            {
                dis_buffer[0]=0;
                dis_buffer[1]=cc[distance/100];        //分离百位
                dis_buffer[2]=cc[(distance/10)%10];   //分离十位
                dis_buffer[3]=cc[distance%10];        //分离个位
                return;
            }
        }
        dis_buffer[0]=0;          //错误时数码管显示 Err
        dis_buffer[1]=0x79;       //E 的段码
        dis_buffer[2]=0x50;       //r 的段码
        dis_buffer[3]=0x50;       //r 的段码
    }

    void Timer0Init(void)   //定时器 0 初始化
    {
        TMOD|=0x09;     //工作于 16 位模式，只有 P32 和 TR0 同时为 1 时开始计数
    }
```

```
void Timer1Init(void)   //定时器 1 初始化
{
    TMOD|=0x10;     //定时器 1 工作在方式 1
    TH1 = (65536-2000)/256;
    TL1 = (65536-2000)%256;         //2 ms
    TR1=1;                          //启动定时器 T1
    ET1=1;                          //允许 T1 中断
    EA=1;
}
void main(void)
{
    TR=0;                           //关闭触发
    clear();
    Timer0Init();                   //定时器 0 初始化
    Timer1Init();                   //定时器 1 初始化
    while(1)
    {
        if(Flag)                    //每 500 ms 测量一次
        {
            Flag=0;
            Measure();              //测量
        }
    }
}

void Time1_Isr() interrupt 3        //定时器 1 中断服务
{
    uchar value;                    //定时 2 ms 中断一次
    TH1 = (65536-2000)/256;
    TL1 = (65536-2000)%256;         //2 ms
    display();                      //数码管显示函数
    value++;
    if(value >= 250)                //250 次 2 ms 中断总时间位 500 ms
    {
        value = 0;
```

```
        Flag = 1;
    }
}
```

超声波测距仿真效果

三、仿真效果

仿真效果如图 5-3-6 所示。

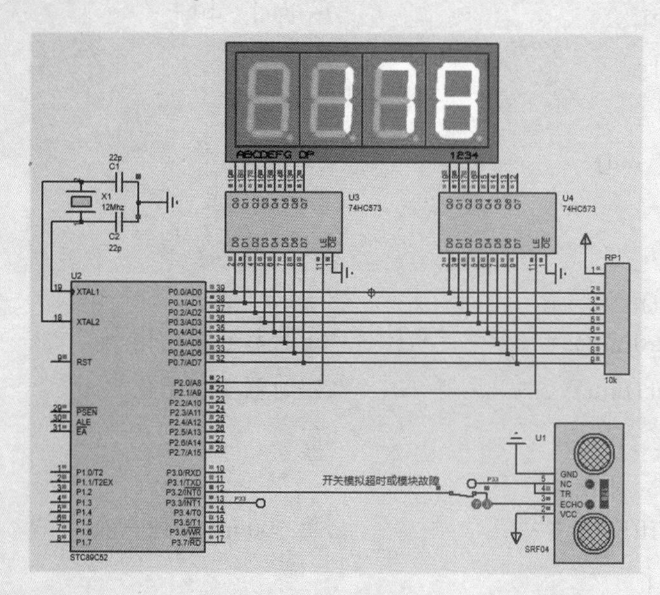

（a）正常

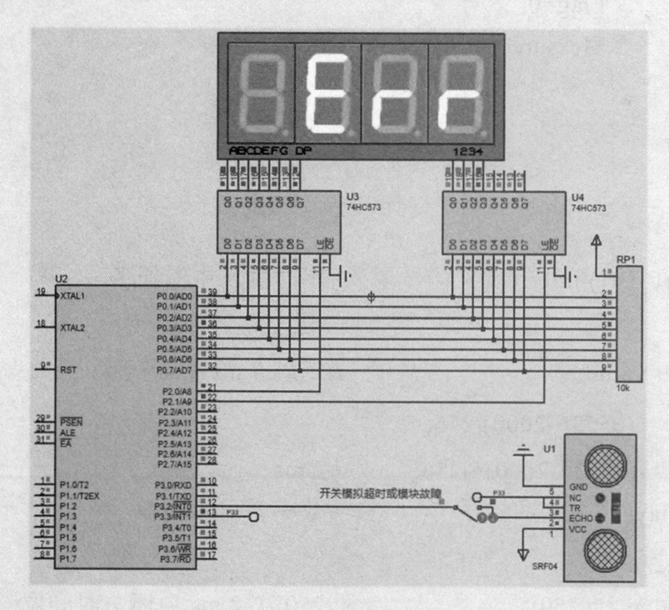

（b）故障

图 5-3-6　超声波测距仿真效果图

任务四　LED 滚动屏设计（选修）

【任务描述】

一、情景导入

LED 显示屏广泛应用于商业传媒、银行、医院、体育场馆、新闻发布、证券交易等，可以满足不同环境的需求。控制 LED 显示屏信息的显示与滚动是本任务的主要目的。

二、任务目标

设计一个 LED 滚动屏控制系统，符合以下要求：

（1）单片机 AT89C51 控制；

（2）自制点阵，滚动显示汉字“单片机仿真”。

【关联知识】

一、接口技术：LED 点阵显示

常见的 LED 显示元件除数码管外，还有条状指示灯、5×7 点阵、8×8 点阵显示模块，如图 5-4-1 所示。

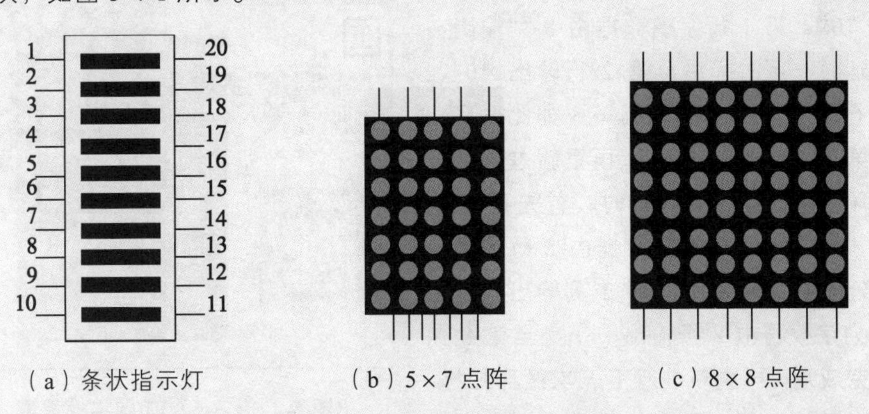

（a）条状指示灯　（b）5×7 点阵　（c）8×8 点阵

图 5-4-1　LED 显示设备

（一）8×8 LED 点阵显示器工作原理

8×8 LED 点阵显示器结构如图 5-4-2 所示，共 8 行 8 列，每个发光二极管放置在行线和列线的交叉点上，共 64 个发光二极管。当某一列置“1”，某一行置“0”时，则对应的发光二极管点亮。

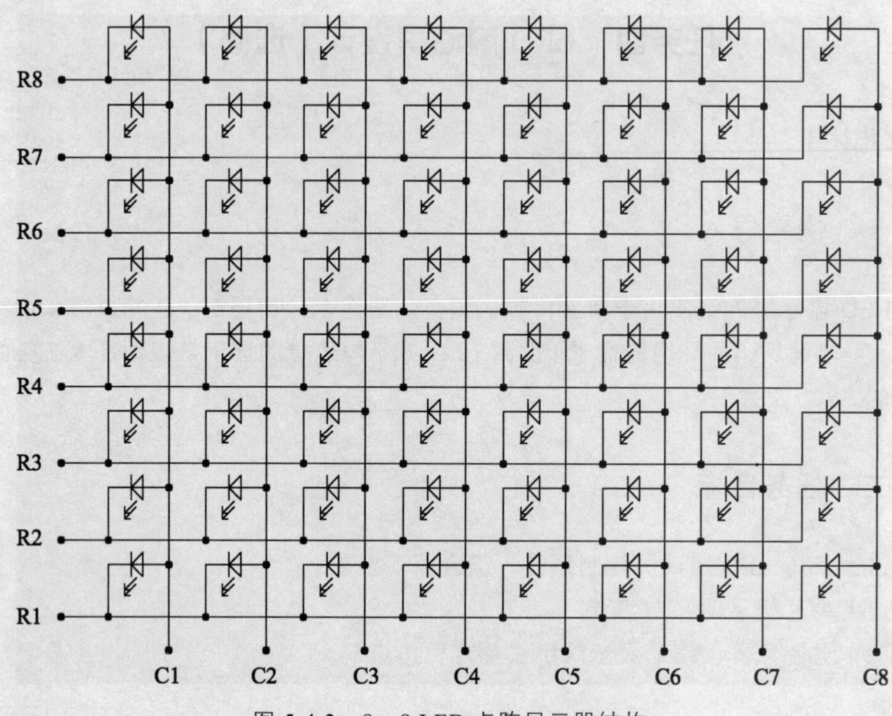

图 5-4-2　8 × 8 LED 点阵显示器结构

（二）LED 点阵显示器字符显示原理

应用字模提取软件，直接输入或手动绘制点阵文字符号，该软件将自动按行或列生成字模数据，如图 5-4-3 所示。在输出显示时采用动态扫描方式，可以按行或列进行扫描。当按行扫描时，首先第 1 行输出“0”，第 1 行字模数据由 8 列输出；然后延时一定时间后，第 2 行输出“0”，第 2 行字模再由 8 列输出……如此循环，直至第 8 行扫描完成后，再重新进行下一次循环扫描。当按列扫描时，首先第 1 列输出“1”，第 1 列字模数据由 8 行输出；然后延时一定时间后，第 2 列输出“1”，第 2 列字模再由 8 行输出……直至第 8 列扫描完成后，再重新进行下一次循环扫描。所以在某一时刻，只有一行或一列发光二极管被对应的字模数据驱动点亮。只要扫描间隔时间合适，利用人的视觉暂留特性，看上去整个字符就显示在 LED 点阵显示器上了。

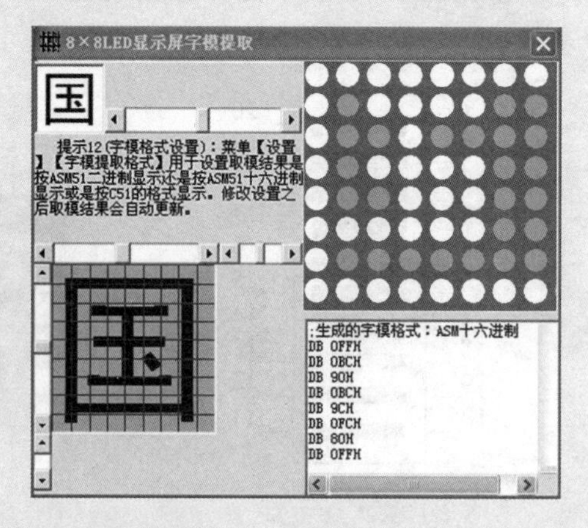

图 5-4-3　8 × 8 LED 字模提取

二、译码器 74HC154

74HC154 是一款高速 CMOS 器件，74HC154 引脚兼容低功耗肖特基 TTL

（LSTTL）系列。74HC154 译码器可接收 4 位高有效二进制地址输入，并提供 16 个互斥的低有效输出。

74HC154 的两个输入使能门电路可用于译码器选通，以消除输出端上的通常译码“假信号”，也可用于译码器扩展。该使能门电路包含两个“逻辑与”输入，必须置为低以便使能输出端。

（一）接线图

74HC154 引脚结构如图 5-4-4 所示。

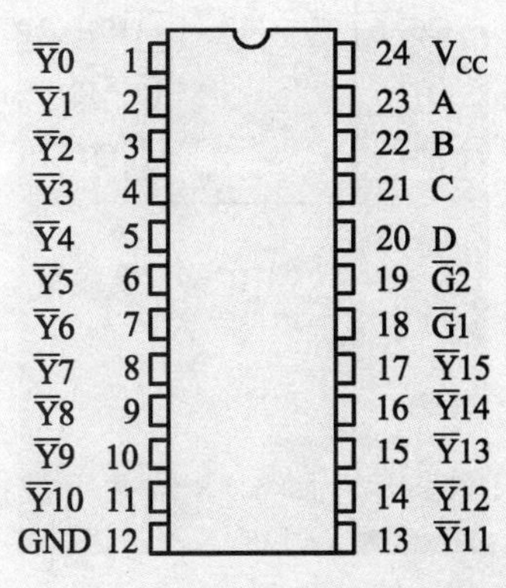

图 5-4-4　74HC154 接线图

（二）引脚说明

（1）1～11、13～17：输出端。

（2）12：GND 电源地。

（3）18-19：使能输入端，低电平有效。

（4）20-23：地址输入端。

（5）24：V_{CC} 电源正。

（三）主要功能

任选一个使能输入端作为数据输入，74HC154 可充当一个 1～16 的多路分配器。当其余的使能输入端置低时，地址输出将会跟随应用的状态进行。

三、移位缓存器 74HC595

74HC595 是一个 8 位串行输入、并行输出的移位缓存器，其并行输出为三态输出。在 SCK 的上升沿，串行数据由 SDL 输入到内部的 8 位移位缓存器，并由 Q7' 输出，而并行输出则是在 LCK 的上升沿将在 8 位移位缓存器中的数据存入到 8 位并行输出缓存器。当串行数据输入端 OE 的控制信号为低使能时，并行输出端的输出值等于并行输出缓存器所存储的值。

（一）接线图

74HC595 引脚如图 5-4-5 所示。

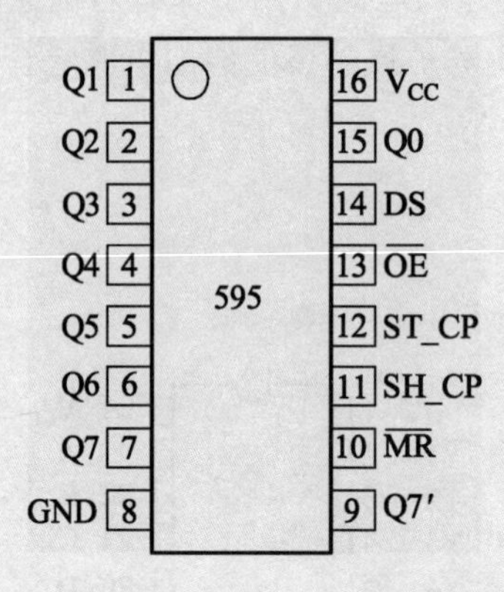

图 5-4-5　74HC595 接线图

（二）引脚说明

（1）Q0 ~ Q7（第 15 脚，第 1 ~ 7 脚）：8 位并行数据输出。

（2）GND（第 8 脚）：地。

（3）Q7′（第 9 脚）：串行数据输出。

（4）MR（第 10 脚）：主复位（低电平有效）。

（5）SH_CP（第 11 脚）：数据输入时钟线。

（6）ST_CP（第 12 脚）：输出存储器锁存时钟线。

（7）OE（第 13 脚）：输出有效（低电平有效）。

（8）DS（第 14 脚）：串行数据输入。

（9）V_{CC}（第 16 脚）：电源。

（三）使用步骤

第一步：将要准备输入的位数据移入 74HC595 数据输入端。方法：送位数据到 595。

第二步：将位数据逐位移入 74HC595，即数据串入。方法：SH_CP 产生一上升沿，将 DS 上的数据移入 74HC595 移位寄存器中，先送低位，后送高位。

第三步：并行输出数据，即数据并出。方法：ST_CP 产生一上升沿，将由 DS 上已移入数据寄存器中的数据送入到输出锁存器。

从上可分析：从 SH_CP 产生一上升沿（移入数据）和 ST_CP 产生一上升沿（输出数据）是两个独立过程，实际应用时互不干扰，即输出数据的同时可移入数据。

【任务实施】

一、电路设计

（一）元件清单

表 5-4-1 LED 滚动屏元件清单

功能块	元件标号	元件名称	Keywords	参数值	数量
主控	U1	微处理器	AT89C52		1
输出	U2	逻辑门	74HC154		1
	U3 ~ U4	逻辑门	74HC595		2
		点阵	MATRIX		1
时钟	X1	晶振	CRYSTAL	12 MHz	1
	C1 ~ C2	电容	CAP	30 pF	2
复位	R1、R2	电阻	RES	10 kΩ、270 Ω	2
	C3	电容	PCELECT10U50V	10 μF	1
		按键	BUTTON		1

（二）电路图

LED 滚动屏电路如图 5-4-6 所示。

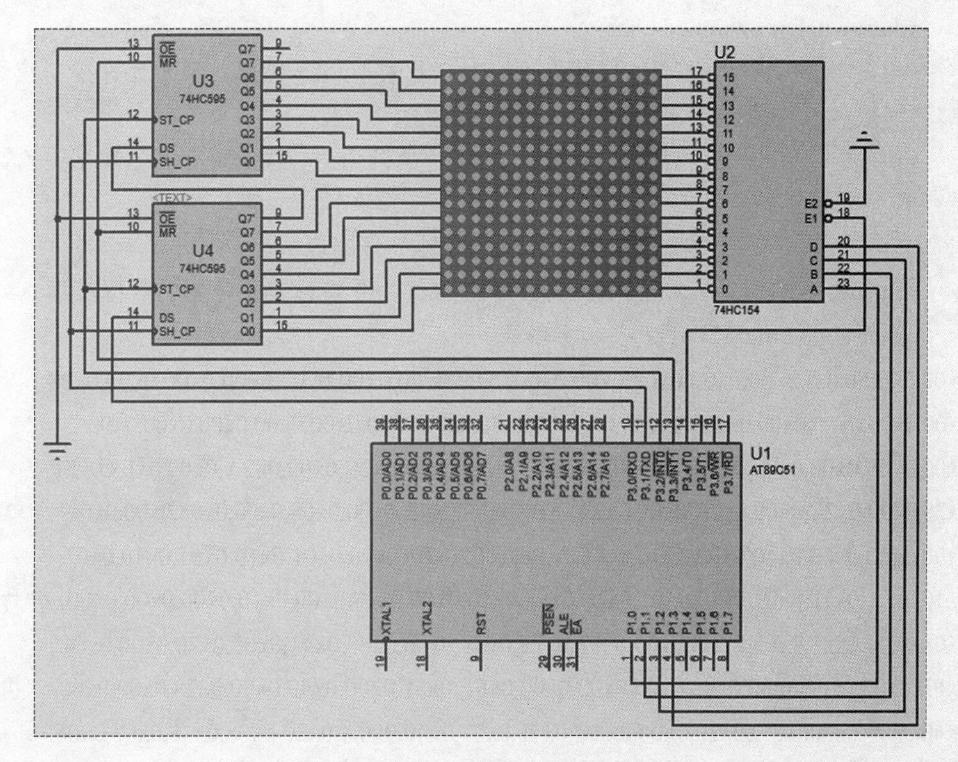

图 5-4-6 LED 滚动屏电路图

二、程序设计

（一）程序流程

程序流程如图 5-4-7 所示。

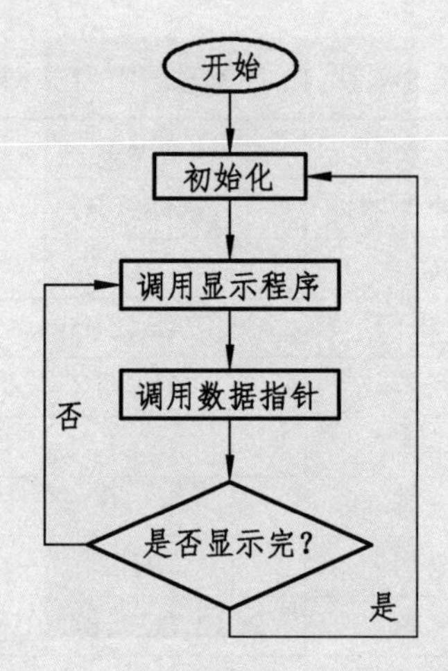

图 5-4-7　LED 滚动屏程序流程图

（二）程序代码

```
#include “AT89X51.H”
#define uchar unsigned char
sbit E1=P3^4;        //74HC154(18)-E1 为 0 开列（col）输出，显示允许控制信号端口
sbit ST_CP=P3^2; //74HC595(12)-ST_CP，上升沿——移位寄存器的数据进入数据存储寄存器
                               //输出锁存器的时钟信号端口
sbit MR  =P3^3;           //74HC595(10)-MR，为 0 将移位寄存器的数据清零
uchar code bmp[32*6]={      //字模表
0x00,0x00,0x00,0x00,0x00,0x00,0x00,0x00,0x00,0x00,0x00,0x00,0x00,0x00,0x00,0x00,
0x00,0x00,0x00,0x00,0x00,0x00,0x00,0x00,0x00,0x00,0x00,0x00,0x00,0x00,0x00,0x00,    //” ”
0x00,0x08,0x00,0x08,0xF8,0x0B,0x28,0x09,0x29,0x09,0x2E,0x09,0x2A,0x09,0xF8,0xFF,
0x28,0x09,0x2C,0x09,0x2B,0x09,0x2A,0x09,0xF8,0x0B,0x00,0x08,0x00,0x08,0x00,0x00, //"单"
0x00,0x80,0x00,0x40,0x00,0x30,0xFE,0x0F,0x10,0x01,0x10,0x01,0x10,0x01,0x10,0x01,
0x10,0x01,0x1F,0x01,0x10,0x01,0x10,0xFF,0x10,0x00,0x18,0x00,0x10,0x00,0x00,0x00, //"片"
0x08,0x04,0x08,0x03,0xC8,0x00,0xFF,0xFF,0x48,0x00,0x88,0x41,0x08,0x30,0x00,0x0C,
0xFE,0x03,0x02,0x00,0x02,0x00,0x02,0x00,0xFE,0x3F,0x00,0x40,0x00,0x78,0x00,0x00,//"机"
0x40,0x00,0x20,0x00,0x10,0x00,0xEC,0x7F,0x07,0x40,0x0A,0x20,0x08,0x18,0x08,0x06,
0xF9,0x01,0x8A,0x10,0x8E,0x20,0x88,0x40,0x88,0x20,0xCC,0x1F,0x88,0x00,0x00,0x00, //"仿"
```

```
0x00,0x10,0x04,0x90,0x04,0x90,0x04,0x50,0xF4,0x5F,0x54,0x35,0x5C,0x15,0x57,0x15,
0x54,0x15,0x54,0x35,0x54,0x55,0xF4,0x5F,0x04,0x90,0x06,0x90,0x04,0x10,0x00,0x00    //"真"
    };
        void delayXms(uchar ms);
        void main()
        {
            uchar base=0;           //在 bmp 地址中移动，每次加 2，实现移动效果
            uchar tmp=0;            //临时变量
            uchar rows=sizeof(bmp);     //" 单片机仿真 "共 7 个字符
            uchar col=0;                //列选线
            SCON = 0x00;                //串口工作模式 0；移位寄存器方式
            MR=1;
            while(1)
            {
                for(base=0;base<=rows;base=base+2)
                {
                    for(tmp=0;tmp<5;tmp++)   //每个字块显示 5 次
                    {
                        for(col=0;col<16;col++)
                        {
                            E1=0;         //开启 154 的移位
                            MR=0;         //清理行输出，将移位寄存器的数据清零
                            MR=1;
                            ST_CP=0;   //上升沿
                            ST_CP=1;
                            SBUF=bmp[base+col*2];
                            while(TI==0);     //等待发送完毕
                            T1 = 0;
                            SBUF=bmp[base+col*2+1];
                            while(TI==0);     //等待发送完毕
                            T1 = 0;
                            P1=col;           //列控制
                            ST_CP=0;          //上升沿
                            ST_CP=1;
                            delayXms(2);      //显示 2 ms
                        }
                    }
```

```
            }
        }
}

void delayXms(uchar ms)                      //延时多少毫秒，最大值为 255
{
    uchar i;
    while(ms--)
        for(i = 0; i < 124; i++);
}
```

三、仿真效果

LED 滚动屏仿真效果

仿真效果如图 5-4-8 所示。

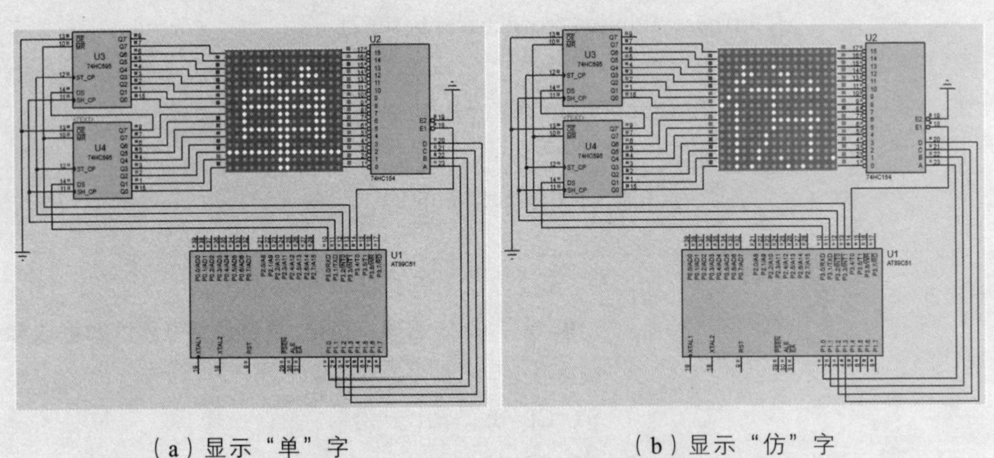

（a）显示“单”字　　（b）显示“仿”字

图 5-4-8　LED 滚动屏仿真效果图

授业解惑

一、远距离双机通信

当两个单片机系统距离较近时，可以直接将它们的串行口相连（如本项目任务一），但如果距离较远，应怎么办呢?

如果通信距离较远，则可以使用 RS-232 接口延长通信距离。使用 RS-232 进行异步通信时，必须将单片机的 TTL 电平转换成 RS-232 电平，在单片机的接口部分增加 RS-232 电气转换接口，如 MAX232，如图 5-5-1 所示。

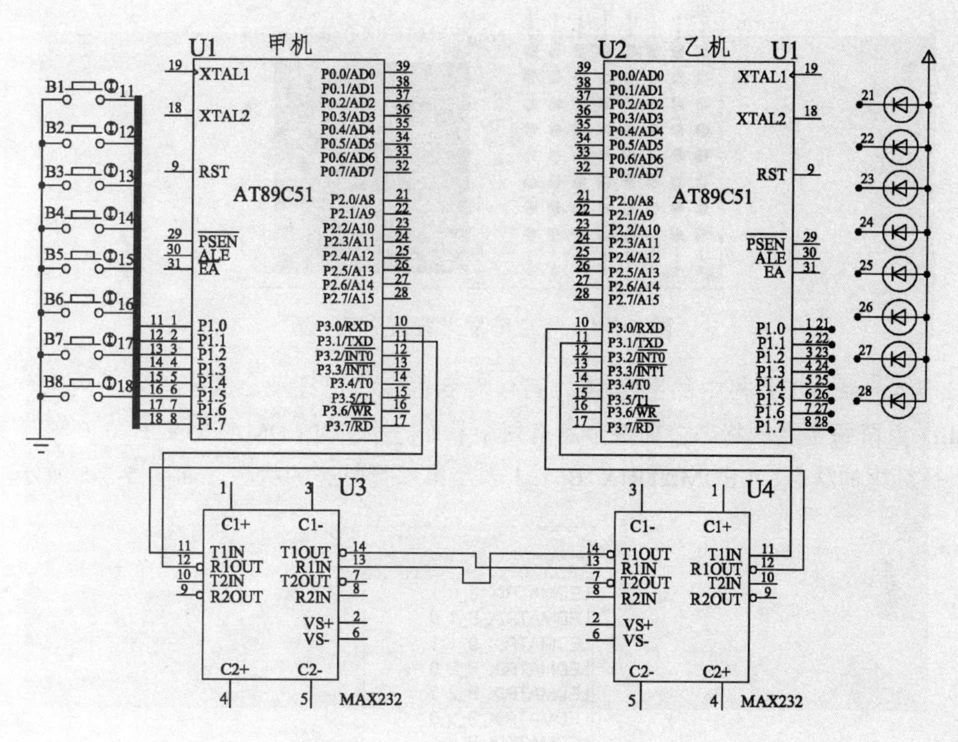

图 5-5-1　远距离双机通信电路图

二、自制 16×16 点阵

（1）启动 Proteus，点 P，在 Keywords 下输入“MATRIX”，从元件库里找到一个 8×8 点阵，放到电路设计区，如图 5-5-2 所示。

（2）点鼠标右键，选择“Decompose”（元件分解），这时元件左上角出现原点符号 ⊕，右边出现“NAME=MATRIX-8×8-BLUE”，说明元件已经进入可编辑状态，如图 5-5-3 所示。

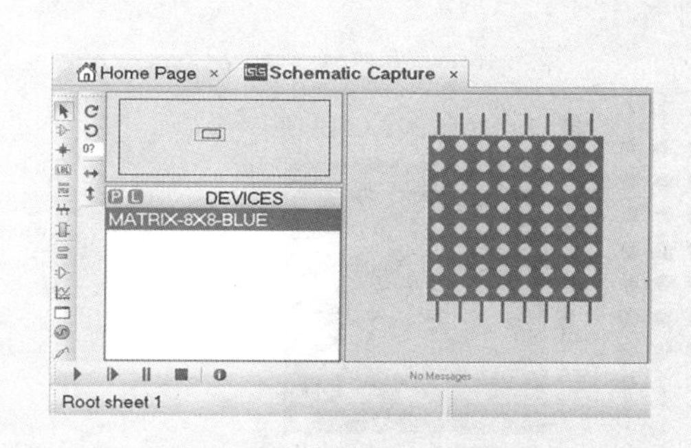

图 5-5-2　找到 8×8 点阵

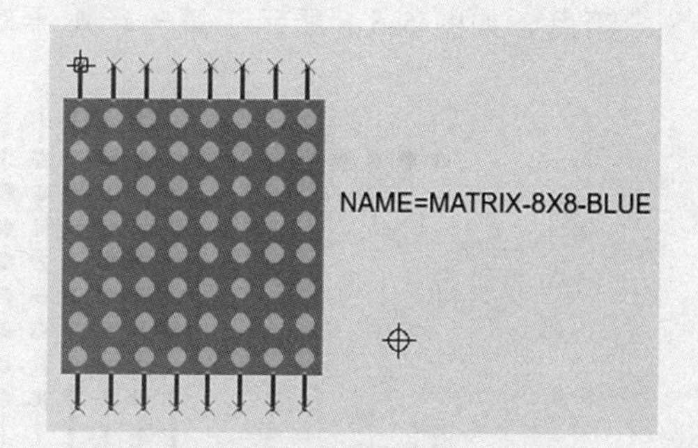

图 5-5-3　元件进入可编辑状态

（3）将鼠标指向点阵边缘位置，鼠标变成“手形”，点鼠标右键，选择“Drag Objecet”，将点阵的发光背板拖至一边，如图 5-5-4 所示。

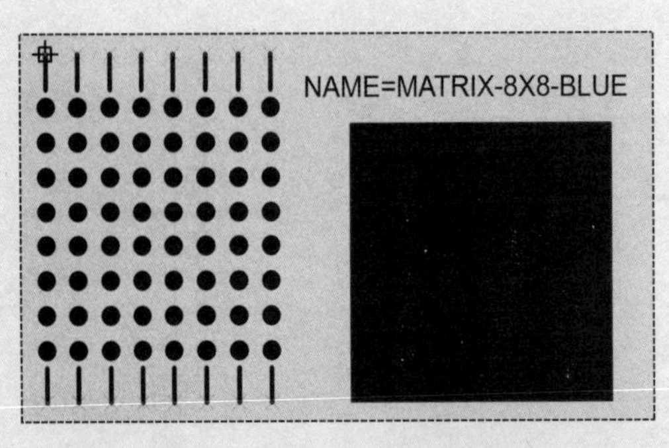

图 5-5-4　将点阵发光背板拖至一边

（4）点击工具栏中的图标，可以看到很多标记符号，这些符号是用来代表 LED 点阵每个点的状态，即每个点有两个状态，例如 LEDMATRIX_B_0_0 表示第一行灯灭的状态，LEDMATRIX_B_1_1 表示第二行灯亮的状态，如图 5-5-5 所示。

SYMBOLS
LEDMATRIX_B_0_0
LEDMATRIX_B_0_1
LEDMATRIX_B_1_0
LEDMATRIX_B_1_1
LEDMATRIX_B_2_0
LEDMATRIX_B_2_1
LEDMATRIX_B_3_0
LEDMATRIX_B_3_1
LEDMATRIX_B_4_0
LEDMATRIX_B_4_1
LEDMATRIX_B_5_0
LEDMATRIX_B_5_1
LEDMATRIX_B_6_0
LEDMATRIX_B_6_1
LEDMATRIX_B_7_0
LEDMATRIX_B_7_1
LEDMATRIX_B_C

图 5-5-5　表示点阵每个点状态的标记符号

（5）点击列表中 LEDMATRIX_B_0_0，通过点击鼠标左键，在电路设计区放置 8 个暗点，如图 5-5-6 所示（第一行水平对齐）。

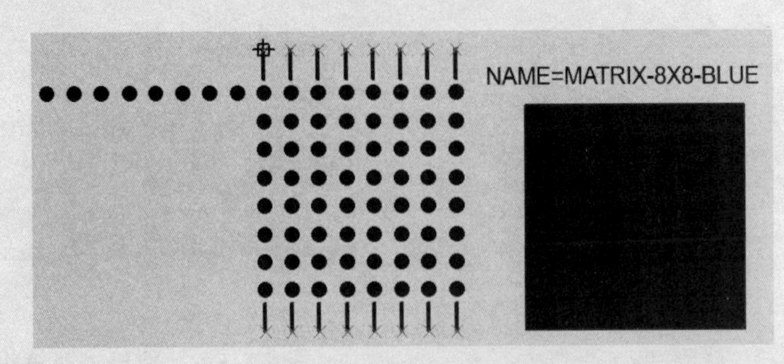

图 5-5-6　放置 8 个暗点

（6）分别对新增的 8 个暗点单击鼠标右键，选择“Decompose”，分解 8 个点，分解后每个暗点上方出现一个原点，所有的原点都在同一水平线，如图 5-5-7 所示。

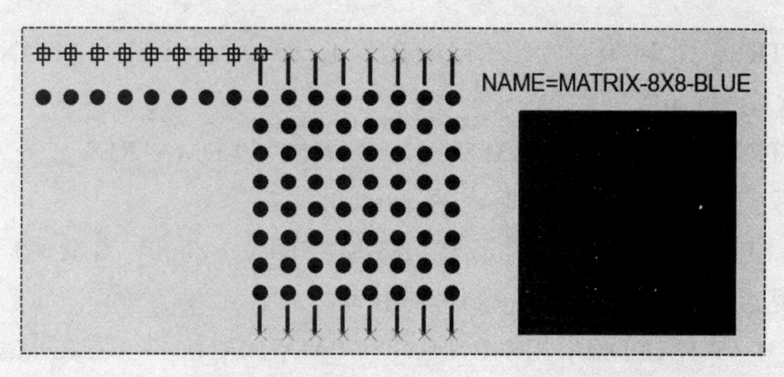

图 5-5-7　分解 8 个点

（7）分别拖动 8 个暗点（鼠标右键点击暗点，选择 Drag Objecet 即可拖动），如图 5-5-8 所示。

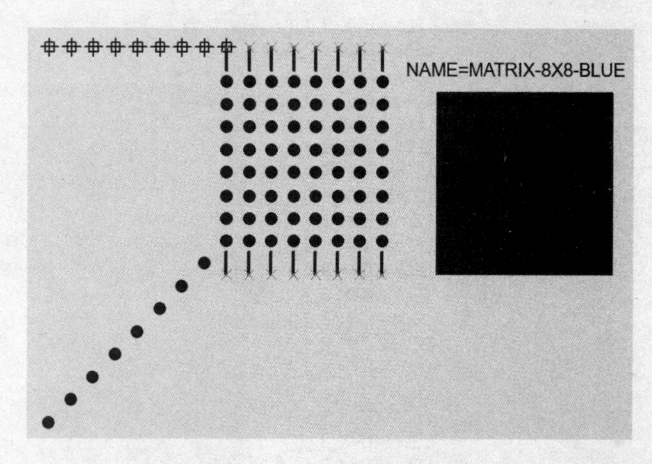

图 5-5-8　拖动 8 个暗点

（8）选择暗点及其正上方的原点 ⊕（原点必不可少），然后鼠标右键选择“Make Symbol”，填写 Symbol name 为“LEDMATRIX_B_15_0”，如图 5-5-9 所示。

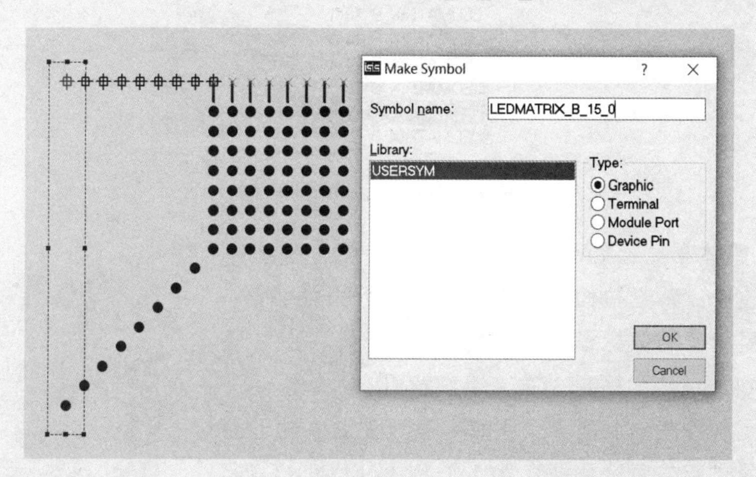

图 5-5-9　填写 Symbol name

（9）类似地，对剩下 7 个暗点也完成同样的工作，其名称分别为：

LEDMATRIX_B_14_0 、 LEDMATRIX_B_13_0 、 LEDMATRIX_B_12_0 、 LEDMATRIX_B_11_0

LEDMATRIX_B_10_0、LEDMATRIX_B_9_0、LEDMATRIX_B_8_0。

至此，我们已经构建了 8 个暗点的 Symbol。

（10）用 LEDMATRIX_B_0_1 取代 LEDMATRIX_B_0_0，重复（5）~（9），依次获得 8 个亮点的 Symbol，其名称分别是：

LEDMATRIX_B_15_1、LEDMATRIX_B_14_1、LEDMATRIX_B_13_1、LEDMATRIX_B_12_1
LEDMATRIX_B_11_1、LEDMATRIX_B_10_1、LEDMATRIX_B_9_1、LEDMATRIX_B_8_1。

（11）经过以上步骤，Symbol 列表框里已有 16 个暗点符号、16 个亮点符号以及 1 个背景符号，如图 5-5-10 所示。

LEDMATRIX_B_1_1
LEDMATRIX_B_2_0
LEDMATRIX_B_2_1
LEDMATRIX_B_3_0
LEDMATRIX_B_3_1
LEDMATRIX_B_4_0
LEDMATRIX_B_4_1
LEDMATRIX_B_5_0
LEDMATRIX_B_5_1
LEDMATRIX_B_6_0
LEDMATRIX_B_6_1
LEDMATRIX_B_7_0
LEDMATRIX_B_7_1
LEDMATRIX_B_8_0
LEDMATRIX_B_8_1
LEDMATRIX_B_9_0
LEDMATRIX_B_9_1
LEDMATRIX_B_10_0
LEDMATRIX_B_10_1
LEDMATRIX_B_11_0
LEDMATRIX_B_11_1
LEDMATRIX_B_12_0
LEDMATRIX_B_12_1
LEDMATRIX_B_13_0
LEDMATRIX_B_13_1
LEDMATRIX_B_14_0
LEDMATRIX_B_14_1
LEDMATRIX_B_15_0
LEDMATRIX_B_15_1
LEDMATRIX_B_C

图 5-5-10 Symbol 列表框

（12）整体布局，如图 5-5-11 所示。

背景拉伸：背景拉伸至原来的 4 倍，行列各 2 倍；

点的复制：用鼠标框选原来的 8×8 点阵，点右键选择“block copy”，复制 3 次，填满背景；

引脚复制：复制上面 8 个引脚，放置在上右边，分别命名（通过双击每个引脚）为 I, J, K, L, M, N, O, P，复制下面 8 个引脚，放置在下右边，分别命名（通过双击每个引脚）为 9, 10, 11, 12, 13, 14, 15, 16。

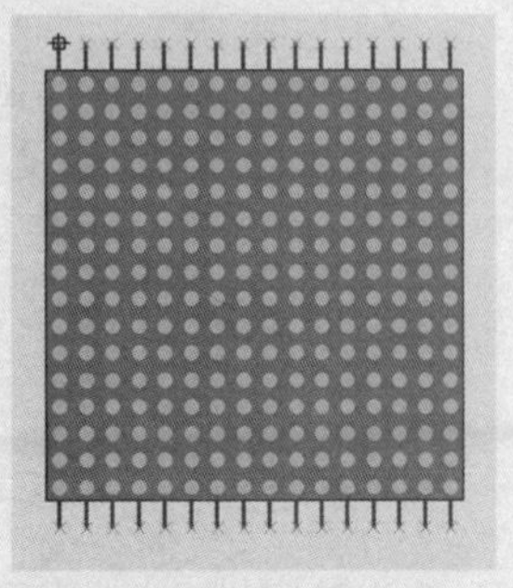

图 5-5-11 整体布局

（13）双击 MATRIX-8X8-BLUE，修改脚本文件，如图 5-5-12 所示。

```
{*DEVICE}
NAME=MATRIX-8X8-BLUE
{ACTIVE=LEDMATRIX_B,8,BITWISE,DLL}
{HELP=DISPLAYS>POPUP,1}
{*PROPDEFS}
{MODDLL="VSM Model",READONLY STRING}
{PRIMITIVE="Primitive Type",HIDDEN STRI
{INVERT="INVERT",HIDDEN STRING}
{PACKAGE=PCB Package,HIDDEN PACKAGE}
{TTRIGMIN=Minimum Trigger Time,FLOAT,PN
{*INDEX}
{CAT=Optoelectronics}
{SUBCAT=Dot Matrix Displays}
{DESC=8x8 Blue LED Dot Matrix Display}
{*COMPONENT}
{MODDLL=LEDMPX}
{PRIMITIVE=DIGITAL,LEDMPX}
{INVERT=A,B,C,D,E,F,G,H}
{TTRIGMIN=1ms}
{PACKAGE=NULL}
```

图 5-5-12　修改脚本文件

修改红色部分（4 处），如图 5-5-13 所示。

```
*DEVICE}
NAME=MATRIX-16X16-BLUE
ACTIVE=LEDMATRIX_B,16,BITWISE,DLL}
HELP=DISPLAYS>POPUP,1}
*PROPDEFS}
MODDLL="VSM Model",READONLY STRING}
PRIMITIVE="Primitive Type",HIDDEN STRI
INVERT="INVERT",HIDDEN STRING}
PACKAGE=PCB Package,HIDDEN PACKAGE}
TTRIGMIN=Minimum Trigger Time,FLOAT,PN
*INDEX}
CAT=Optoelectronics}
SUBCAT=Dot Matrix Displays}
DESC=16x16 Blue LED Dot Matrix Display
*COMPONENT}
MODDLL=LEDMPX}
PRIMITIVE=DIGITAL,LEDMPX}
INVERT=A,B,C,D,E,F,G,H,I,J,K,L,M,N,O,P
TTRIGMIN=1ms}
PACKAGE=NULL}
```

图 5-5-13　修改红色部分

（14）拖动鼠标，框选画好的点阵图，如图 5-5-14 所示。

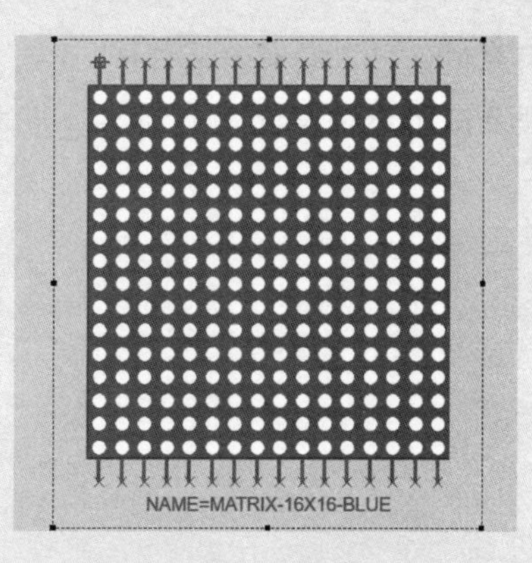

图 5-5-14　框选点阵图

右键选择“make device”，点击“next”，直到“Ok”，最后在元件库里面就会有我们自己制作的 16×16 点阵元件 MATRIX-16X16-BLUE 了。

参考文献

[1] 王先彪. 单片机应用系统设计与实现[M]. 北京：清华大学出版社，2014.
[2] 刘训非，陈希，陈雪敏，蔡成炜. 单片机技术及应用[M]. 北京：清华大学出版社，2010.
[3] 张景璐，于京，马泽民. 51 单片机项目教程[M]. 北京：人民邮电出版社，2010.
[4] 王文海，彭可，周欢喜. 单片机应用与实践项目化教程[M]. 北京：化学工业出版社，2010.
[5] 江世明. 基于 Proteus 的单片机应用技术[M]. 北京：电子工业出版社，2009.
[6] 黎旺星，李建波. 项目驱动式单片机应用教程[M]. 北京：中国电力出版社，2009.
[7] 李秀忠，孙卫锋，侯继红，曾和兰. 单片机应用技术[M]. 北京：人民邮电出版社，2009.
[8] 冯先成. 单片机应用系统设计[M]. 北京：北京航空航天大学出版社，2009.
[9] 洪志刚，杜维玲，井娥林. 单片机应用系统设计[M]. 北京：机械工业出版社，2011.
[10] 廖传柱. 单片机应用系统设计与制作工作页[M]. 厦门：厦门大学出版社，2009.
[11] 胡辉. 单片机应用系统设计与训练[M]. 北京：中国水利水电出版社，2004.
[12] 严天峰. 单片机应用系统设计与仿真调试[M]. 北京：北京航空航天大学出版社，2005.
[13] 乔之勇. 单片机应用系统设计项目化教程[M]. 北京：电子工业出版社，2014.
[14] 胡景春. 单片机原理及应用系统设计[M]. 北京：机械工业出版社，2020.